林麝
初级解剖学

郑程莉　冯达勇　主编

中国农业科学技术出版社

图书在版编目（CIP）数据

林麝初级解剖学 / 郑程莉，冯达勇主编． -- 北京：中国农业科学技术出版社，2025.7． -- ISBN 978-7-5116-7427-2

Ⅰ．S865.4

中国国家版本馆CIP数据核字第 2025LN4678 号

责任编辑	贺可香
责任校对	李向荣
责任印制	姜义伟　王思文

出 版 者	中国农业科学技术出版社
	北京市中关村南大街 12 号　邮编：100081
电　　话	（010）82106638（编辑室）　（010）82106624（发行部）
	（010）82109709（读者服务部）
网　　址	https://castp.caas.cn
经 销 者	各地新华书店
印 刷 者	北京建宏印刷有限公司
开　　本	210 mm×297 mm　1/16
印　　张	11.5
字　　数	320 千字
版　　次	2025 年 7 月第 1 版　2025 年 7 月第 1 次印刷
定　　价	158.00 元

◀ 版权所有·侵权必究 ▶

致谢

感谢四川省科普培训项目（立项编号：2024JDKP0219）资助

《林麝初级解剖学》

编委会

主　编　郑程莉　冯达勇
副主编　王建明　赵　磊
编　者　郑程莉　冯达勇　王建明　杨　营　吴　杰　刘太秀
　　　　　戴晓阳　杨柳青　石　鑫　赵　磊　周　磊　谢瑞利
　　　　　朱　苹　付文龙　程建国　王承旭　蒋桂梅　陈　凤
　　　　　张海玫　梁　婷

参编单位

四川省药品检验研究院（四川省医疗器械检测中心、四川养麝研究所）
四川省食品药品学校

前言 PREFACE

麝（Musk deer），是一类较为珍稀的重要的经济动物，广泛分布于亚洲及远东地区，因产麝香而闻名，与人的关系极为密切，养殖历史悠久。

麝香（Moschus），是林麝 *Moschus berezovskii* Flerov、马麝 *Moschus sifanicus* Przewalski或原麝 *Moschus moschiferus* Linnaeus雄体香囊分泌熟化干燥物，具有开窍醒神、活血通经、消肿止痛之功效，用于治疗热病神昏、中风痰厥、气郁暴厥、中恶昏迷、经闭、难产死胎、心腹暴痛等病症。在我国，麝香药用已有2 500多年的历史，是中医药不可或缺的传统名贵濒危中药材，现为295种中成药和165种出口创汇中成药的主要原料。麝香除药用外，在香料工业和化妆品中也广泛使用。国外使用麝香也有近3 000年的历史，埃及、印度、日本、韩国、法国等有使用麝香的习惯，用途多样化。

麝类是亚洲特有物种，但天然麝香和含麝香的产品在全世界范围得到利用与贸易。《濒危动植物种国际贸易公约》（CITES）将麝属所有种群列入附录Ⅰ。

我国曾是野生麝资源分布主要地区，20世纪50年代，我国野生麝资源达250万头，森林砍伐导致麝栖息地减少，以及为获取麝香过度猎杀野生麝，使其资源锐减。到90年代初，麝野生资源不足10万头，并呈岛状分布，已处在濒危状态。2003年，国家退耕还林政策实施以来，麝栖息地环境得到改善，以及《关于进一步加强麝类资源保护管理工作的通知》（林护发〔2003〕30号）的实施，使野生麝资源得到一定程度的恢复。

随着中医药事业的发展、世界中医药热的兴起和国内人民生活水平的提高，人类对天然麝香的需求增加与野生麝资源濒危的矛盾越来越突出。麝香长期供不应求，直接影响人民的医疗用药和中国传统医药的传承。天然麝香的可持续利用已成为中国传统中医药文化传承与发展的重要问题。

我国是人工养麝较早的国家之一。20世纪50年代，国务院发出《关于发展中药材生产问题的指示》指出："积极地、有步骤地变野生动、植物药材为家养家种，是发展中药材生产和解决中药材供应问题的另一项带有根本性的措施。"在此精神指导下，我国药材、林业部门相继在四川省马尔康市、米亚罗地区，陕西省镇坪县，安徽省佛子岭地区等地建立了养麝场。后来各地掀起养麝热，广东、河南、湖北、吉林、辽宁、山东、山西等地陆续建成一批养麝场。当时，主要从野外活捕种麝。规模最大时，全国总计养麝近2 000头。但因缺乏技术和经验，死亡率很高。在这段时期内，主要工作任务是摸索活捕麝、养麝和活体取香的成套技术，根据麝的生态、生活习性，进行养麝场地选择、建设、饲料研究、繁殖规律、常见疾病防治、养殖管理原则、饲养管理措施等方面工作的摸索，也开展了麝香的泌香规律与泌香机理研究工作，取得了初步研究成果，掌握了养麝的基本技术。

改革开放后的20世纪80年代初，再次掀起养麝热，在四川建立四川养麝研究所，在陕西凤县、太白县、陇县先后开展家庭养麝。20世纪90年代，在四川康定、上海崇明岛建立养麝场，陕西家庭养麝在原有基础上扩展到西安、渭南、留坝等地。2000年以来，四川夹金山建立养麝场，马尔康、小金县开展农户养麝，陕西的家庭养麝得到更进一步发展，养殖户迅速增加，养麝群体急速扩大，湖北、内蒙古、东北、安徽再次建立养麝场（户），甘肃兴隆山养麝场麝群数量大幅度增加。据调查，目前我国开展人工养麝的地区有：四川、陕西、山西、甘肃、湖北、贵州、安徽、内蒙古、上海、浙江、黑龙江等，养麝总数已达6万头。

人工养麝70年来，我国科研人员开展了多方面的科研工作，在林麝的饲养管理、繁殖育种、疾病防治、人工取香、引种、放归自然等方面均已取得突破。由于1980年以后我国才将林麝视为濒危野生动物，所以从那时起，国家开始组织专家、学者，建立专业机构，开始对其形态、生态、行为、生理、病理、人工繁殖、放养等方面进行研究，目前，对其形态结构、泌香机理、生态行为、生理生化、病原微生物、分子生物学等均有较多研究，并取得进展。但这些成果还远远不能满足科学研究、教学、生产实践的需要。在林麝形态学方面，我国仅有少数院所的科研机构、专家等对其做过专门研究。如在20世纪80年代，毕书增、沈琰等的《麝尾腺形态学和化学通讯及功能探讨》《林麝（*Moschus berezovskii* Flerov）泌香盛期前麝香囊电镜结构的初步研究》《麝泌香盛期麝香腺超微结构和麝香分泌研究》《麝泌香盛期后麝香腺囊的显微与超结构和麝香分泌研究》，冯文和的《林麝麝香腺的组织学观察》，孙竹珑、胡左芳等的《林麝香腺解剖及组织结构之探讨》《林麝雌性生殖器官解剖及组织结构》《林麝雌性生殖器官解剖及组织结构》，贾靖国的《林麝生殖系统血管和神经的分布》；90年代，袁朝富的《林麝前肢骨骼解剖、林麝后肢骨骼解剖》，盛和林的《中国鹿科动物》；2000年，黄昌仁的《林麝全身骨骼的观测》。在林麝某些形态结构上，虽然一些专家做过较为细致的研究，但由于所使用的材料较少，侧重于某些组织器官的解剖，未能全面展示系统的解剖结构。某些组织器官的解剖更是空白。随着林麝人工养殖产业化的迅速发展以及麝香供需矛盾的日益突出，在科研、教学和生产实践活动中，急需有一本较为全面，图文并茂，准确描述其组织器官位置、形态、大小的实用参考书。在此背景下，四川养麝研究所"林麝解剖标本的研制及开发应用"项目科研团队，针对生产实践中养麝和疾病防治过程中存在的涉及形态结构方面的技术瓶颈问题开展研究，结合目前的养麝形势以及养麝企业、农户养殖等存在的问题，在2016年第一版《林麝解剖图谱》的基础上，总结经验，制作高清解剖图谱，并分析林麝形态结构特点，编写《林麝初级解剖学》，意在为养麝企业、农户及从事人工养麝研究的人员提供专业性、技术性、实用性的读物。

四川养麝研究所下属的马尔康养麝场是全国最大的麝专业养殖场，在收集动物材料方面具有得天独厚的优势。多年来经过几代科技人员不懈努力，积累了较多的林麝形态学数据。近几年，解剖近百头大小林麝，有针对性地收集基础解剖图片和数据。在各单位的大力支援下，运用现代医学技术、冷冻解剖技术、解剖标本制作技术，在传统解剖方法的基础上加以创新，集思广益，克服没有参考书、没有林麝组织器官统一名称、没有名家专业指导、动物材料保鲜不易等诸多困难，拍制解剖照片数千幅、X射线照片30余幅，制作解剖标本70余件，绘制标注图片1 000余张，获取林麝大量体尺、组织器官量度数据。经过反复提炼、比对、筛选，选取清晰、全面、定位准确的图片300余幅进行编辑。

前 言

针对目前缺乏林麝科研、教学、生产实践等的实用参考书，我们在编制本书时侧重于真实展示各组织、器官的相对位置、形态和结构，并分系统逐个展示、介绍，力求全面、生动、形象地描述其位置、形态和结构。为了达到这一目的，运用了医学立体三维成像技术、放射显影技术、冷冻解剖法、副韧带骨骼标本制作技术、铸型标本制作技术等现代解剖技术，使解剖图片清晰、立体感强、直观形象，组织器官定位明确，相互间位置清楚，利于辨识。在局部解剖、制作标本上做了大量工作。就某一组织器官在结构标注上，查阅大量权威文献，反复核对，谨慎从事，并通过组织切片确认，最后确定名称，编制、整理成此书。

期望该书能为逐步迈上产业化发展道路的人工养麝事业尽微薄之力，可作为林麝科研、教学、生产实践重要参考书。如能成为关心、爱好林麝人士的读物，作为社会宣传品，也是编写该书所希望的。当然我们会以严谨的科学态度，认真斟酌书中涉及的组织器官解剖学术语的准确性，尽可能翔实、全面、形象、生动地介绍林麝形态结构。若能起到抛砖引玉、开拓思路、激发兴趣的作用，为林麝人工养殖事业、为林麝永续利用添砖加瓦，或成为收藏爱好者视为有价值的收藏品，对我们来说也是莫大的荣耀和肯定。

虽然我们做了许多努力，但限于学术水平和经验不足，难免有不当之处。还望前辈和广大同仁批评指正。由于编写本书的时间不足，未注重与养麝实践结合，书中难免有不足之处，敬请读者见谅！

编　者

目录 CONTENTS

林麝初级解剖学1

第一章 绪 论	3
一、外貌特征	3
二、躯体各部位名称	4
第二章 运动系统和被皮	6
一、运动系统概貌	6
二、骨骼	9
三、关节及韧带	34
四、肌肉	42
五、被皮	58
第三章 消化系统	67
一、口腔	71
二、咽	75
三、食管	76
四、胃	76
五、肠	81

六、肛门 ······ 83

　　七、肝、胆、胰 ······ 83

第四章　呼吸系统 ······ 86

　　一、鼻腔 ······ 88

　　二、咽 ······ 88

　　三、喉和气管 ······ 89

　　四、支气管 ······ 90

　　五、肺脏 ······ 90

林麝初级解剖学 2

第五章　泌尿系统 ······ 95

　　一、泌尿系统的组成 ······ 95

　　二、肾 ······ 96

　　三、输尿管 ······ 98

　　四、膀胱 ······ 98

第六章　生殖系统 ······ 99

　　一、雄性生殖系统 ······ 99

　　二、雌性生殖系统 ······ 104

第七章　心血管系统 ······ 110

　　一、心 ······ 110

　　二、血管 ······ 114

第八章　淋巴系统 ······ 126

　　一、脾脏 ······ 126

　　二、淋巴结 ······ 127

　　三、胸腺 ······ 132

　　四、扁桃体 ······ 134

林麝初级解剖学 3

第九章　神经系统 ······139
　　一、中枢神经——脑 ······140
　　二、中枢神经——脊髓 ······143
　　三、外周神经——颈胸段神经 ······144
　　四、外周神经——腰骶部、后肢神经 ······146
　　五、植物性神经 ······148
　　六、神经传导方式和路径 ······149
　　七、林麝神经特点 ······150

第十章　内分泌系统 ······151
　　一、脑下垂体 ······151
　　二、甲状腺 ······153
　　三、肾上腺 ······154

第十一章　感觉器官 ······156
　　一、眼 ······156
　　二、鼻 ······157
　　三、耳 ······158
　　四、舌 ······159
　　五、触毛 ······160

第十二章　泌香器官 ······161
　　一、香囊组成及形态 ······161
　　二、香囊组织解剖图谱 ······163
　　三、不同泌香时期与年龄阶段的林麝香囊皮脂腺分泌和发育情况 ······166
　　四、不同泌香时期林麝香囊腺泡分泌情况 ······167

参考文献 ······169

林麝初级解剖学 1

第一章　　绪　论

一、外貌特征

林麝形似鹿，但比鹿小，公、母均无角。成年林麝体长70～85 cm，体高45～60 cm，体重7.5～11.0 kg；头长12～16 cm，较小，吻端裸露，无眶下腺；胸围40～65 cm。耳长而直立，扁圆形，耳廓大，耳肌发达，耳内结构复杂。耳朵能竖起转动，可从四周环境中收集声音信号。公麝上犬齿发达，形成向外弯曲的獠牙状，露出唇外，一般长5～6 cm，基部宽0.7～0.8 cm。母麝上犬齿小，包在唇内。四肢细长，后肢比前肢稍长，臀部高于肩部，有利于奔跑和跳跃；前、后肢均有四蹄，中间一对发达，窄而尖，有利于攀岩或在陡峭的悬崖上行走。尾较短，仅3～5 cm，呈三角形，隐藏于毛内。背略呈拱形，背毛粗硬，毛曲折如波浪状，易折断。毛尖逐渐变窄，中空且髓腔特别发达，具有良好的隔热性能。雄性尾巴呈指状，周围含有丰富的腺体，并隐于臀部毛丛中，外露不显著，有分泌外激素标记领域的功能。第2指、第5指（趾）比较原始，足部4蹄均有功能，能够支持身体重量和支撑身体平衡，利于深山雪地或泥地行走。指（趾）尖韧带发达，平地漫步觅食时，侧蹄与主蹄同时着地，受惊吓时，仅靠主蹄发力，侧蹄悬空，跳跃至岩石或树枝。雄麝腹部肚脐与睾丸之间的正中线处，有一椭圆、突出体表的香囊，囊内有麝香腺，含有颗粒状或粉状的麝香。香囊表面及中央有两个小口，前为麝香囊口，后为尿生殖口。

林麝背部和体侧部毛色较深，腹部和四肢内侧毛色较浅。背部毛色为暗灰褐色或黑褐色，腹部毛色为黄白色或黄色；幼体背部和体侧部有花斑，浅黄色。毛纤维长约8 cm，毛根为白色。嘴、面、颊为棕灰色。耳的基部和耳内为白色或黄褐色。下颌白色，颈部两侧各有白色毛延至腋下呈两条白带纹。四肢下部前面呈灰棕色，后面是浅褐色（图1-1）。体毛粗硬色深，呈橄榄褐色，并染以橘红色。下颌、喉部、颈下以至前胸为界限分明的白色或橘黄色区。臀部毛色近黑色，成体不具斑点。

图1-1　成年林麝（左：雄麝　右：雌麝）

林麝的后肢长度超过前肢，站立时后高前低。后腿发达，蹄尖坚实，能于山崖峭壁之间蹦跳自如，碰上食肉兽追捕，可逃之夭夭。在多岩高山栖息的森林动物，长期适应复杂环境，进化出特有结构。雄性林麝幼小时的尾巴正常，成体时却变成"秃尾"，裸露无毛。尾部富有腺体，能分泌乳白色液体，麝将分泌物擦于树干、树桩等处，以作领域标识。上犬齿是雄麝唯一的武器，但也只能在同类中派上用场：在发情争偶季节，雄麝间争偶决斗，便以獠牙撕裂对手的皮肉。但无法对付食肉兽，甚至小型食肉动物来袭，也难以抵御（图1-2）。

图1-2　怀孕的雌麝（左）和1月龄幼麝（右）

二、躯体各部位名称

林麝体分为头部、躯干和四肢（图1-3）。

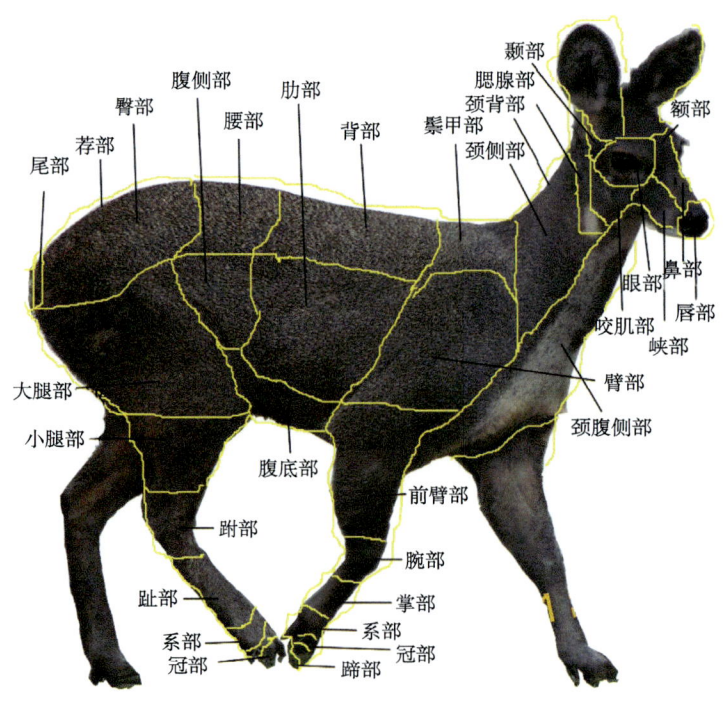

图1-3　林麝体位划分及名称

（一）头部

头部分为颅部和面部。

1. 颅部

颅部分为枕部、顶部、额部、颞部、耳廓部和眼部。

2. 面部

面部分为眶下部、鼻部、咬肌部、颊部、唇部。

（二）躯干

躯干部分为颈部、胸背部、腰腹部、荐臀部和尾部。

1. 颈部

颈部分为颈背侧部、颈侧部和颈腹侧部。

2. 胸背部

胸背部分为背部和胸部。

3. 腰腹部

腰腹部分为腰部和腹部。腹部分为腹侧部和腹底部。

4. 荐臀部

荐臀部分为荐部和臀部。

5. 尾部

尾部分为尾根部、尾体部和尾尖部。

（三）四肢

四肢分为前肢部和后肢部。

1. 前肢部

前肢部分为肩部、臂部、前臂部和前脚部。前脚部分为腕部、掌部和指部。指部分为系部、冠部、蹄部。

2. 后肢部

后肢部分为大腿部、小腿部和后脚部。后脚部分为跗部、跖部和趾部。趾部分为系部、冠部、蹄部。

第二章　运动系统和被皮

一、运动系统概貌

动物身体的运动系统由骨、关节和肌肉三大部分组成。骨构成身体的坚硬支架和运动杠杆，关节是杠杆的结合部和缓冲带，肌肉则是执行运动技能的动力器官。被皮覆盖在动物体的外表面，是重要的保护和感觉器官。在四肢末端由被皮衍生而成的蹄、掌垫等则是重要的运动器官。

林麝的运动系统包括骨骼和肌肉以及连接骨骼、肌肉的关节和相关的韧带、腱膜等。其中骨骼构成身体的主要支架，肌肉主要分布于肩胛、脊柱两侧及臀部和腿部。林麝四肢细长，体型呈流线型。四肢腱鞘发达，适合奔跑跳跃（图2-1至图2-6）。

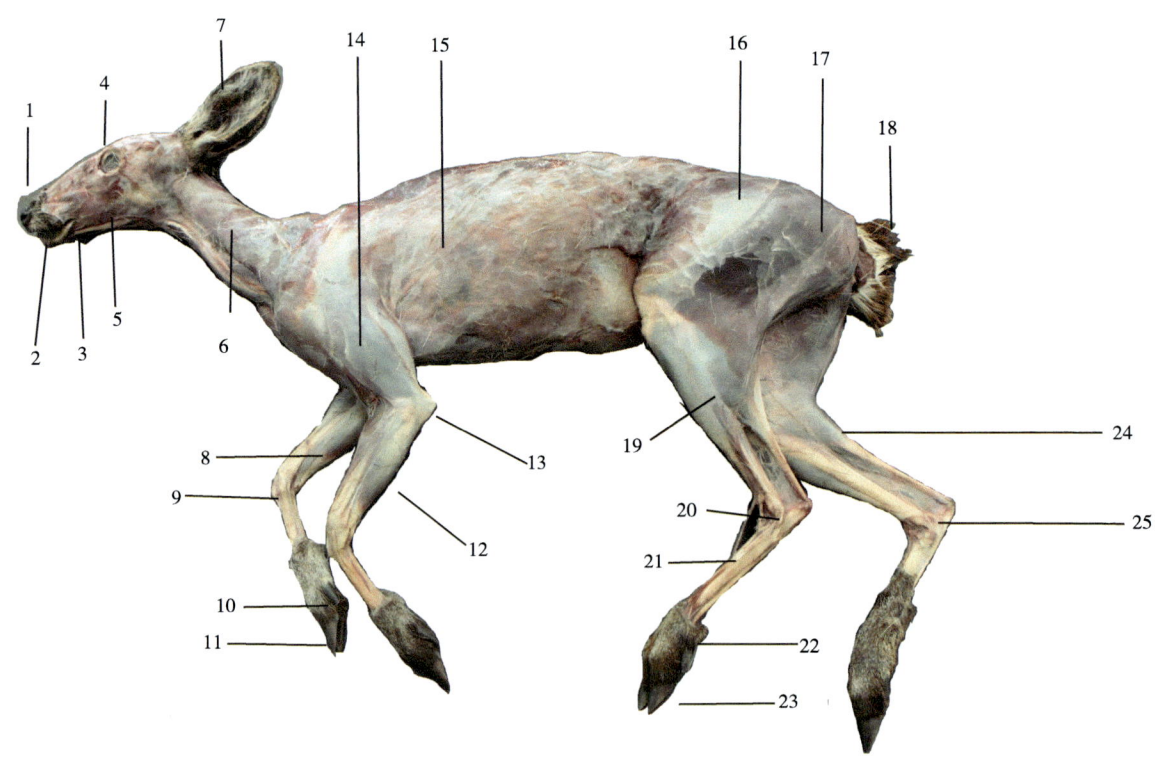

1—鼻；2—上唇；3—下唇；4—眼；5—颊部肌群；6—臂头肌；7—左耳；8—桡尺侧屈肌；9—腕关节；10—前侧蹄；11—前蹄；12—腕外侧屈肌；13—肘关节；14—臂三头肌；15—背阔肌；16—筋膜扩张肌；17—臂二头肌；18—尾；19—腓肠肌；20—肌腱；21—第二掌骨；22—后侧蹄；23—后蹄；24—腓肠肌；25—跗关节。

图2-1　雌性林麝胴体

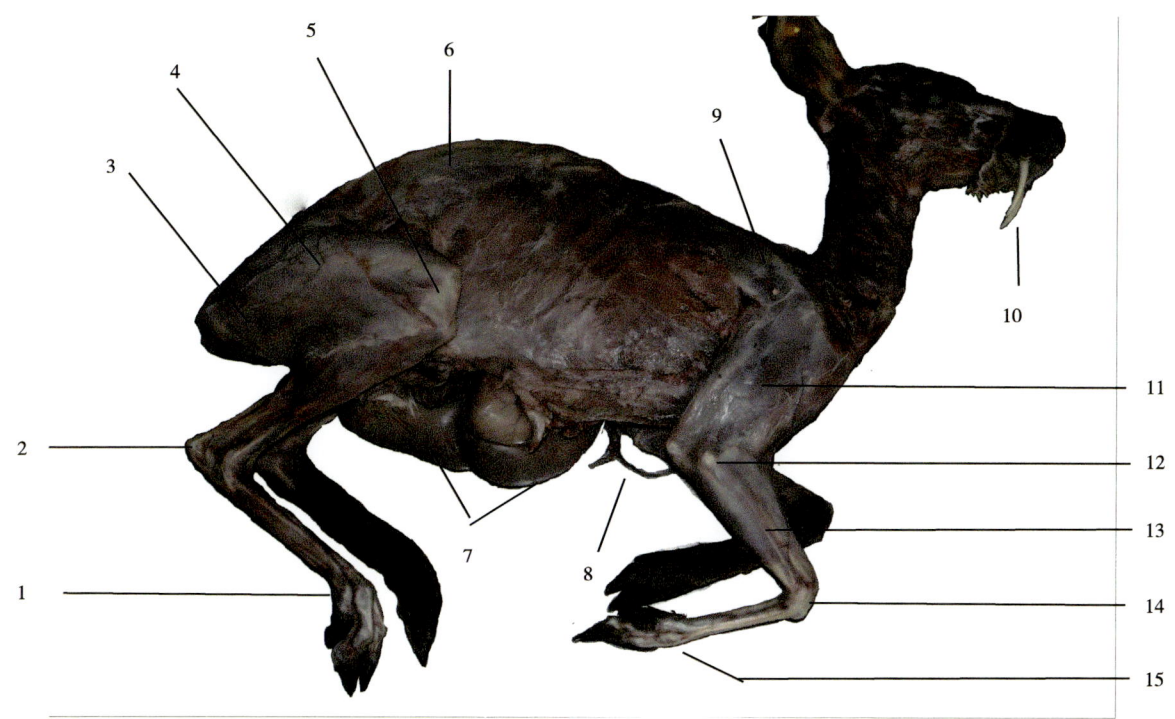

1—趾关节；2—跗关节；3—筋膜扩张肌；4—臀二头肌；5—膝关节；6—脊柱背侧肌群；7—瘤胃；8—臂静脉干；9—肩带肌群；10—犬牙；11—臂三头肌；12—肘关节；13—腕外侧屈肌；14—腕关节；15—指关节。

图2-2　雄性林麝胴体

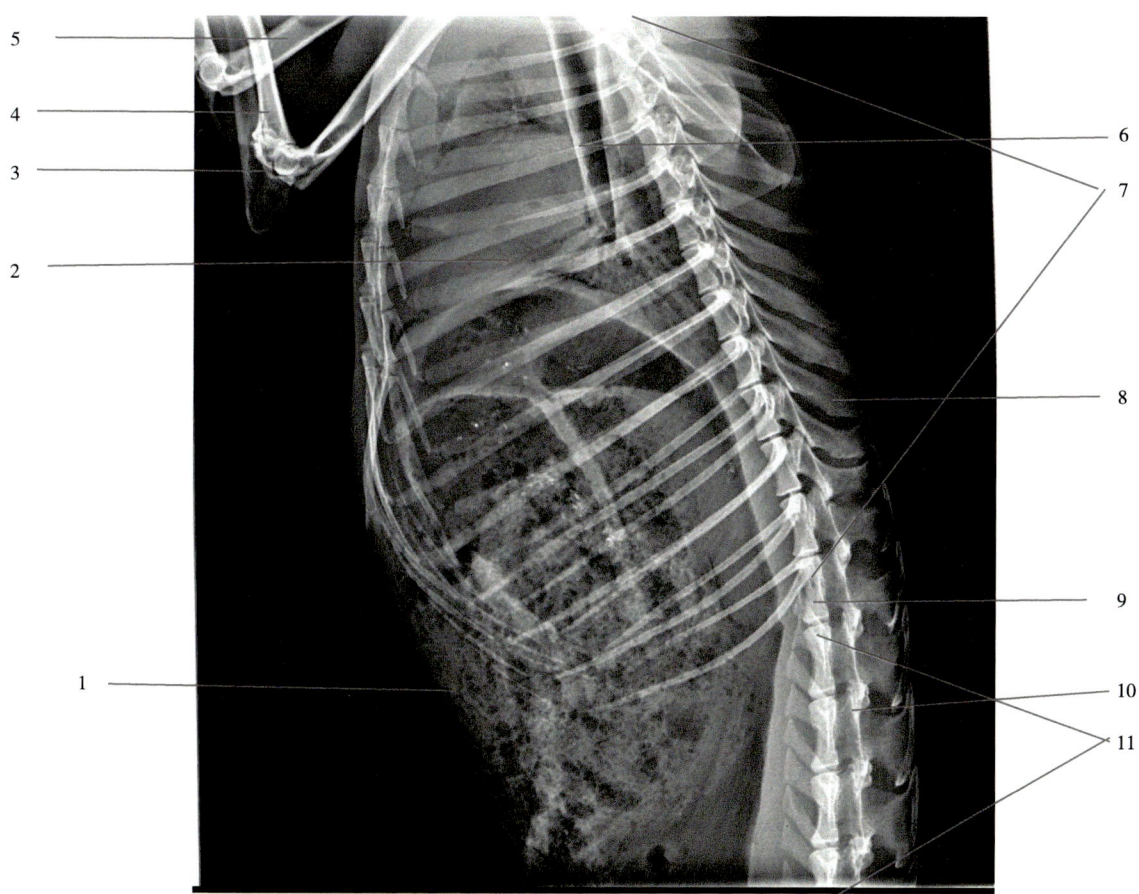

1—腹部和内脏；2—肺脏；3—肘关节；4—桡尺骨；5—臂骨；6—迷走神经；7—脊椎胸段；8—棘突；9—十三胸椎；10—腰椎横突；11—腰椎。

图2-3　林麝体侧X射线投影

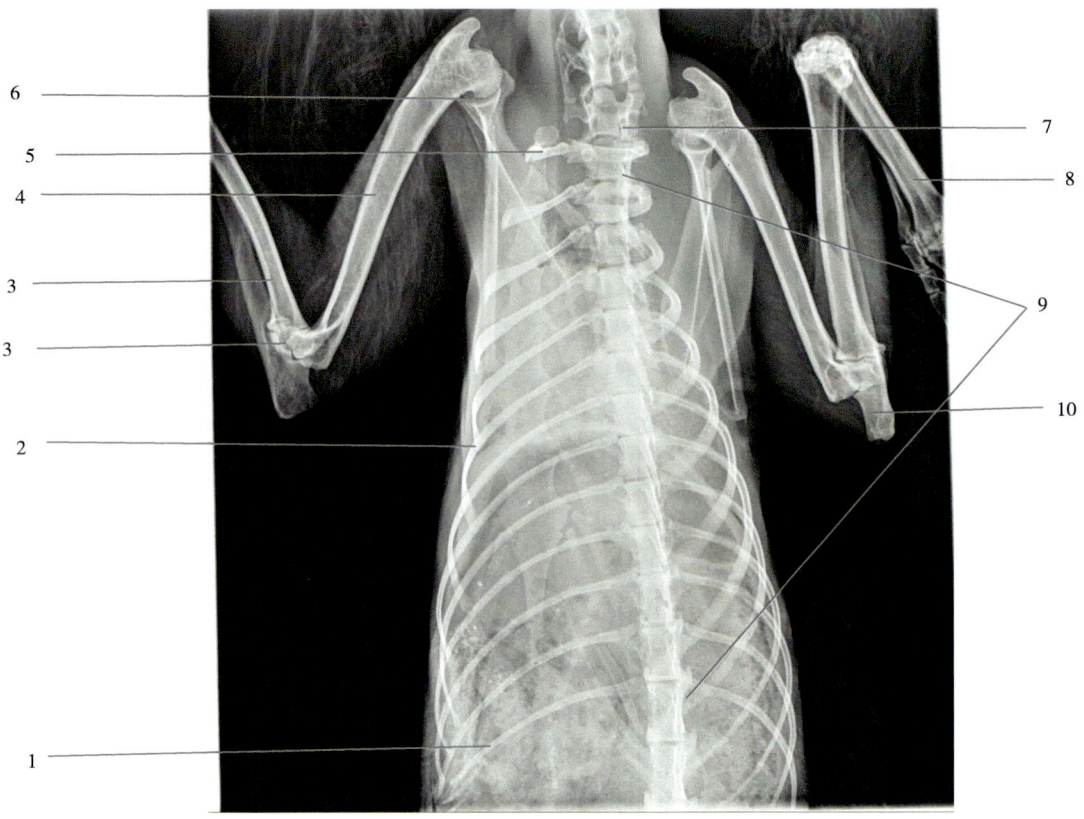

1—肋骨线；2—肋软骨；3—肘关节；4—臂骨；5—锁骨；6—肩关节；7—第七颈椎；8—掌骨；9—脊椎胸段；10—肘突。

图2-4　林麝X射线投影（背面）

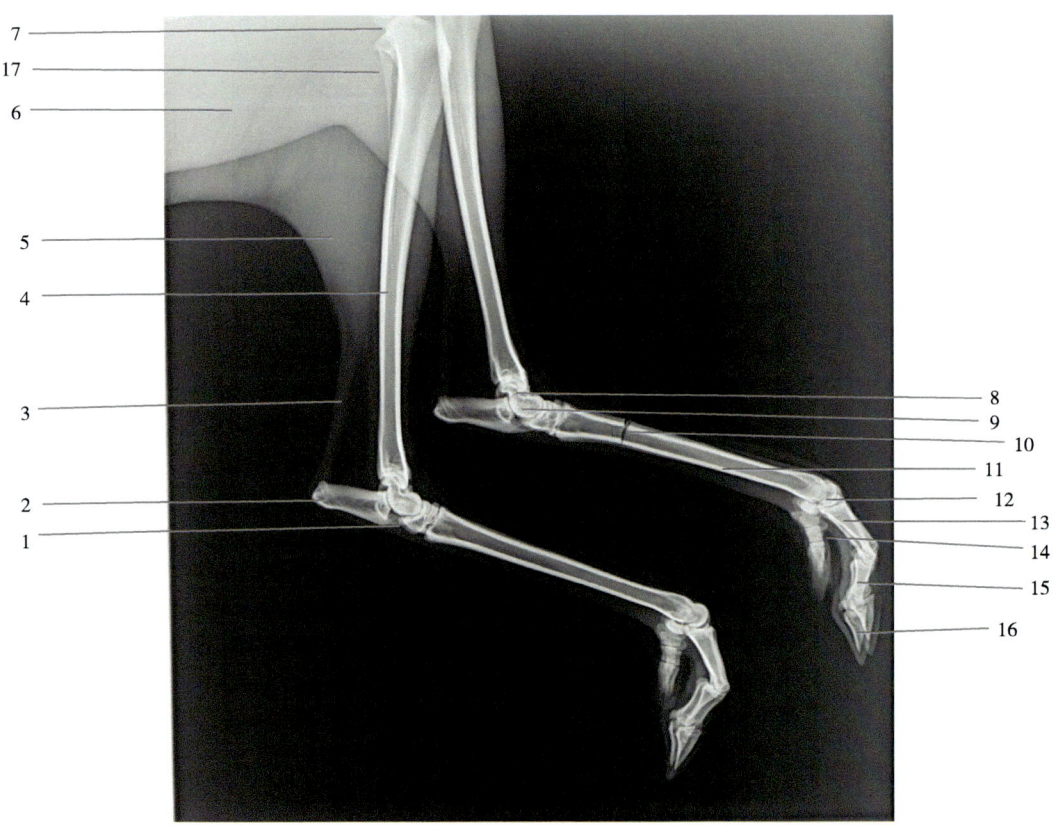

1—跗关节；2—跟骨；3—肌腱；4—胫骨；5—小腿肌群；6—大腿肌群；7—膝关节面；8—跖关节；9—中央跖骨；10—跖骨骨折；11—趾骨；12—趾关节；13—系骨；14—冠骨；15—冠骨；16—蹄骨；17—腓骨。

图2-5　林麝后肢X射线投影

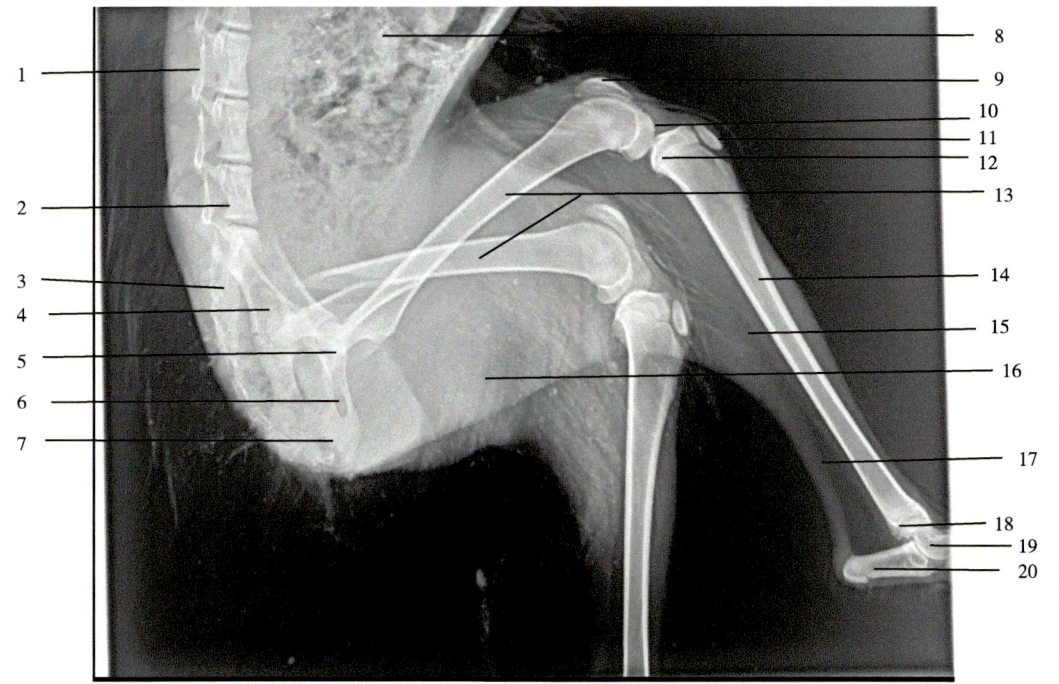

图2-6 林麝腰后肢X射线影像

1—腰椎棘突；2—第五腰椎；3—荐椎；4—髋骨；5—髋关节；6—闭孔；7—坐骨；8—肠；9—内髁；10—膝关节面；11—髌骨；12—胫骨外侧髁；13—股骨；14—胫骨；15—腓肠肌；16—臀二头肌；17—肌腱；18—跗关节；19—中央跗骨；20—跟骨。

二、骨骼

林麝全身骨包括头骨30块、椎骨36块、胸骨1块、髋骨（由髂骨、耻骨、坐骨融合而成）1块、前肢骨30对、后肢骨29对、舌骨11块、喉软骨4块、肋软骨13对，共计227块，不包括34颗牙齿。

林麝头骨狭长，骨质轻薄且愈合不完全。前肢短于后肢，有两对细长的侧蹄，后肢长，两对侧蹄粗短，胫骨长大，腓骨细小。眼眶特大。雄麝上犬齿特别发达，弧长达6.5 cm。尾椎细短，尾尖只有0.1 cm，尾长仅5~6 cm。颈椎、胸椎、腰椎发达；胸骨的前端未完全愈合。整个骨架外观接近鹿、兔等善于奔跑、跳跃的动物（图2-7至图2-11）。

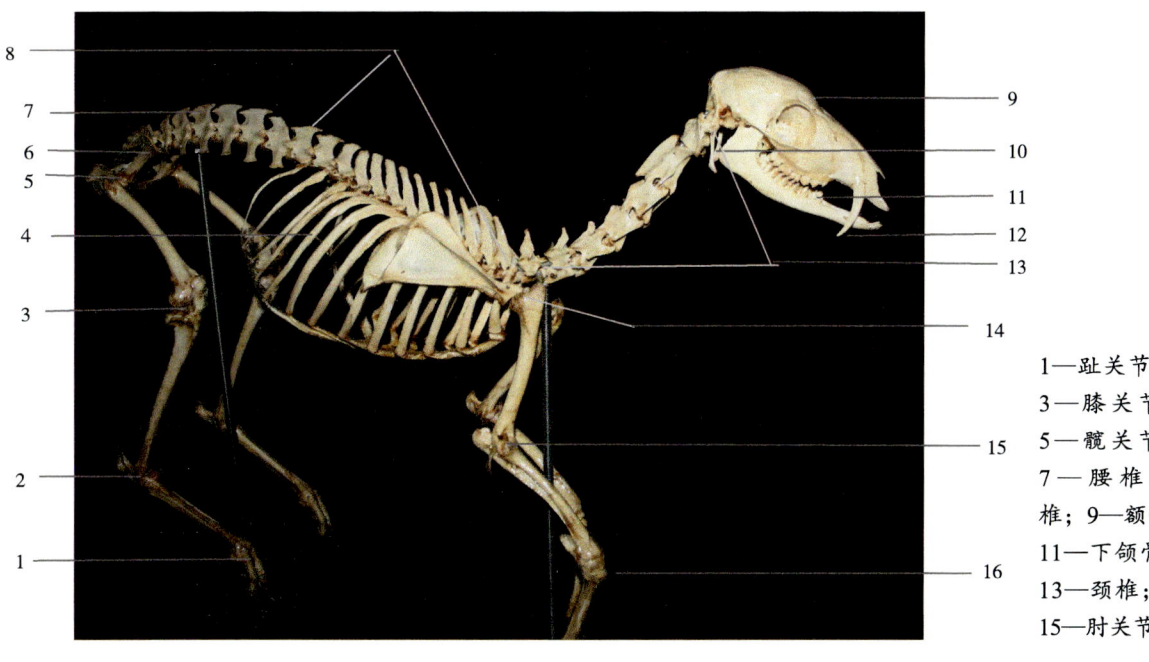

图2-7 雄麝骨骼

1—趾关节；2—跗关节；3—膝关节；4—肋骨；5—髋关节；6—髋骨；7—腰椎棘突；8—胸椎；9—额骨；10—舌骨；11—下颌骨；12—犬齿；13—颈椎；14—肩关节；15—肘关节；16—腕关节。

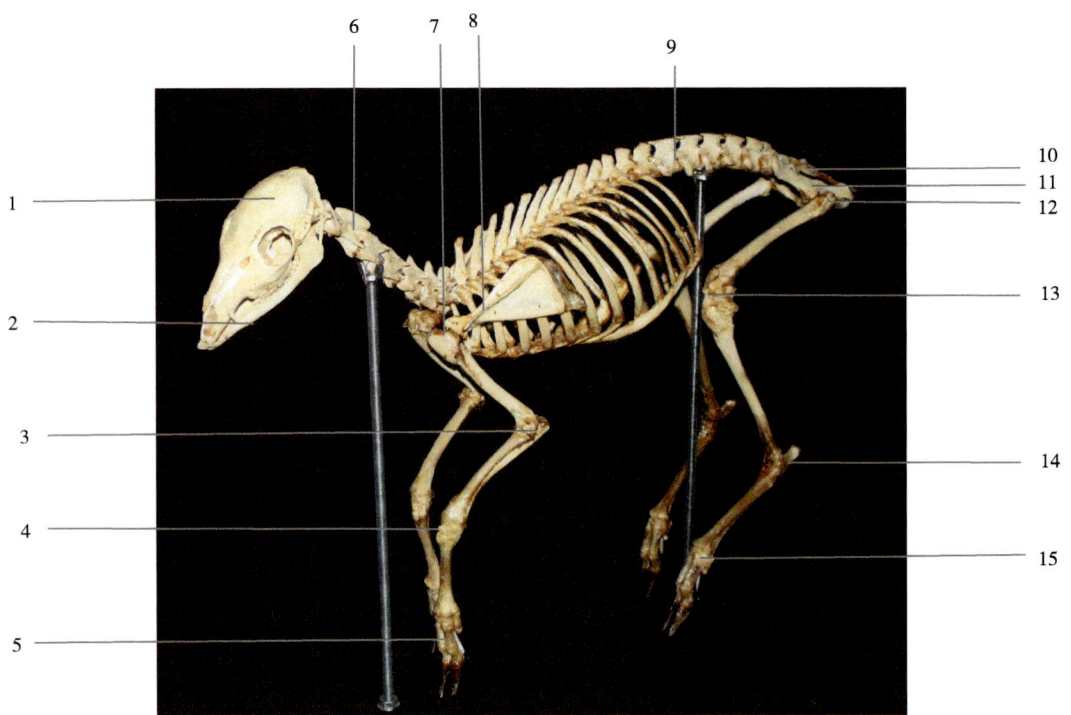

1—顶骨；2—下颌骨；3—肘关节；4—腕关节；5—指关节；6—枢椎；7—肩关节；8—肩胛骨；9—腰椎；10—尾椎；11—髋骨；12—髋关节；13—膝关节；14—跗关节；15—趾关节。

图2-8　雌麝骨骼

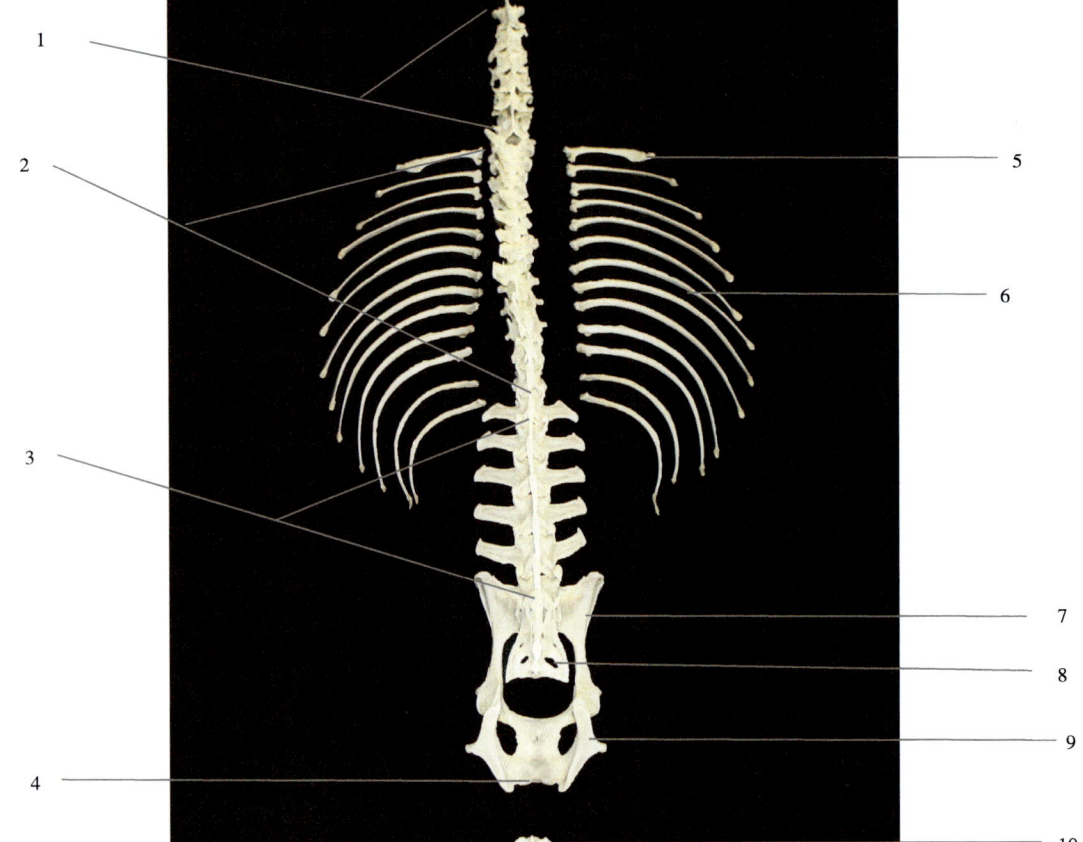

1—颈椎；2—胸椎；3—腰椎；4—耻骨联合；5—锁骨；6—第七肋骨；7—髋骨；8—荐椎；9—坐骨；10—尾椎。

图2-9　林麝中轴骨骼

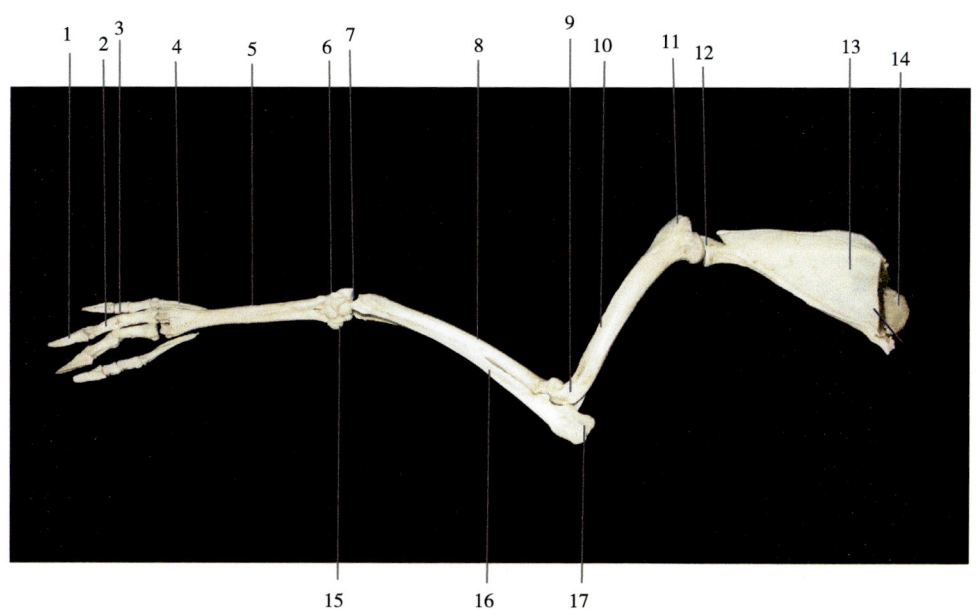

1—蹄骨；2—冠骨；3—系骨；4—第4掌骨；5—第2､3掌骨；6—中央腕骨；7—腕关节面；8—桡骨；9—肘关节面；10—臂骨；11—臂骨头；12—肩关节面；13—肩胛冈；14—肩胛软骨；15—外侧腕骨；16—尺骨；17—肘突。

图2-10 林麝前肢骨

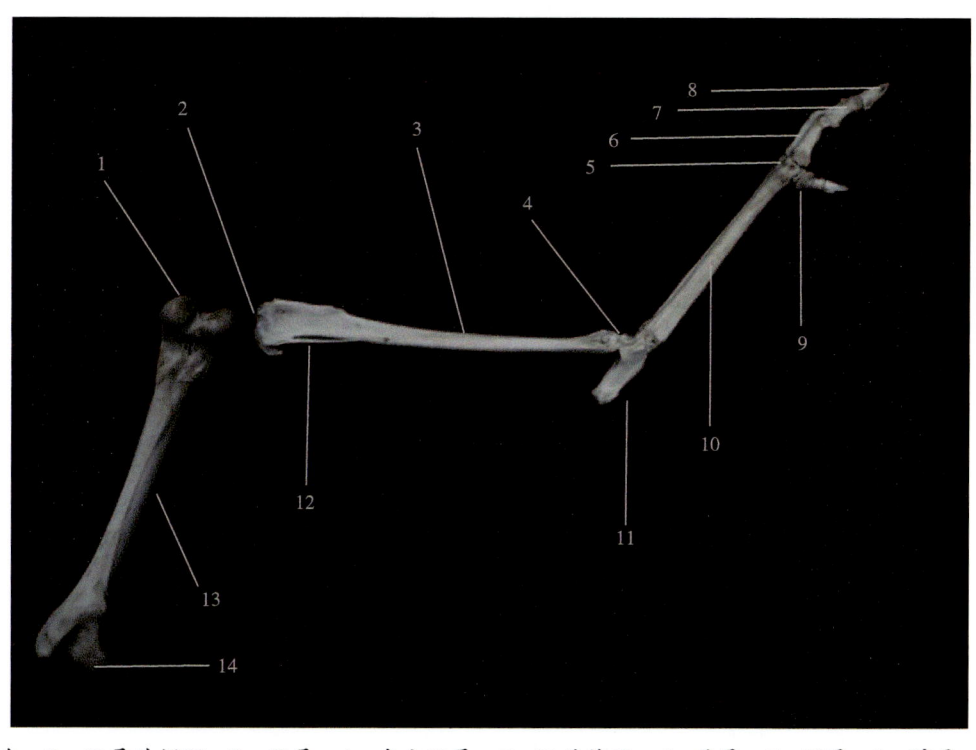

1—股骨滑车；2—胫骨外侧髁；3—胫骨；4—中央跖骨；5—趾关节面；6—系骨；7—冠骨；8—蹄骨；9—趾骨；10—跖骨；11—跟骨；12—腓骨；13—股骨；14—大转子。

图2-11 林麝后肢骨

（一）头骨

林麝头骨与其他草食动物相似，较狭长，骨质轻薄坚硬。从顶面及侧面观，头呈长三角形，公母麝形状接近。成年林麝枕骨、顶骨、颞骨、蝶骨、额骨、鼻骨、颧骨上颌骨、泪骨、腭骨、梨骨、切齿骨等相互间界限分明、骨缝清楚。顶骨与顶间骨成体时愈合。鼻骨狭长，前端为鼻甲软骨。上颌骨最大，其长度超过头骨全长之半。眼眶大（2.5～3.0 cm最大径），硬腭较宽阔。林麝的牙齿最特殊，上无切齿却有强厚且有皱褶的齿板。雄性犬齿特别发达，呈弯曲的镰刀状，俗称獠牙。前缘凸出钝厚，后缘凹，像刀口样锐利。前白齿小于后白齿。吻部由鼻骨、上颌骨、颌前骨、鼻甲骨等组成，较发达。下颌骨强大。

1. 头骨侧面骨块

顶骨、鼻骨、颌前骨、上颌骨、泪骨、颧骨、眶下孔、眶上孔（图2-12）。

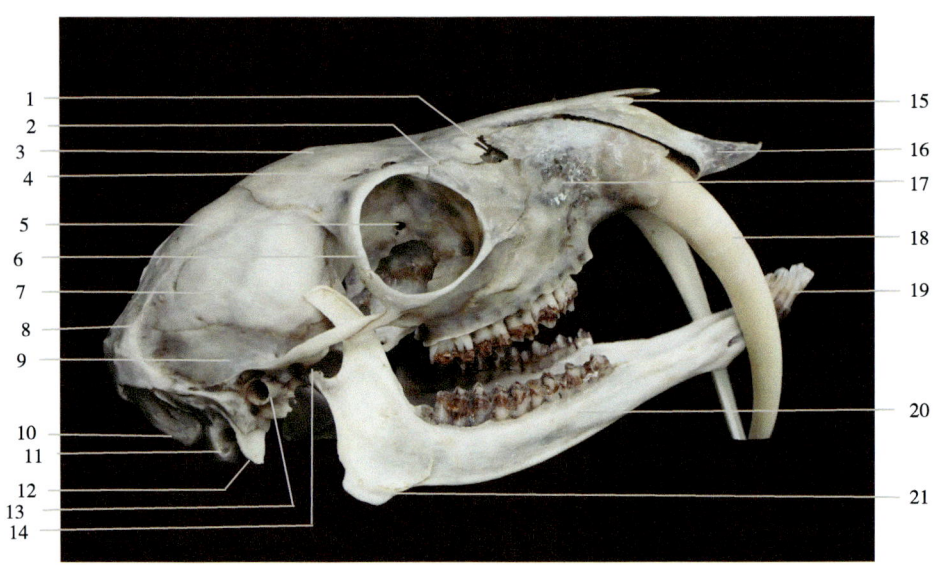

1—眶下孔；2—泪骨；3—额骨；4—眶上孔；5—视神经孔；6—颧骨；7—顶骨；8—枕骨；9—颞骨；10—枕骨嵴；11—枕骨髁；12—茎突；13—外耳道；14—下颌髁；15—鼻骨；16—颌前骨；17—上颌骨；18—犬牙；19—门齿；20—下颌骨；21—下颌角。

图2-12　雄麝头骨侧面观

2. 头骨底面组成

上齿板、犬齿、上颌骨、腭骨、上白齿、蝶骨、枕骨、下切齿、下白齿、下颌髁（图2-13）。

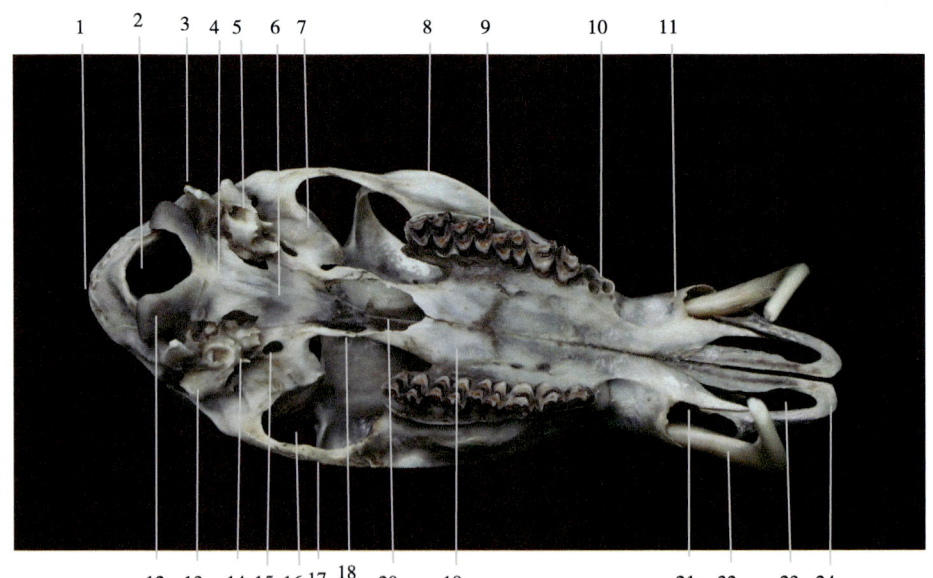

1—枕骨；2—枕骨大孔；3—茎突；4—枕骨底部；5—听泡；6—蝶骨；7—颞骨；8—颧骨；9—上颌白齿；10—齿槽；11—上颌骨；12—枕骨髁；13—外耳道；14—破裂孔；15—神经孔；16—眶窝；17—颞突；18—翼突；19—腭骨；20—梨骨；21—齿槽；22—犬齿；23—腭裂；24—颌前骨。

图2-13　雄麝头骨底面观

3. 头骨后面组成

颞突、枕骨大孔、外耳道、颞骨、顶骨、梨骨、颧骨颧突、茎突、枕骨髁、枕骨、枕骨棘（图2-14）。

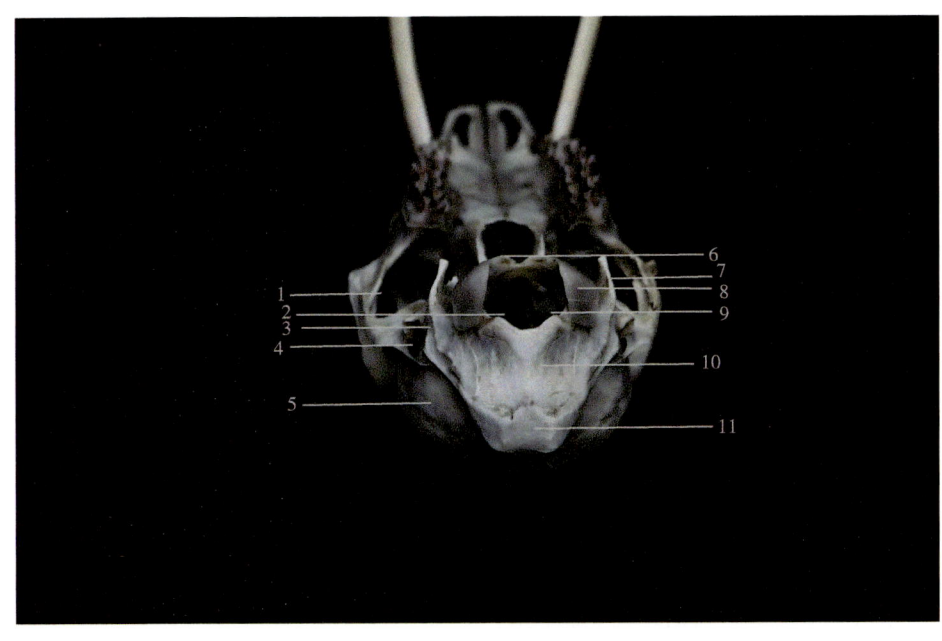

1—颞突；2—枕骨大孔；3—外耳道；4—颞骨；5—顶骨；6—梨骨；7—颧骨颧突；8—茎突；9—枕骨髁；10—枕骨；11—枕骨棘。

图2-14　雄麝头骨后面观

4. 头骨前面组成

下颌骨体、梨骨、蝶骨、颌前骨、泪骨、鼻骨、上颌骨、鼻甲骨、鼻甲软骨、颧骨、犬齿、门齿（图2-15至图2-19）。

1—下颌角；2—下颌骨体；3—梨骨；4—蝶骨；5—颌前骨；6—枕骨；7—泪骨；8—鼻骨；9—上颌骨；10—鼻甲骨；11—鼻甲软骨；12—颧骨；13—犬齿；14—门齿；15—劲孔。

图2-15　雄麝头骨前面观

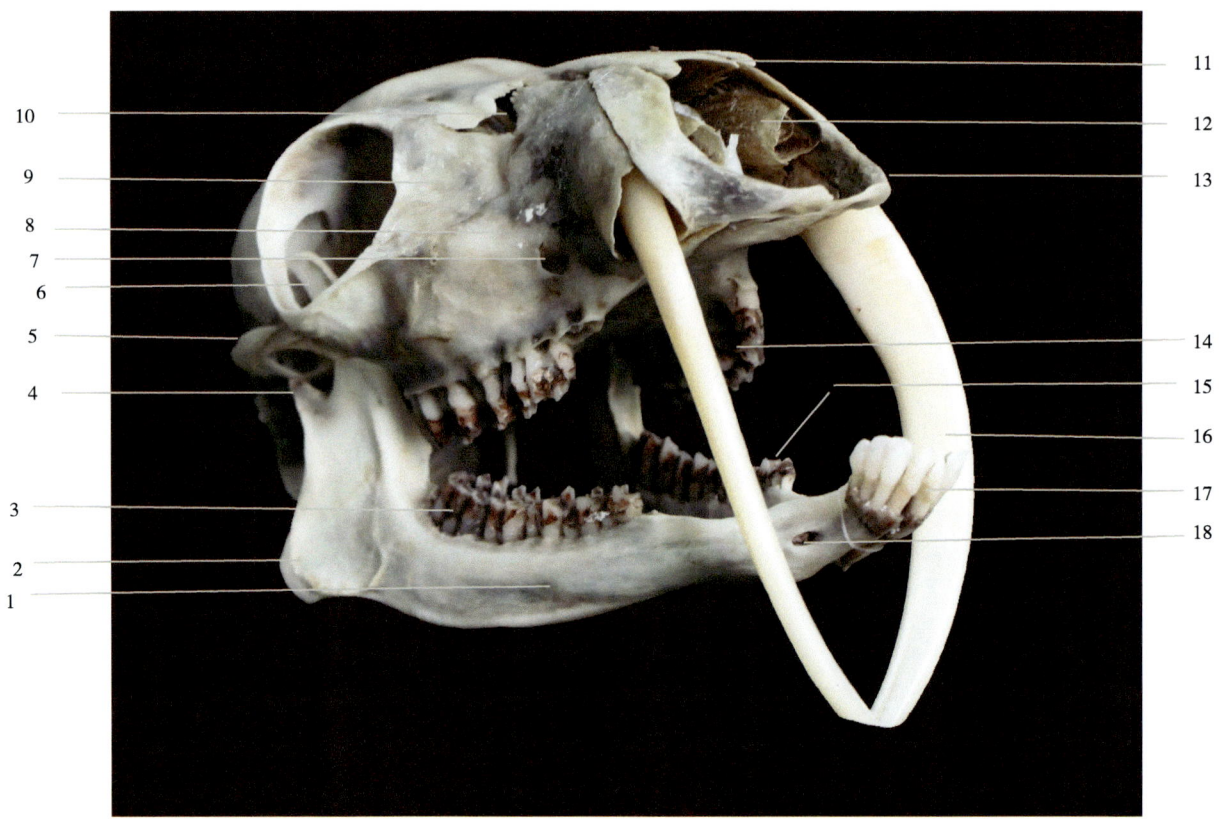

1—下颌骨体；2—下颌角；3—下颌臼齿；4—颌关节面；5—鲮颞骨；6—冠状突；7—嗅神经孔；8—上颌骨；9—泪骨；10—眶下孔；11—鼻骨；12—鼻甲骨；13—颌前骨；14—上臼齿；15—下臼齿；16—犬齿；17—门齿；18—颏孔。

图2-16　雄麝头骨正面观

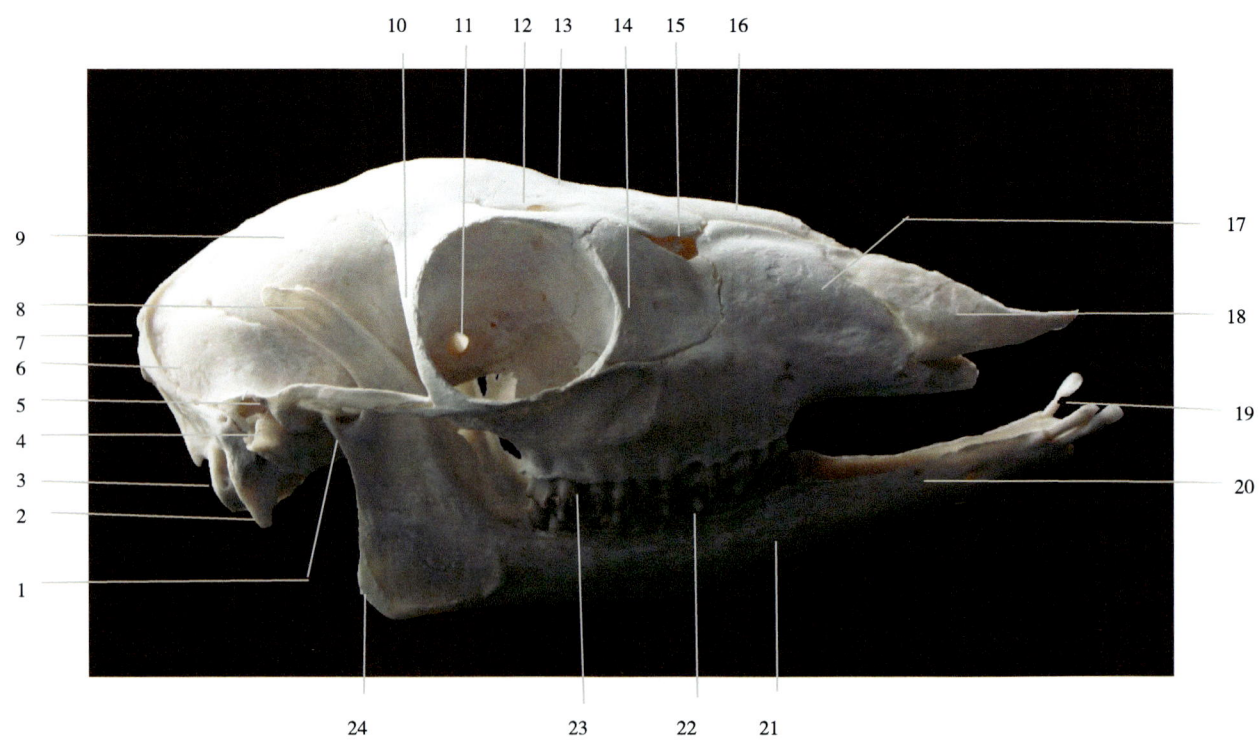

1—颌关节面；2—茎突；3—枕骨髁；4—外耳道；5—颞骨；6—枕骨；7—枕骨棘；8—冠状突；9—顶骨；10—颧骨弓；11—视神经孔；12—眶上孔；13—额骨；14—泪骨；15—眶下孔；16—鼻骨；17—上颌骨；18—颌前骨；19—门齿；20—神经孔；21—下颌骨；22—前臼齿；23—后臼齿；24—下颌角。

图2-17　雌麝头骨侧面观

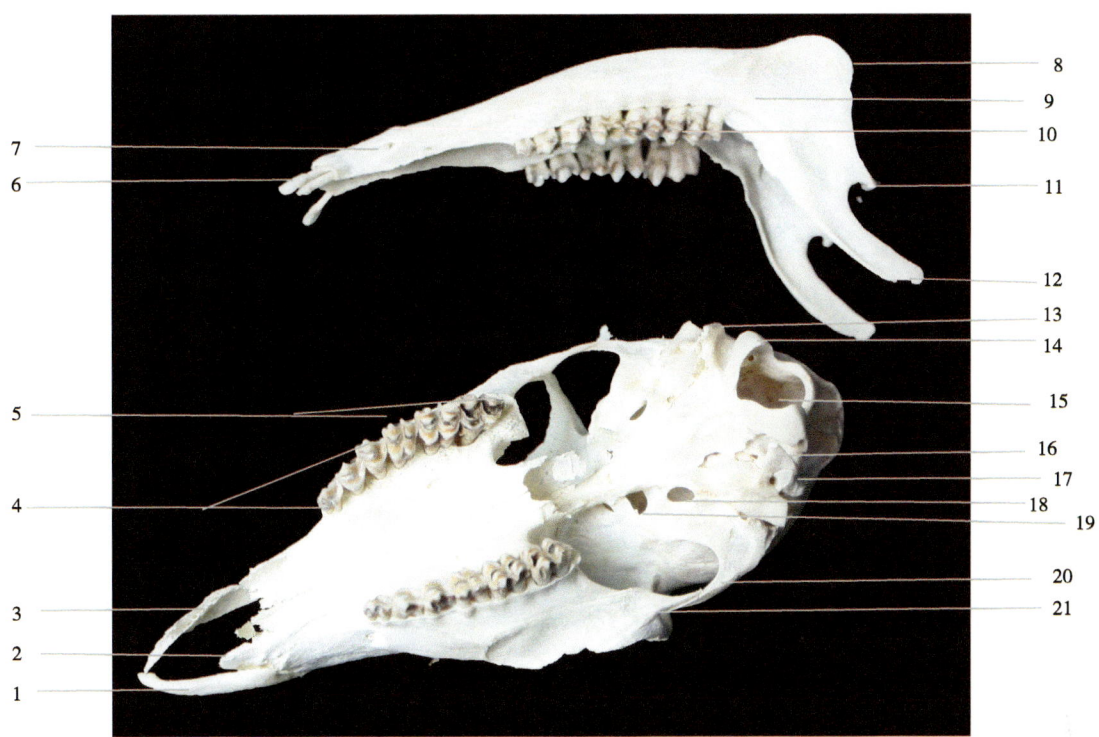

1—颌前骨；2—鼻甲骨；3—颌前骨；4—前白齿；5—后白齿；6—门齿；7—颏孔；8—下颌角；9—下颌骨；10—下颌白齿；11—下颌关节突；12—冠状突；13—茎突；14—枕骨髁；15—枕骨大孔；16—听泡；17—外耳道；18—裂孔；19—神经孔；20—鲮颞骨；21—颧骨。

图2-18　雌麝头骨腹面观

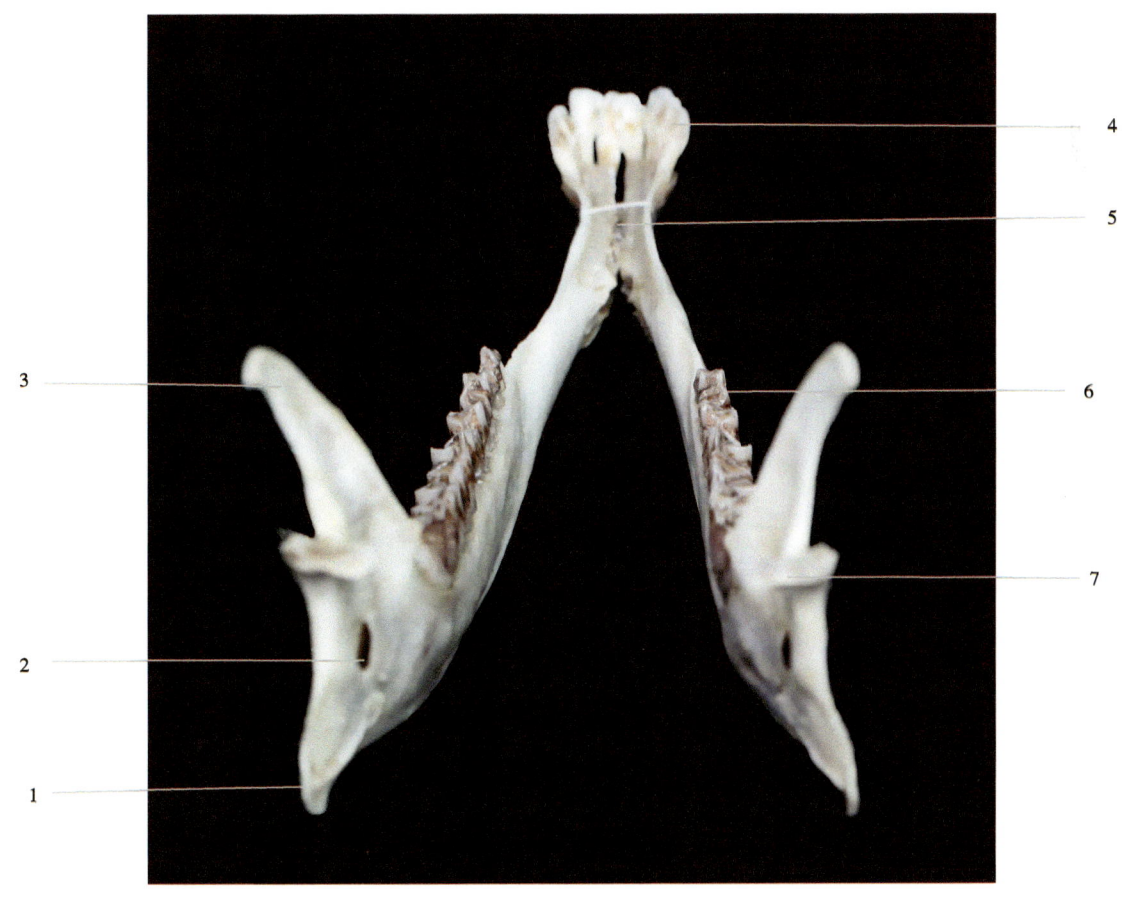

1—下颌角；2—颏孔；3—冠状突；4—门齿；5—骨缝；6—下颌白齿；7—颌关节面。

图2-19　林麝下颌骨后面观

（二）颈部骨

1. 颈椎

7块，很灵活。寰椎翼发达，关节窝深，第2～7颈椎呈蝶形，向后依次变短，第3～6颈椎棘突短，而第6、第7颈椎棘突很高（图2-20至图2-25）。

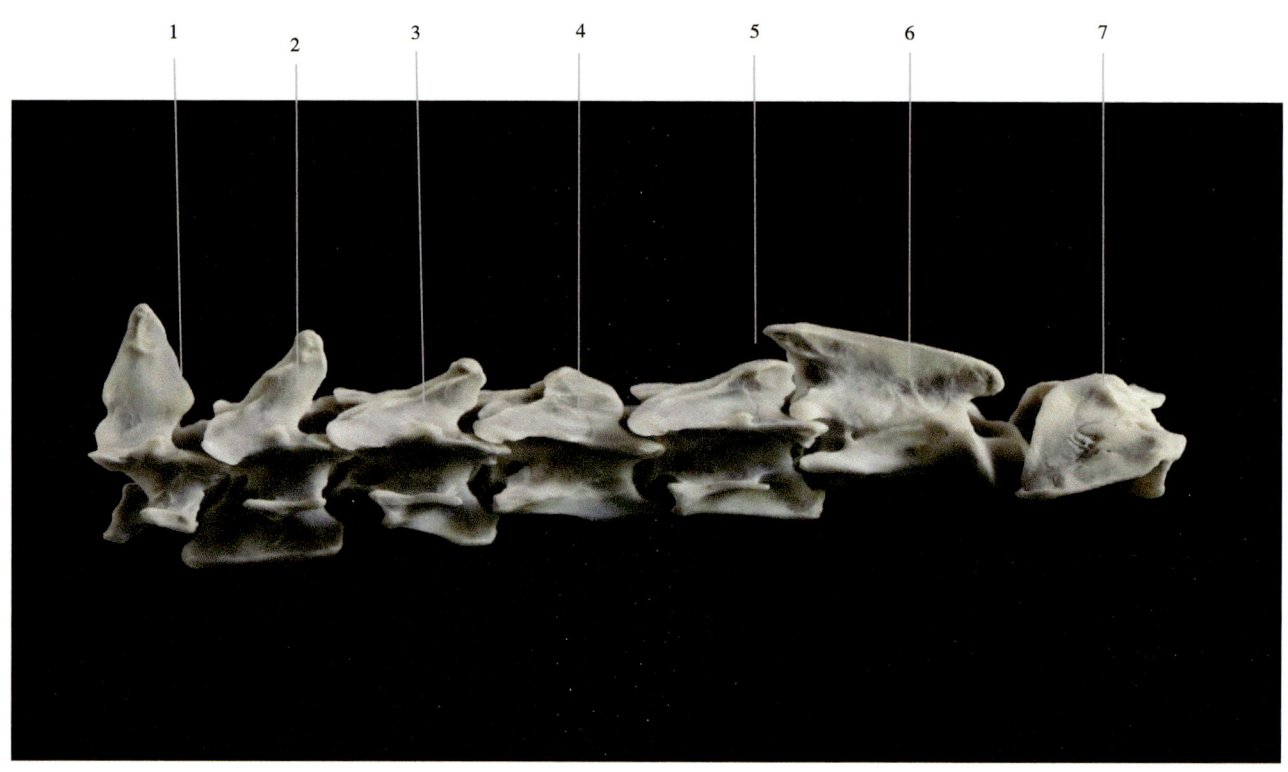

1—第7颈椎；2—第6颈椎；3—第5颈椎；4—第4颈椎；5—第3颈椎；6—枢椎；7—寰椎。

图2-20　雄麝颈椎

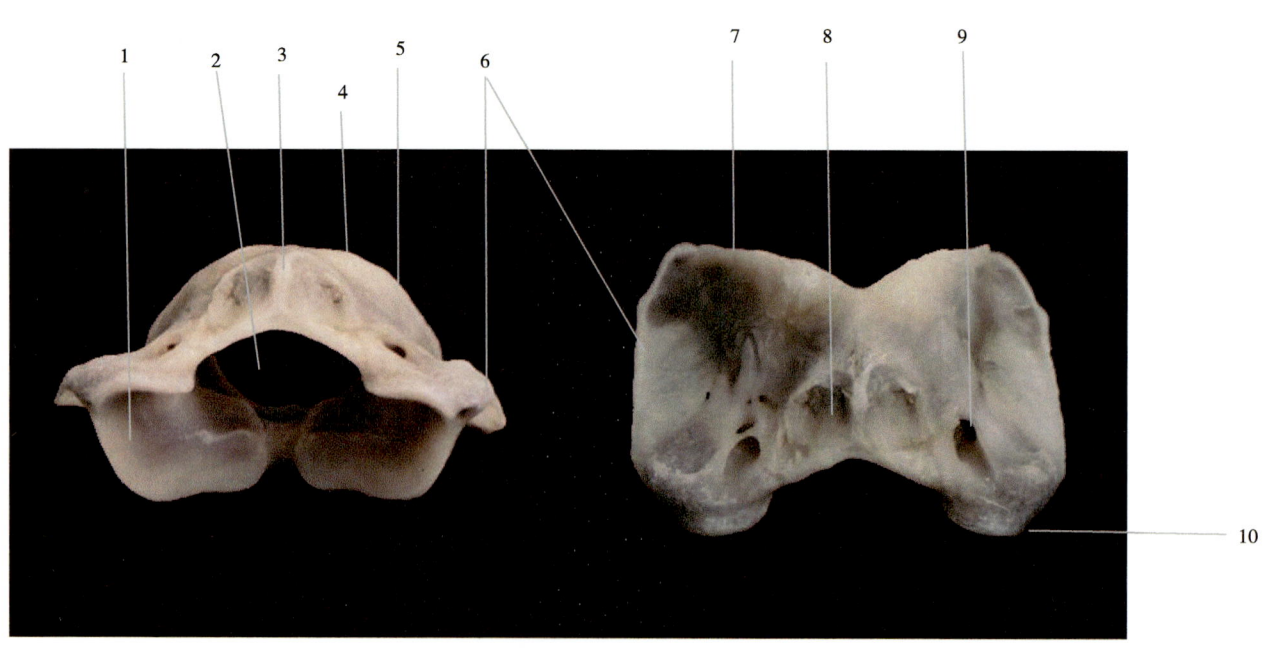

1—枕寰关节面；2—锥孔；3—背侧结节；4—椎体；5—横突孔；6—寰椎翼；
7—后关节突；8—腹侧结节；9—横突孔；10—前关节突。

图2-21　林麝寰椎

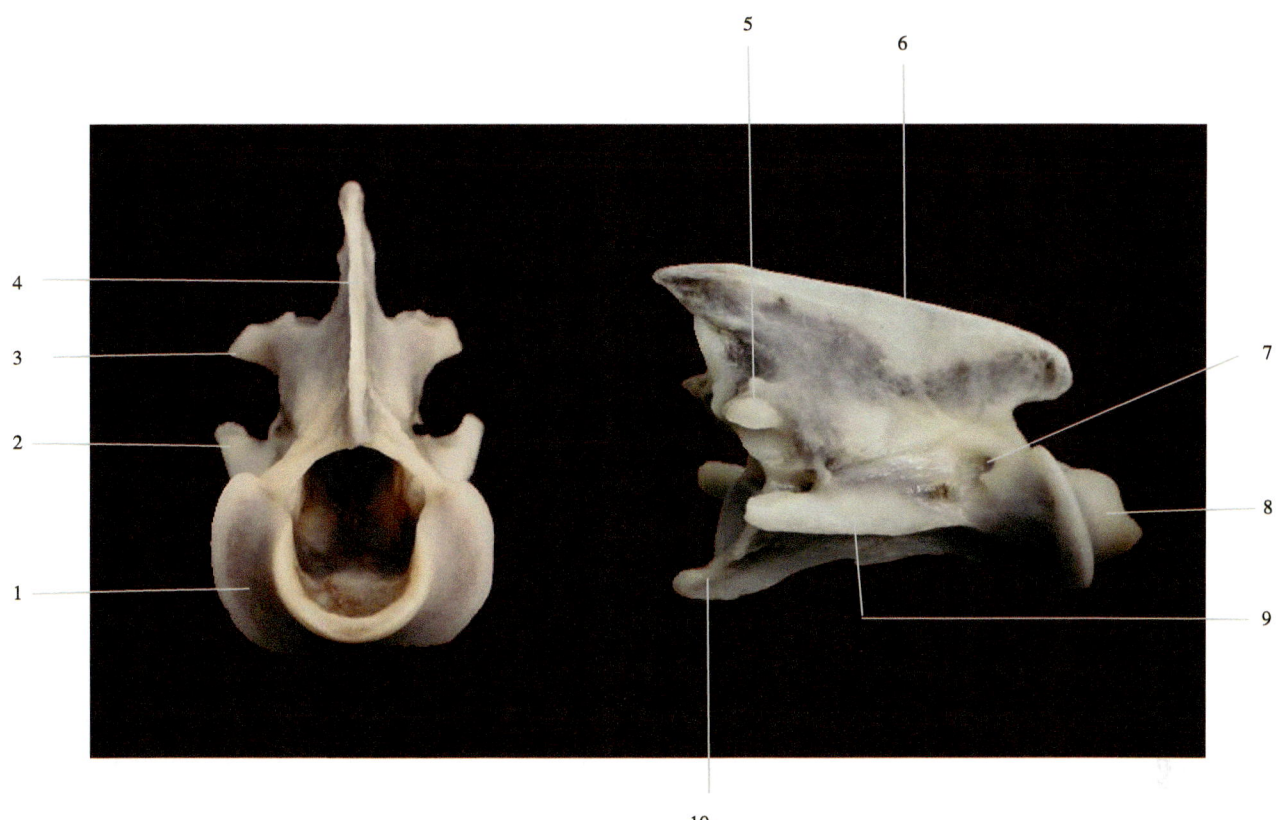

1—齿状突；2—横突；3—关节后突；4—棘突；5—后关节突；6—棘突；7—椎间孔；
8—鞍状关节面；9—横突；10—关节后突。

图2-22　林麝枢椎

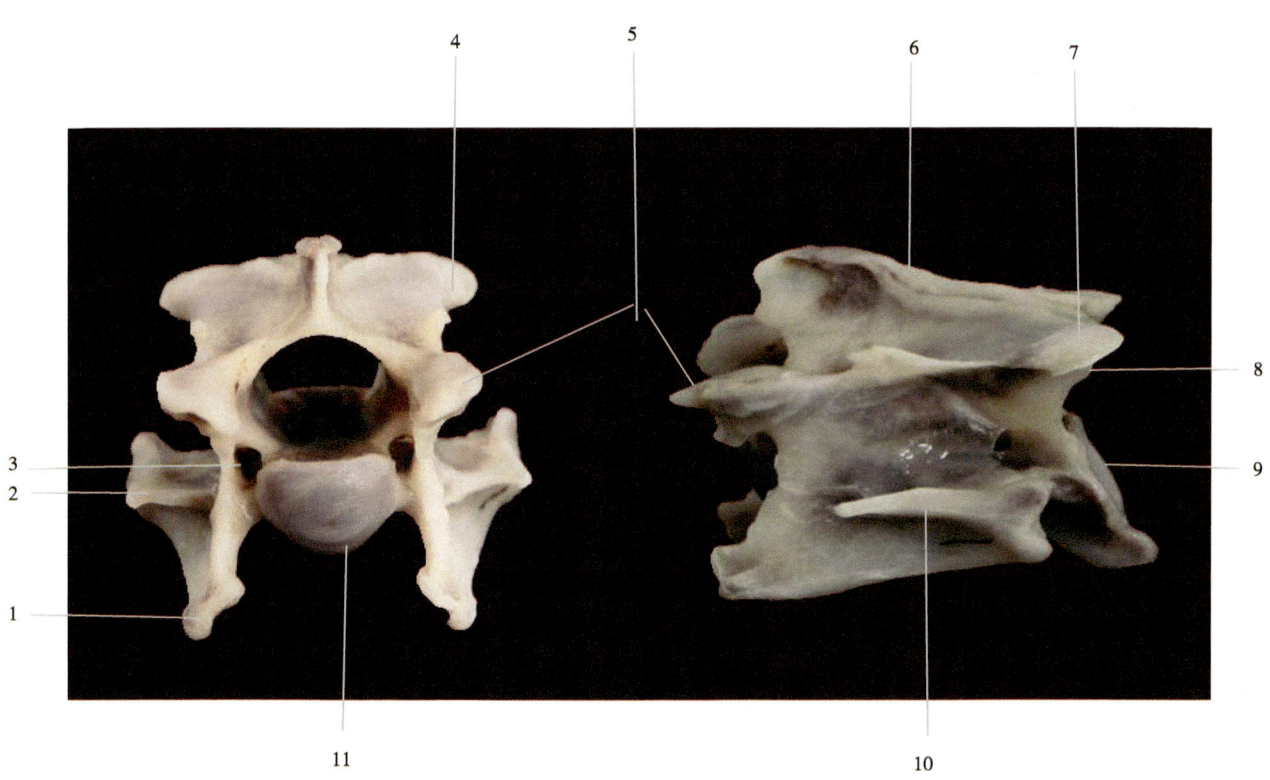

1—横突；2—横突；3—横突孔；4—关节后突；5—关节前突；6—棘突；7—后关节突；8—后关节面；
9—椎体后关节面；10—横突；11—椎体前关节面。

图2-23　林麝第3颈椎

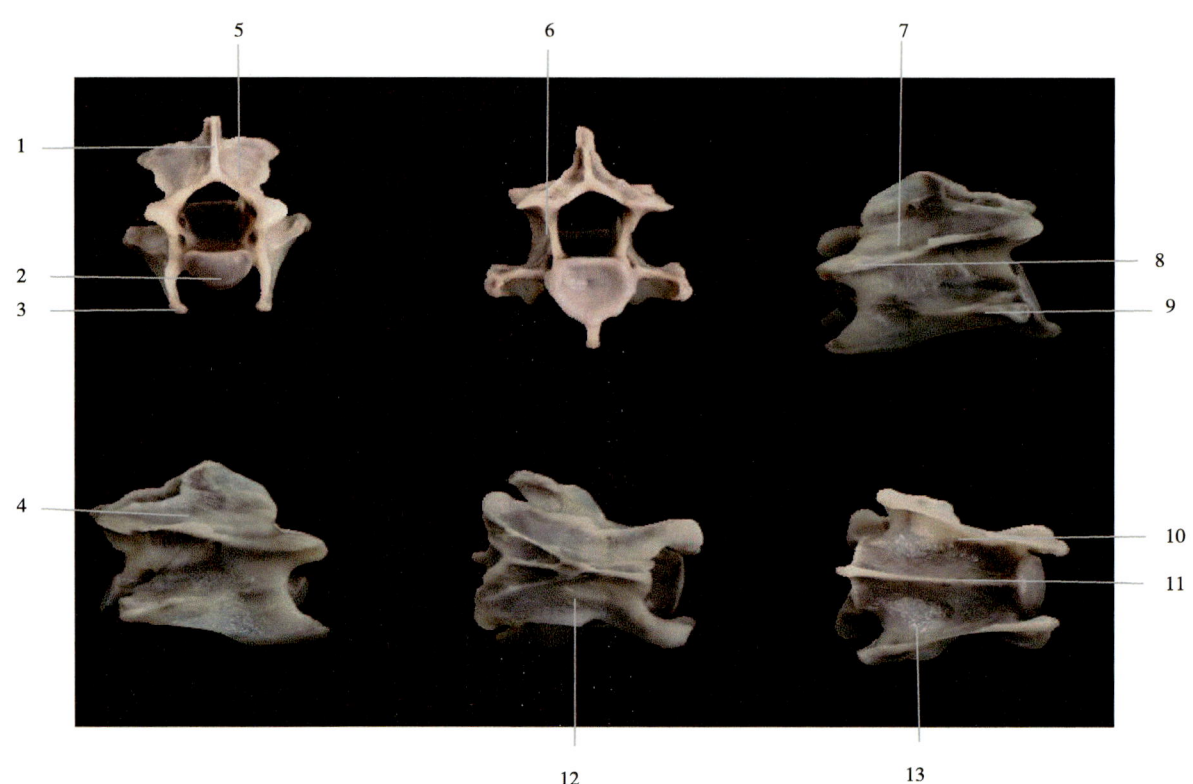

1—棘突；2—椎体前关节面；3—前结节；4—右侧面观；5—前面观；6—后面观；7—左侧面观；8—关节前突；9—关节后突；10—横突；11—椎底结节；12—背面观；13—腹面观。

图2-24 雄麝第4颈椎

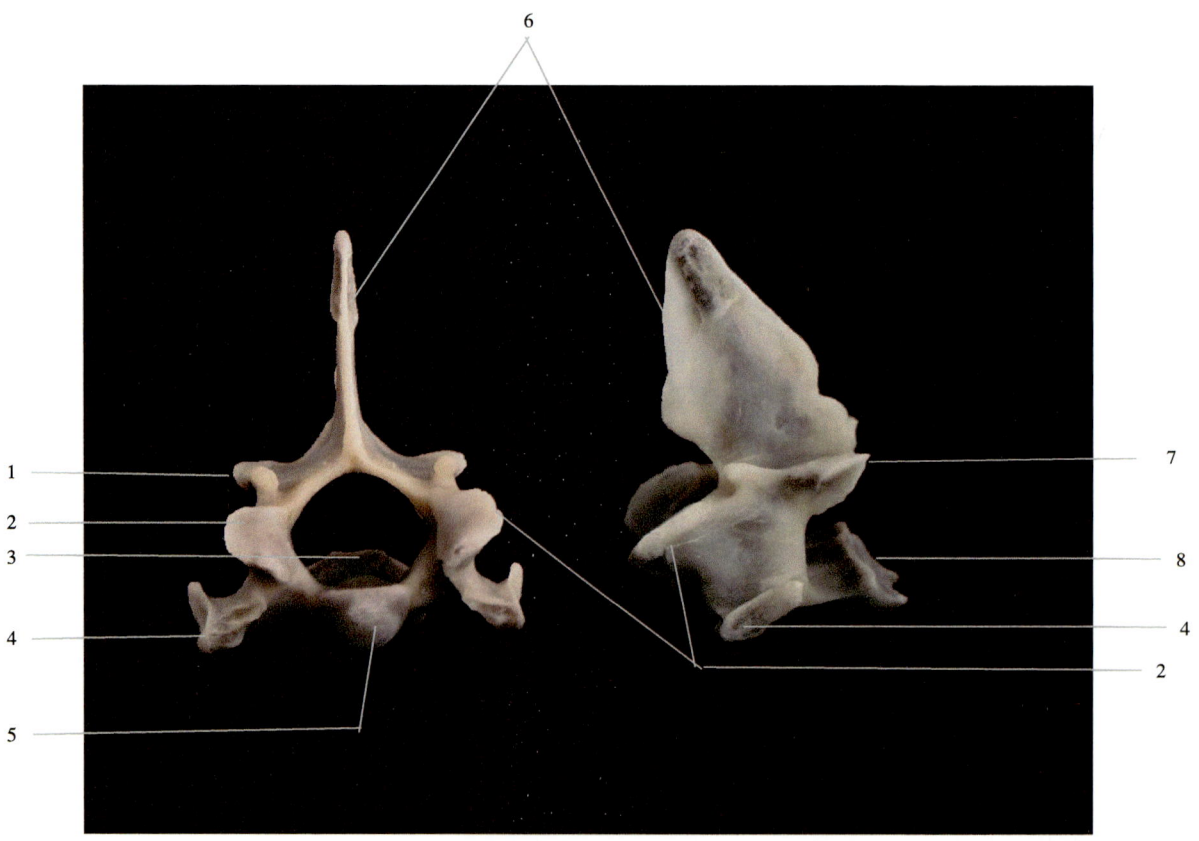

1—后关节突；2—前关节突；3—椎骨大孔；4—横突；5—椎体前关节面；6—棘突；7—后关节面；8—椎体后关节面。

图2-25 雄麝第7颈椎

2. 舌骨及喉骨

位于下颌间隙后部，呈"马蹄"形，由舌骨体、舌突、舌骨支及舌骨大角组成，共有11块小骨。前端舌突与会厌软骨相连，两侧舌骨体与岩颞骨相接。喉骨由环状软骨、甲状软骨、勺状软骨及会厌软骨组成，各部软骨之间均由致密结缔组织联结，会厌软骨发达，与勺状软骨形成上下能闭合的"V"形。

（三）胸部骨

胸椎13块。棘突发达，第1~8胸椎棘突上缘的前后棘间距由1.2 cm逐渐变窄至0.5 cm；第9~13胸椎棘突上缘几乎无间隙，第4~6胸椎的棘突最高，第6胸椎之后棘突依次变低，关节突随之增宽。肋骨左右各13肋。第1~4肋向前下方弯曲，第6~13肋骨向后下方弯曲，第9肋最长，肋骨的上端与相应的胸椎构成关节，下端由肋软骨与胸骨或上一肋的肋软骨相连。胸骨狭长，从前向后分成6段，前1~2段胸骨愈合不完全，厚度大于宽度，第3~6段扁平，胸骨体逐渐增宽。剑状软骨呈钝圆铲形。前1~5肋软骨较短，第10~13肋软骨依次延长，向前下方，由结缔组织与第8~9肋骨联结，附着在胸骨体上。胸廓呈"V"形，后端变大，胸廓的结构特点与胸椎的特殊结构便于林麝既能做灵活自如的剧烈运动，又不致损伤胸部重要内脏器官（图2-26至图2-33）。

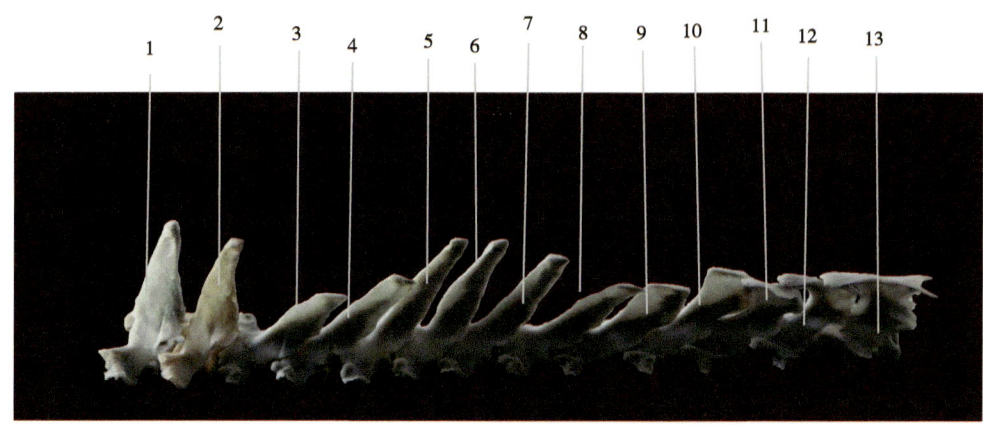

1—第1胸椎；2—第2胸椎；3—第3胸椎；4—第4胸椎；5—第5胸椎；6—第6胸椎；7—第7胸椎；8—第8胸椎；9—第9胸椎；10—第10胸椎；11—第11胸椎；12—第12胸椎；13—第13胸椎。

图2-26 雄麝胸椎左侧面观

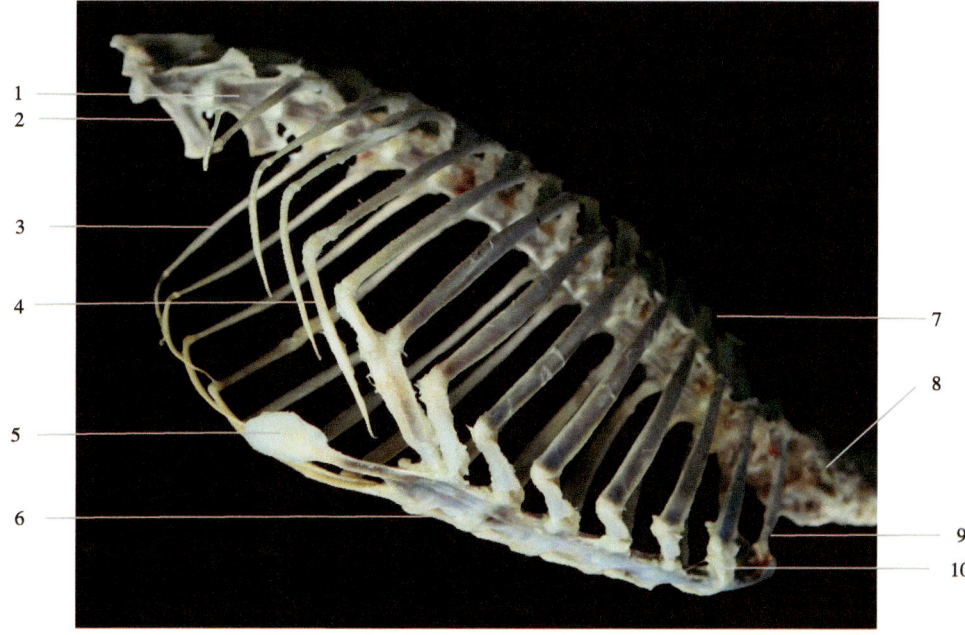

1—第1腰椎；2—腰椎横突；3—肋骨；4—肋软骨；5—剑胸软骨；6—胸骨；7—肋结节；8—颈椎；9—锁骨；10—肋软骨。

图2-27 雌麝胸部骨骼及组成

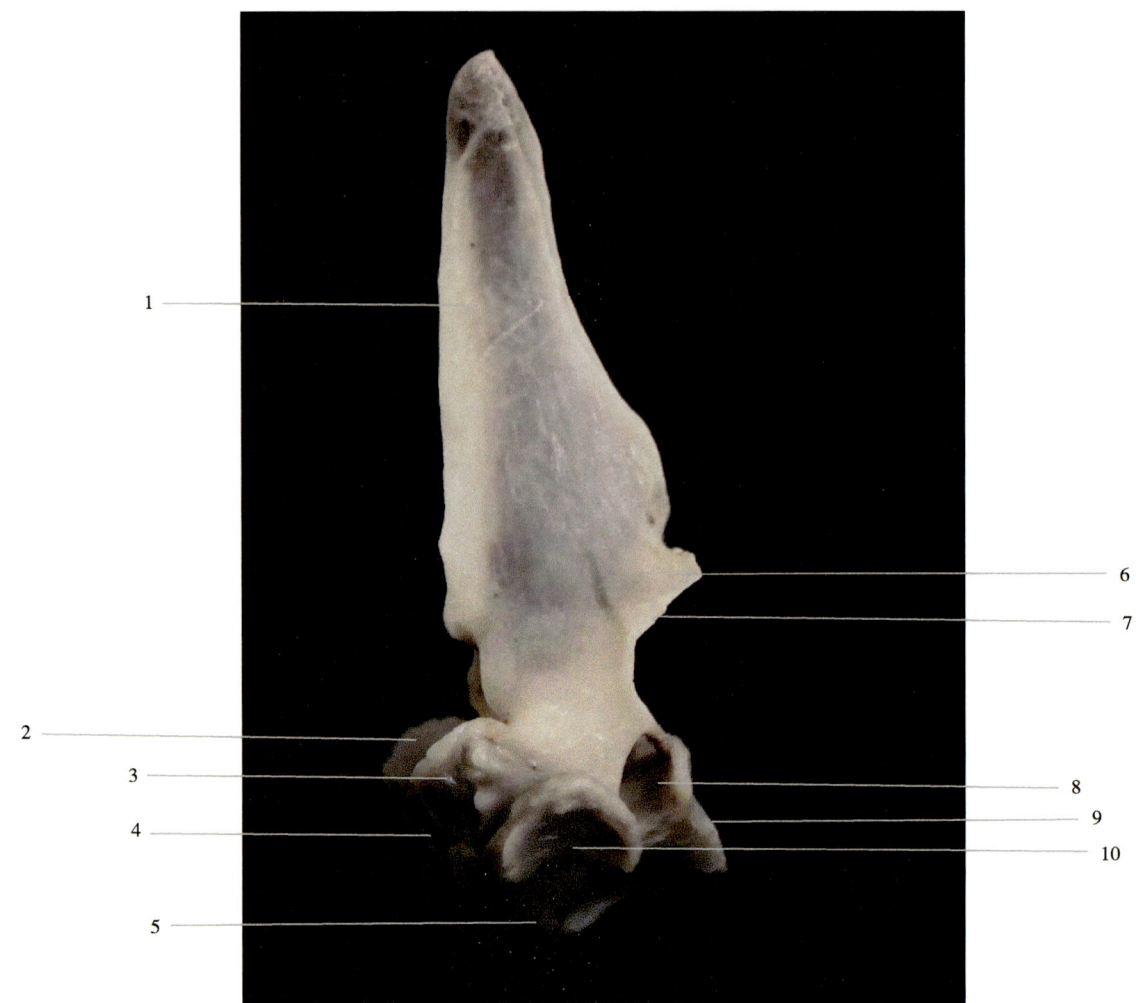

1—横突；2—前关节面；3—关节前突；4—椎孔；5—椎头；6—关节后突；7—后关节面；8—神经节孔；9—椎体后关节面；10—肋前窝。

图2-28　雄麝第1胸椎左侧面观

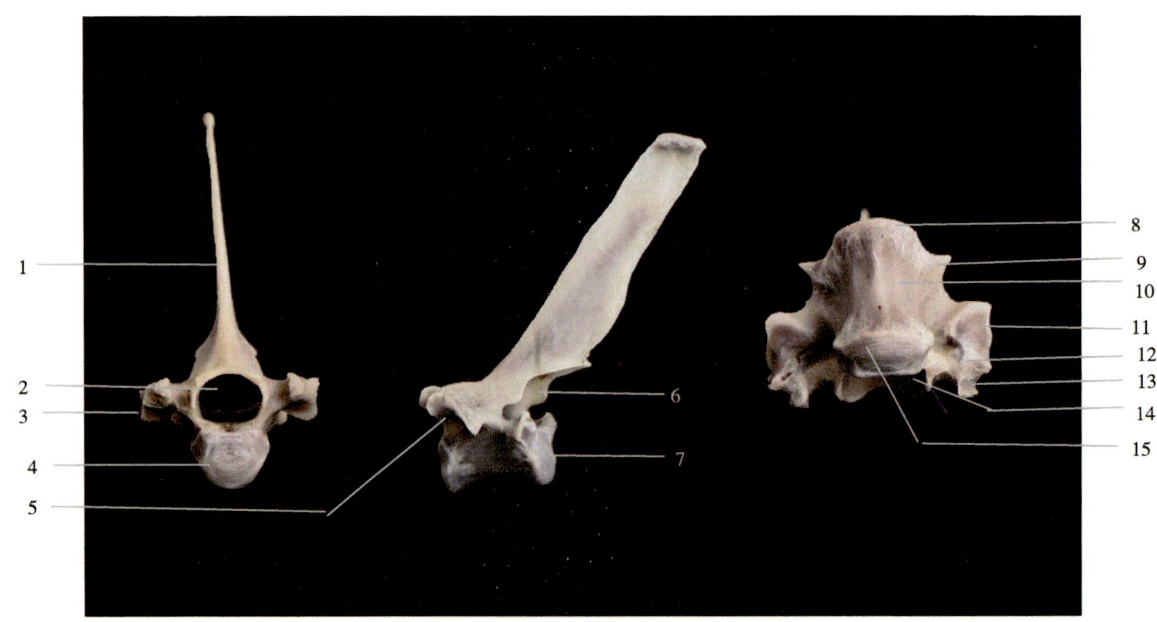

1—棘突；2—椎孔；3—横突；4—椎体前关节面；5—前关节面；6—后关节面；7—椎体后关节面；8—椎体后缘；9—肋后关节面；10—椎体；11—肋前窝；12—横突；13—前关节突；14—前关节面；15—椎孔。

图2-29　雄麝第4胸椎

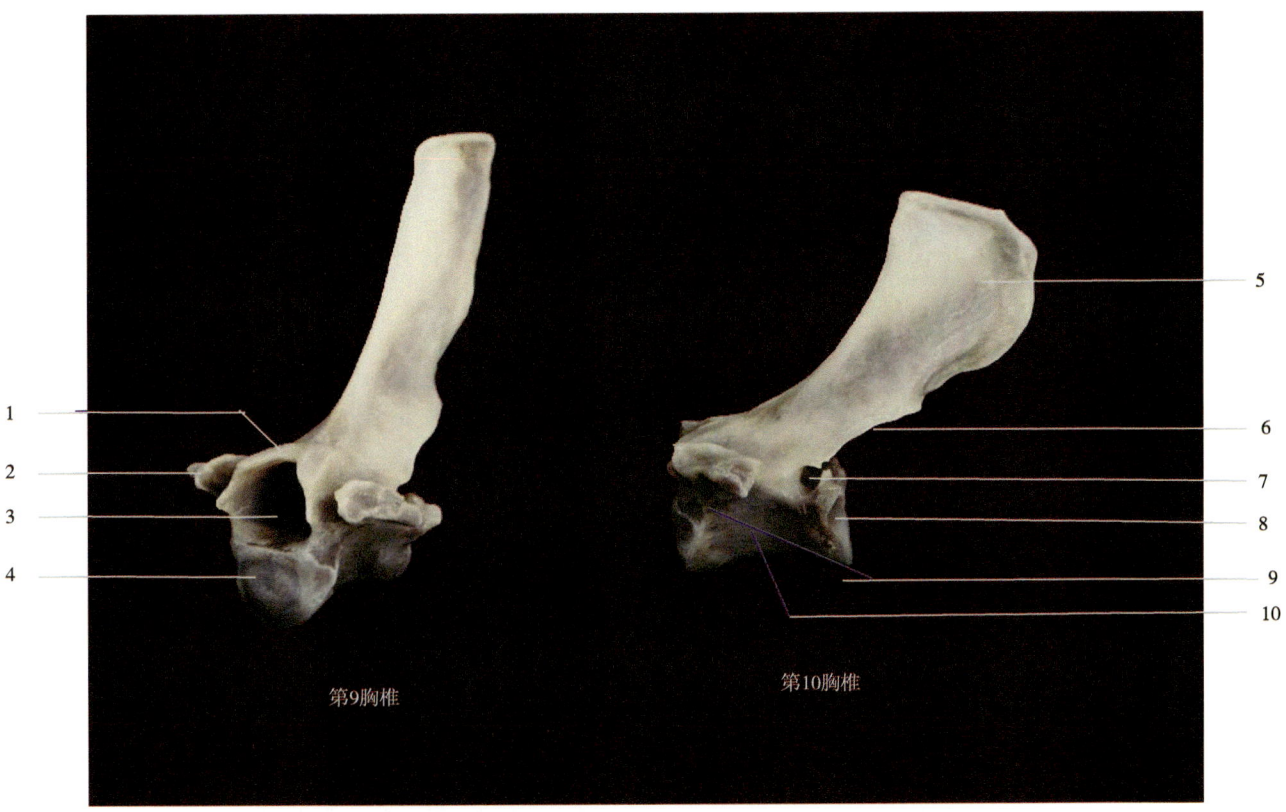

1—前关节面；2—横突；3—椎孔；4—椎体前关节面；5—棘突；6—后关节面；7—神经节孔；8—肋后窝；9—肋前窝；10—椎体。

图2-30　雄麝第9、10胸椎左侧面观

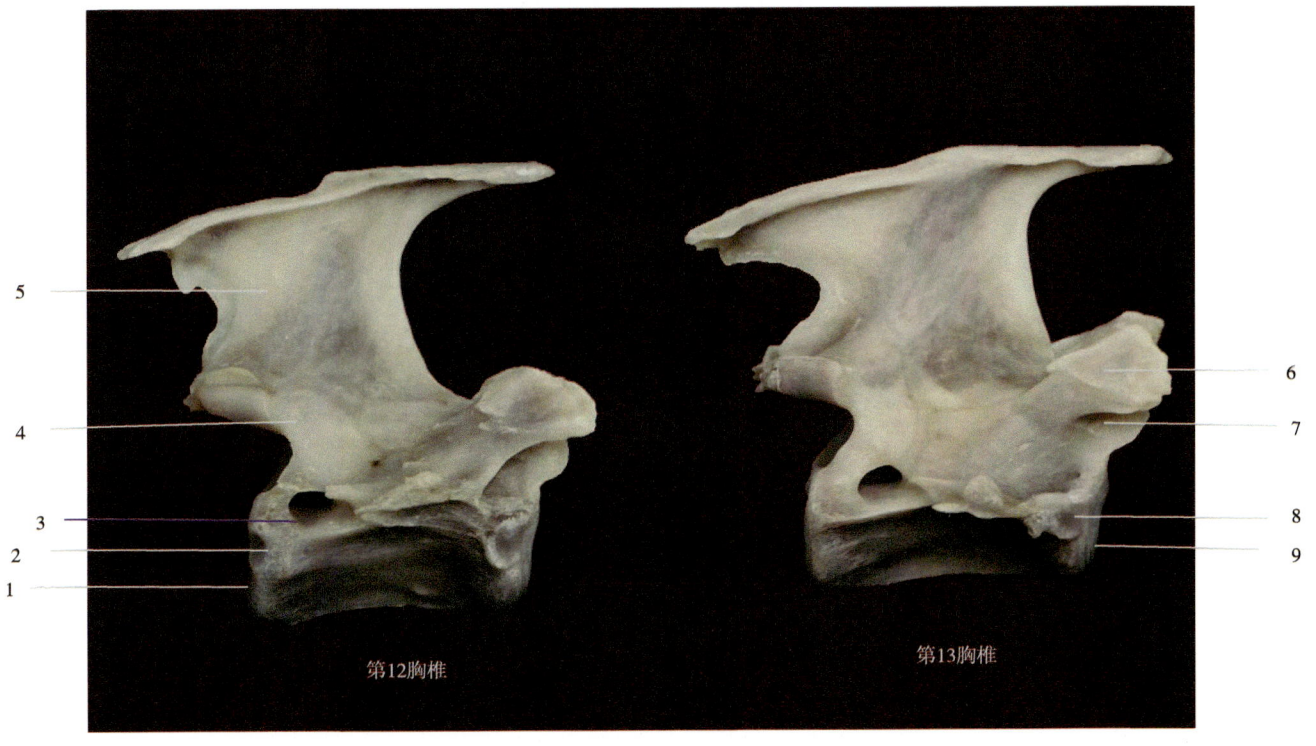

1—椎体后关节面；2—肋后窝；3—神经节孔；4—后关节面；5—棘突；6—关节前突；7—前关节面；8—肋前窝；9—椎体前关节面。

图2-31　雄麝第12、第13胸椎右侧面观

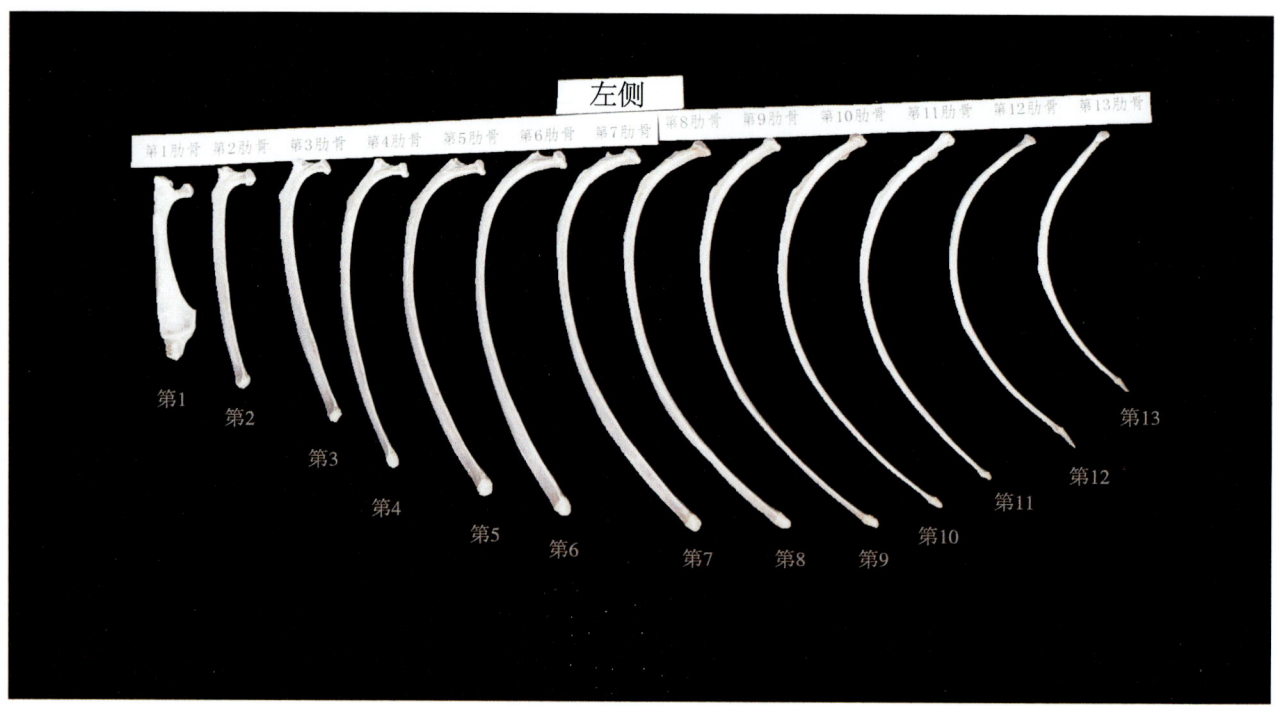

图2-32　林麝第1～13肋骨

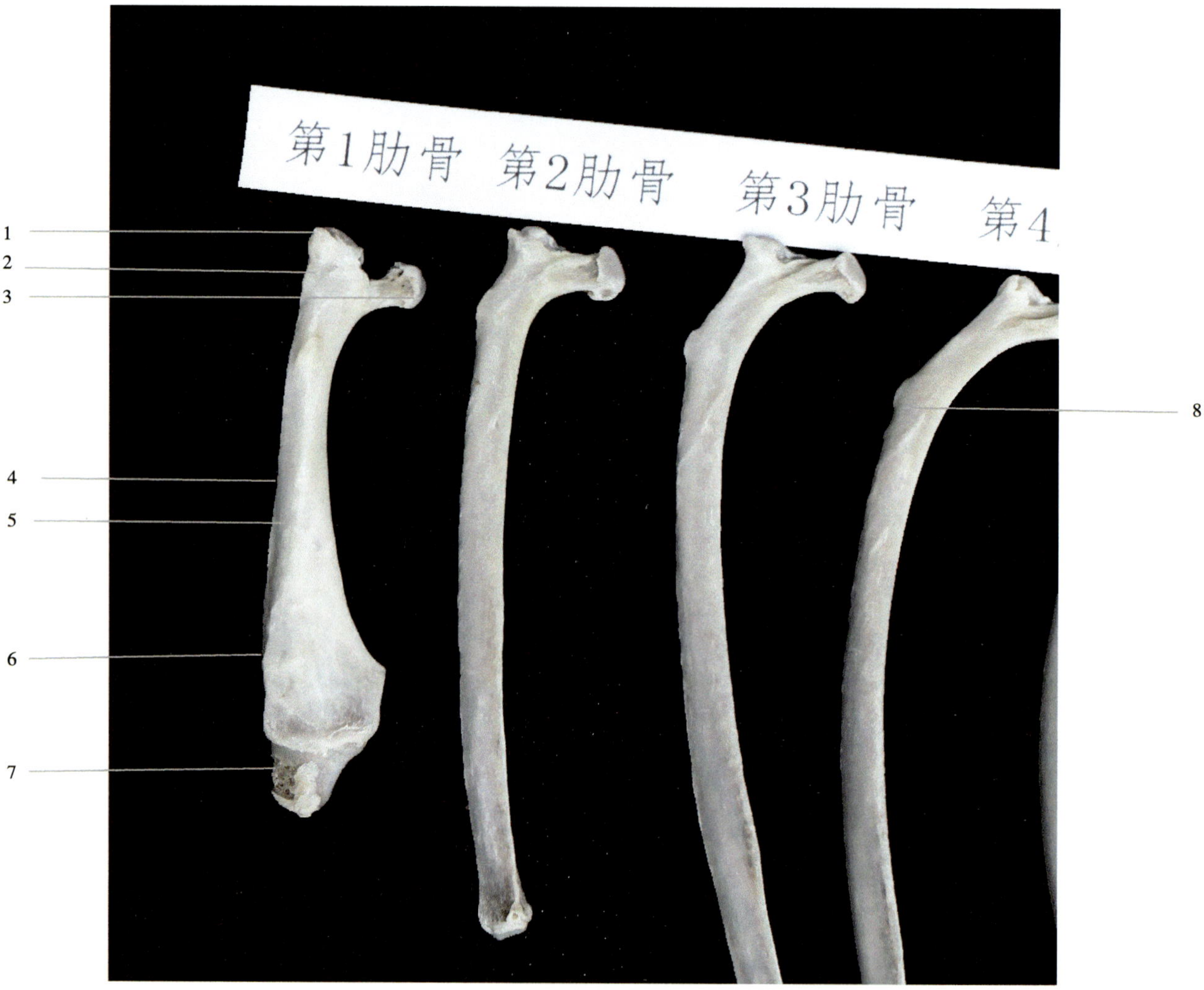

1—肋结节；2—肋窝；3—肋头；4—血管沟；5—肋骨体；6—肋骨胸端；7—肋软骨；8—肋肌结节。

图2-33　林麝第1～4肋骨

（四）腰椎

腰椎6块，向腹面弯曲，腰椎横突前后两端窄，中部宽大。最宽处为第4腰椎横突，3～4腰椎棘突最高，第4～6腰椎棘突依次减低。关节突从第1腰椎逐步增宽到第4腰椎最宽，以后又缩窄（图2-34、图2-35）。

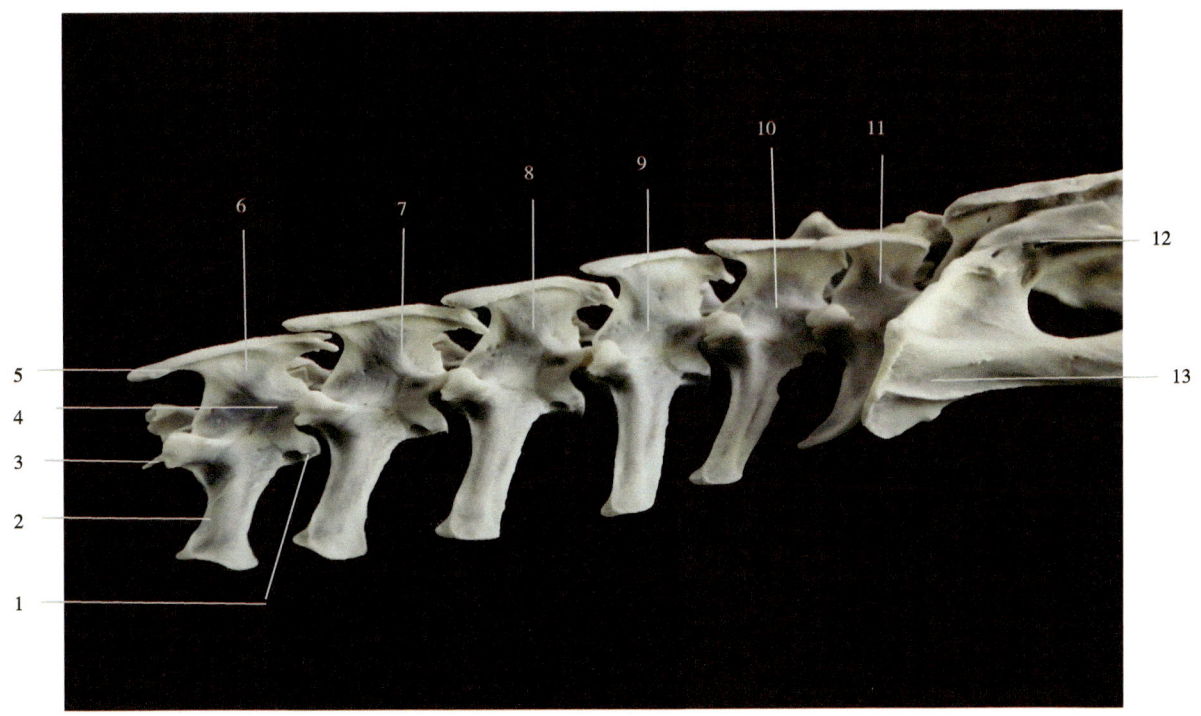

1—椎体后关节面；2—横突；3—关节前突；4—关节后突；5—棘突；6—第1腰椎；7—第2腰椎；8—第3腰椎；9—第4腰椎；10—第5腰椎；11—第6腰椎；12—荐椎；13—髋骨。

图2-34　雄麝腰椎左侧面观

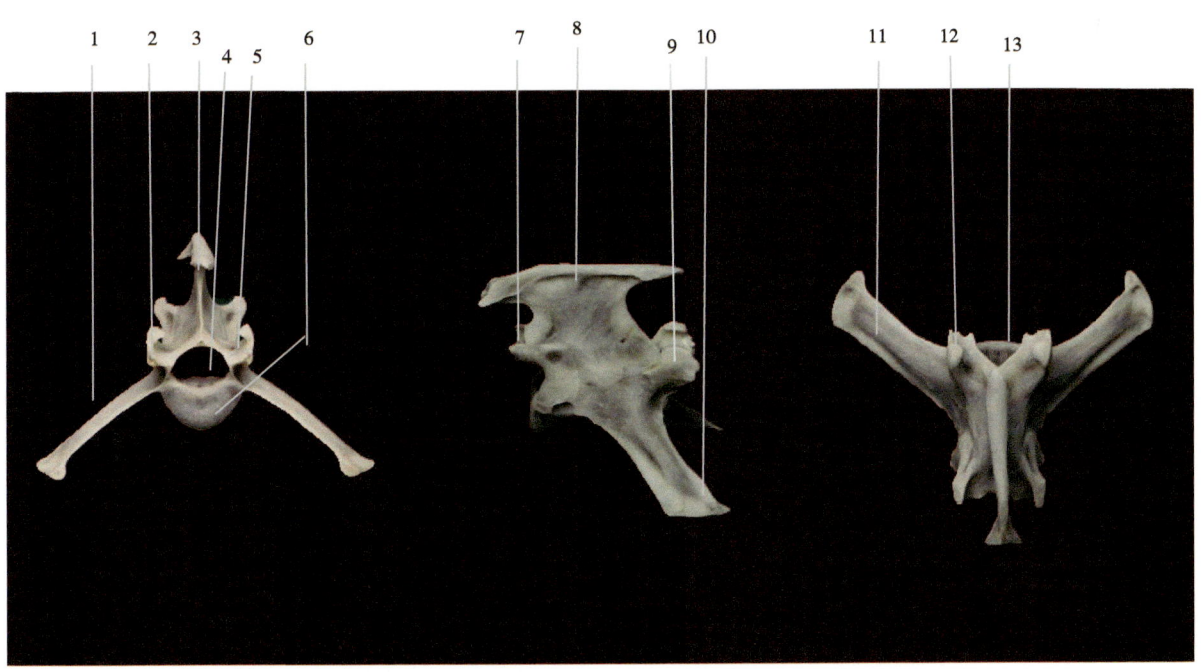

1—横突；2—前关节突；3—棘突；4—椎孔；5—前关节面；6—椎体前关节面；7—关节后突；8—棘突；9—关节前突；10—横突；11—横突；12—关节前突；13—椎体前关节面。

图2-35　雄麝第4腰椎形态

(五)骨盆、荐椎

林麝骨盆由荐骨、髂骨、坐骨共同组成。其中髂、坐骨在成体愈合为髋骨。相对牛羊,骨盆较大和结实。成体雌麝骨盆宽于雄麝,但荐骨雄性发达,可能与雄麝常蹭尾有关。臀线为两条,闭孔大,呈椭圆形。坐骨结节发达,呈三角形,腹侧结节最长,背侧结节次之,外侧结节最短(图2-36至图2-38)。

髋骨由髂骨、坐骨和耻骨围成,荐椎5块,成年愈合为荐骨。髂骨的内侧角与荐骨愈合,腹侧与耻骨愈合形成骨盆的前缘,后上角以强大的荐坐韧带与荐骨远端形成可扩大的骨盆后缘,以利于母麝胎儿顺利娩出。

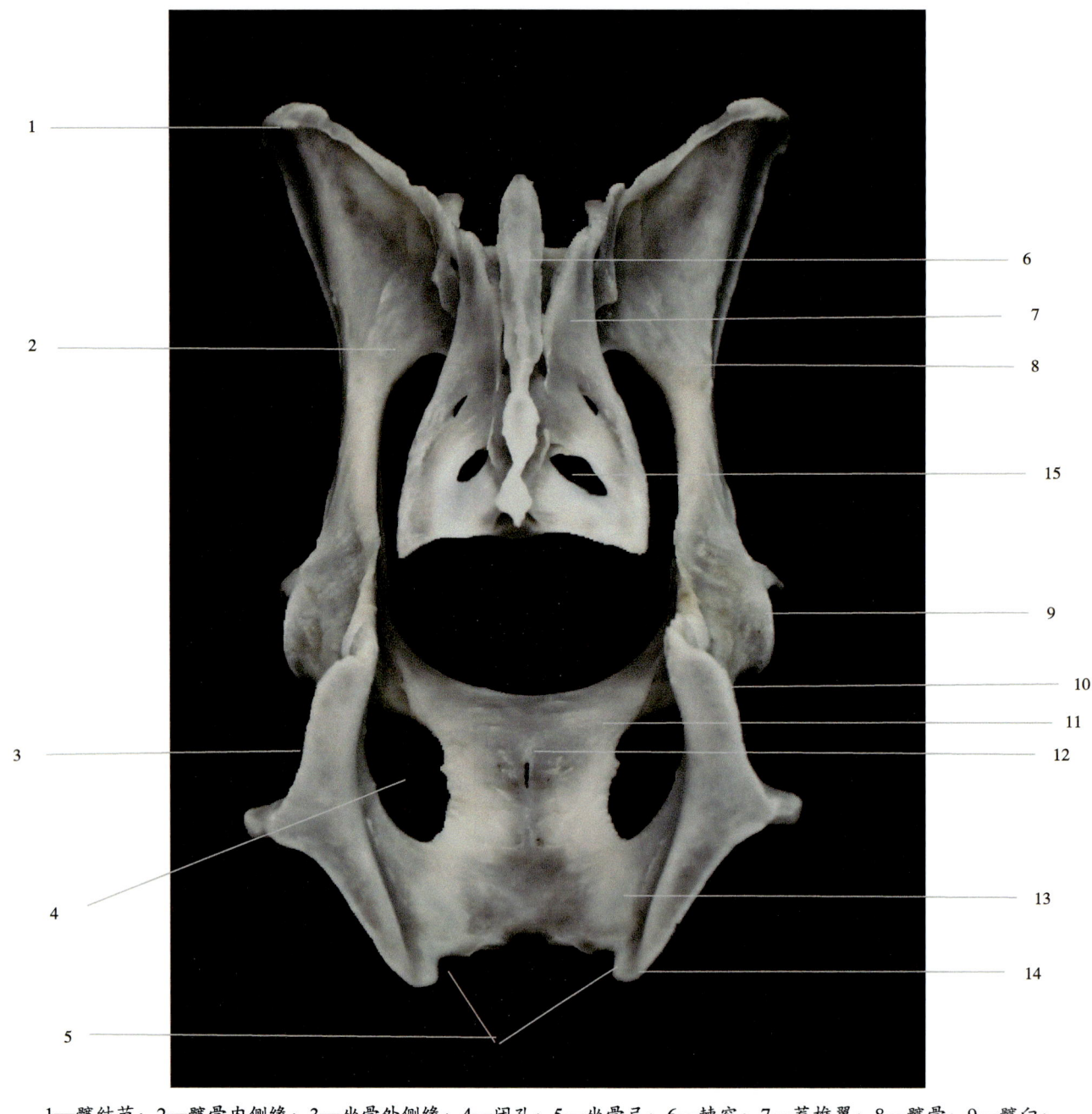

1—髋结节;2—髂骨内侧缘;3—坐骨外侧缘;4—闭孔;5—坐骨弓;6—棘突;7—荐椎翼;8—髂骨;9—髋臼;10—坐骨棘;11—耻骨;12—骨盆联合;13—坐骨;14—坐骨结节;15—荐椎翼间隙。

图2-36 雄麝骨盆背面观

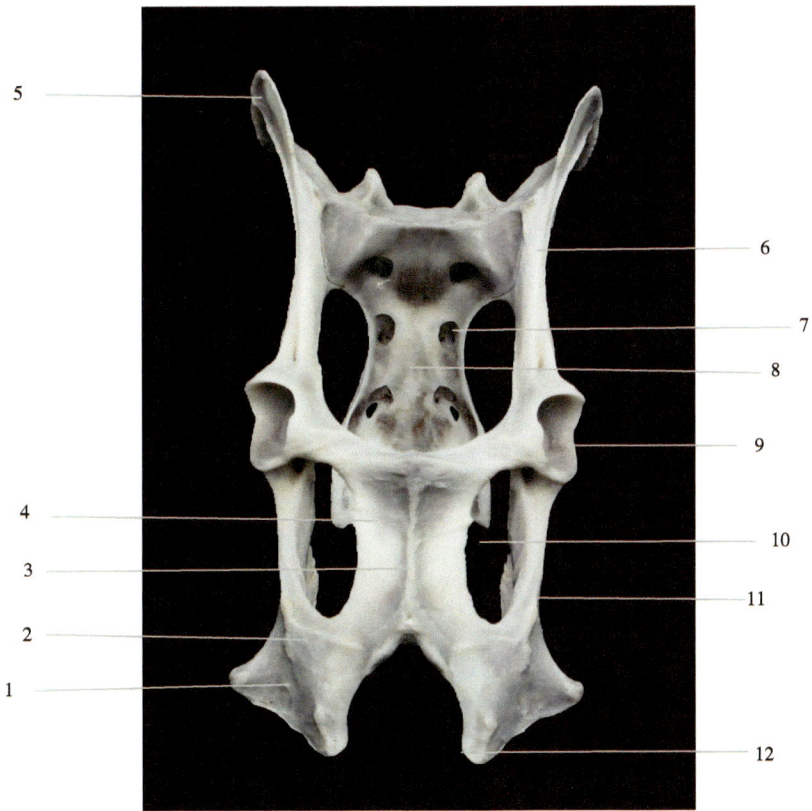

1—坐骨；2—坐骨弓；3—骨盆联合；4—耻骨；5—髋结节；6—髂骨；7—腹侧荐孔；8—荐骨；9—髋臼；10—闭孔；11—坐骨棘；12—坐骨结节。

图2-37　雄麝骨盆腹面观

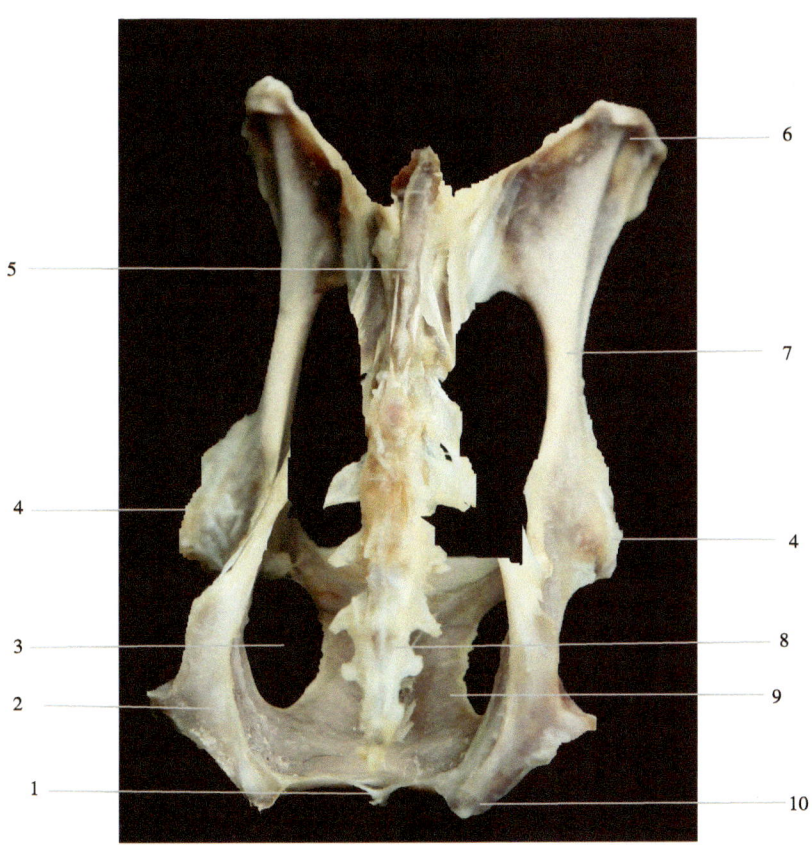

1—坐骨缝；2—坐骨；3—闭孔；4—髋臼；5—荐骨；6—髂骨翼；7—髂骨；8—第5尾椎；9—耻骨；10—坐骨岬。

图2-38　雌麝骨盆背面观

（六）尾椎

林麝尾椎细短，椎骨5块。成体仅5~6 cm长，皮肤上无毛。第1~3尾椎左右横突明显，其中第1、2尾椎有棘突；第3尾椎无棘突；第4~5尾骨呈圆柱状、椎状。林麝尾椎细短，皮肤上无毛。第1~3尾椎横突明显，其中第1、2尾椎有棘突；第3尾椎无棘突；第4~5尾骨呈圆柱状、椎状（图2-39）。

1—椎孔；2—横突；3—关节前突；4—后关节面；5—棘突；6—第6尾椎；7—第5尾椎；
8—第4尾椎；9—第3尾椎；10—第2尾椎；11—第1尾椎。

图2-39　林麝尾椎

（七）前肢骨

林麝前肢由肩胛骨、臂骨、桡尺骨、腕骨、掌骨、系骨及蹄骨等组成。肩胛骨短而宽，肩胛冈特别长，肩峰呈锐角，其末端与肩臼位于同一平面；臂骨近端外侧结节的前部特别发达；前臂骨明显向前弯，只有一个前臂骨间隙，尺骨体呈薄板状；第3和第4掌骨发达，第2和第5掌骨保留远侧部；第3和第4指发达，冠骨和蹄骨较长；第2和第5指较小，每指各有3个指节骨和2个近籽骨（图2-40、图2-41）。

肩胛骨呈倒三角形，扁平，肩胛冈从肩胛骨的近端到远端隆凸逐步增高，远端似鱼尾翘向臂骨尺侧面（图2-42）。臂骨脊突出，与肩胛冈形成强大的伸肌群的起止点，臂骨近端大结节与小结节间相连结，形成一小孔，有强大的肌腱穿过（图2-43）。尺骨较细长，与桡骨愈合为前臂骨。腕骨两列，共8块，近列腕骨自内向外分别为桡腕骨、中间腕骨、尺腕骨，后侧副腕骨较大，远列腕骨第1腕骨小，第2、3腕骨大，分别与第2、3掌骨构成关节，第4腕骨与副腕骨相连（图2-44）。第2、3掌骨愈合为1条长骨，尺骨上端粗大部突出于肘关节后，形成高大的肘突。第1、4掌骨在第2、3掌骨的远端2/5处以筋腱联结。两主蹄细而窄，两侧蹄长，与两主蹄构成可伸缩、外展、内收自如的功能。主侧蹄各有系骨，冠骨、蹄骨1块，两系骨与第2、3掌骨面有1对籽骨，共同构成关节。上述的前肢骨骼结构与其他草食动物差异很大，关节能伸缩外展，内收，变动灵活，利于林麝奔跑、跳跃爬树等各种运动（图2-45、图2-46）。

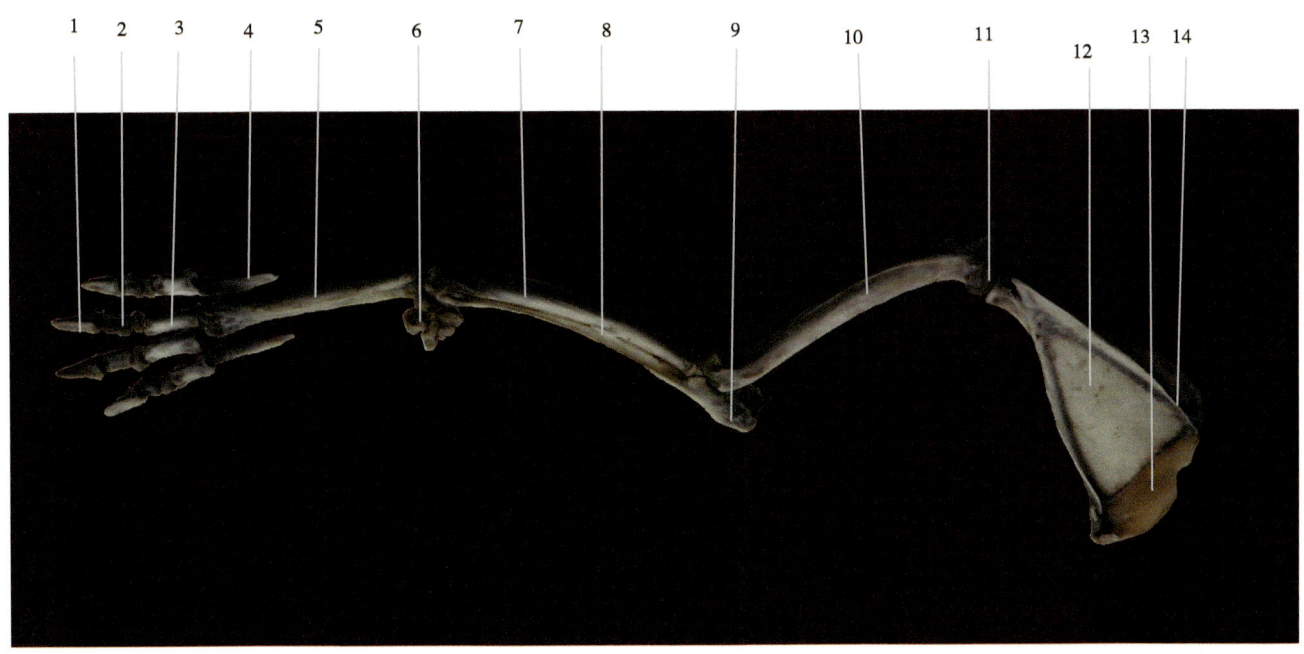

1—蹄骨；2—冠骨；3—系骨；4—掌骨；5—第3掌骨；6—中央腕骨；7—桡骨；8—尺骨；9—肘突；10—臂骨；11—肩关节面；12—肩胛骨；13—肩胛软骨；14—冈结节。

图2-40　雄麝左前肢骨

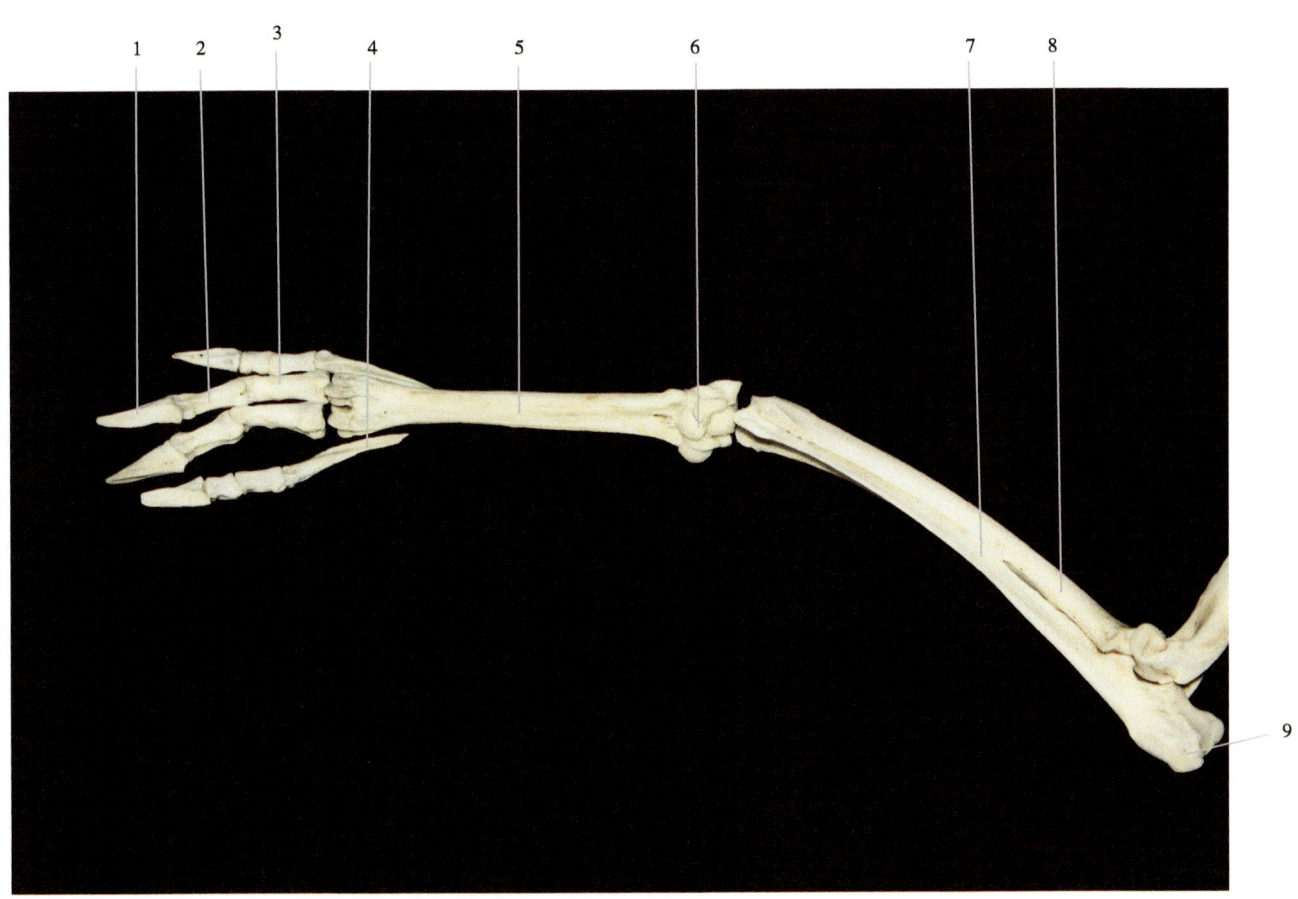

1—蹄骨；2—冠骨；3—系骨；4—掌骨；5—第3掌骨；6—中央腕骨；7—尺骨；8—桡骨；9—肘突。

图2-41　雄麝前肢结构

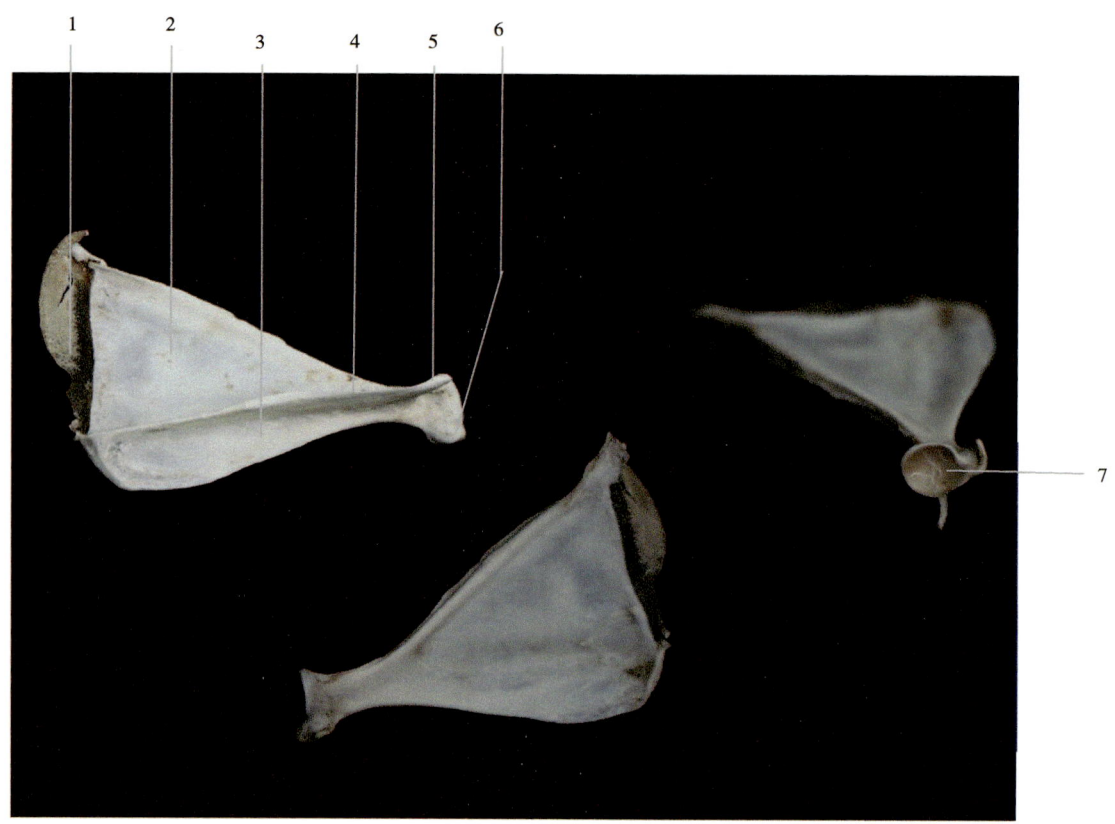

1—肩胛软骨；2—冈上窝；3—冈下窝；4—肩胛冈；5—肩峰；6—肩胛结节；7—肩臼。

图2-42 林麝肩胛骨

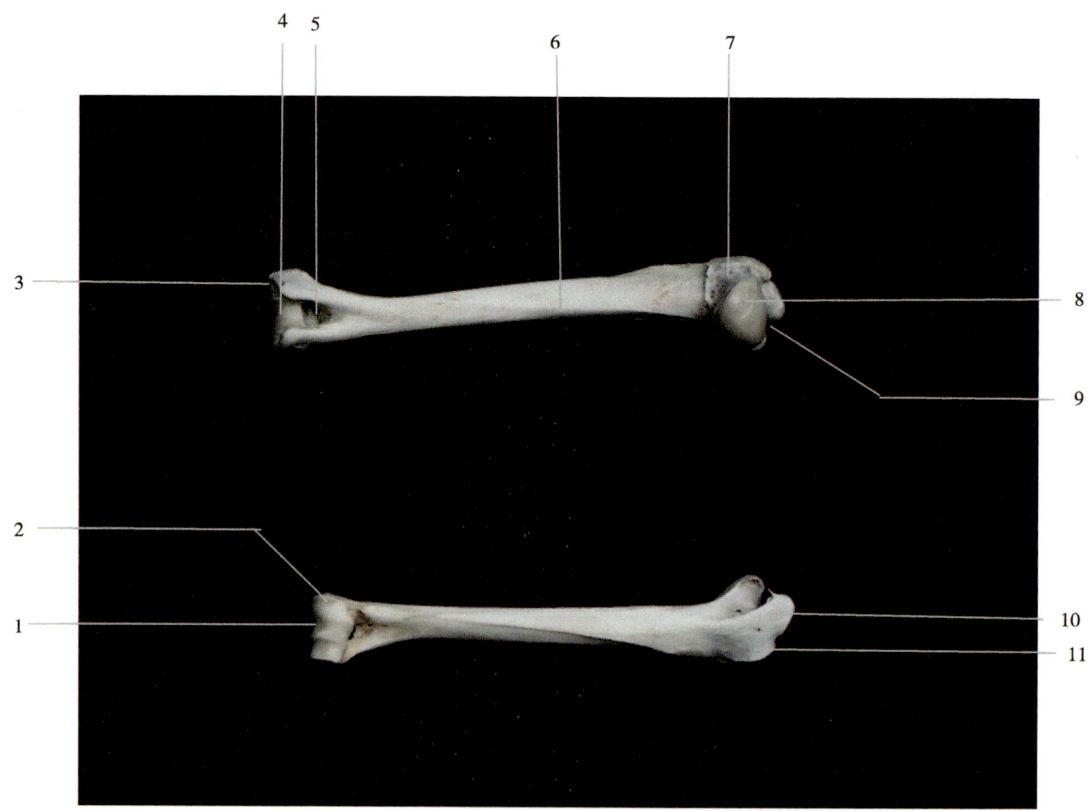

1—韧带窝；2—内髁；3—外髁；4—韧带窝；5—肘窝；6—三角肌结节；7—臂骨头；8—外侧结节；9—二头肌沟；10—外髁；11—臂骨头。

图2-43 臂骨形态

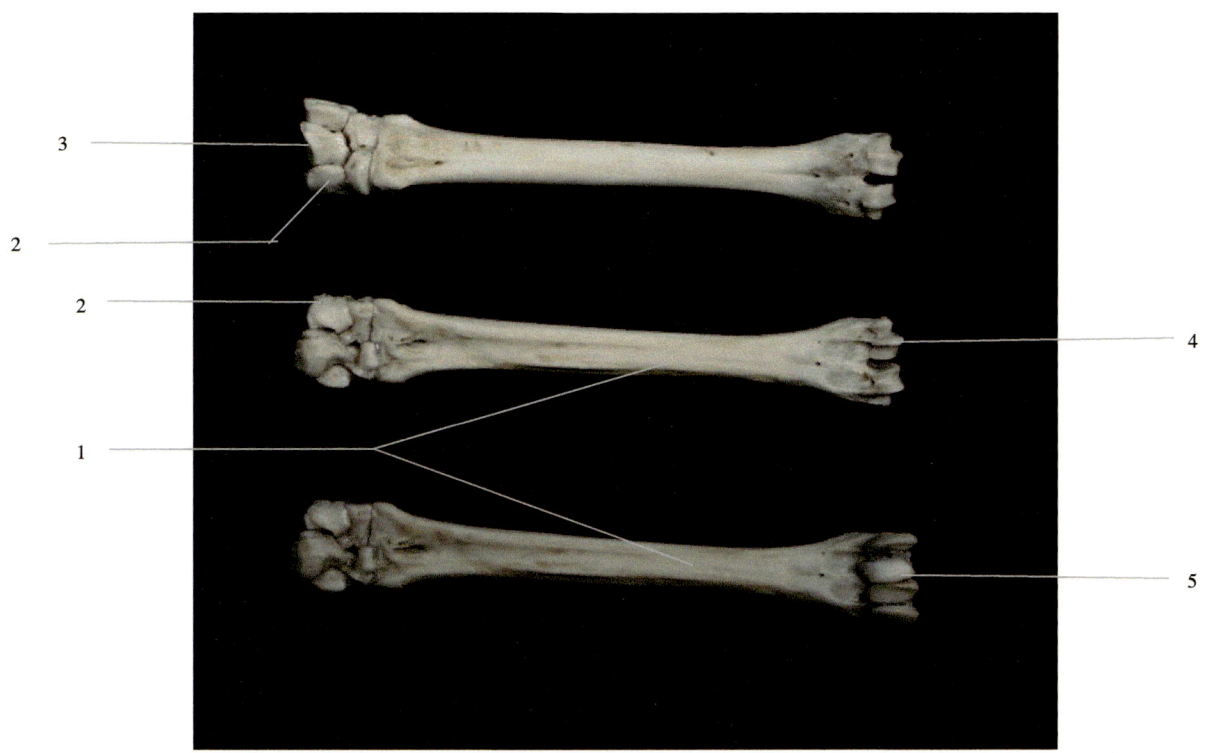

1—第3掌骨；2—桡腕骨；3—中央腕骨；4—指关节面；5—近籽骨。

图2-44　腕骨形态

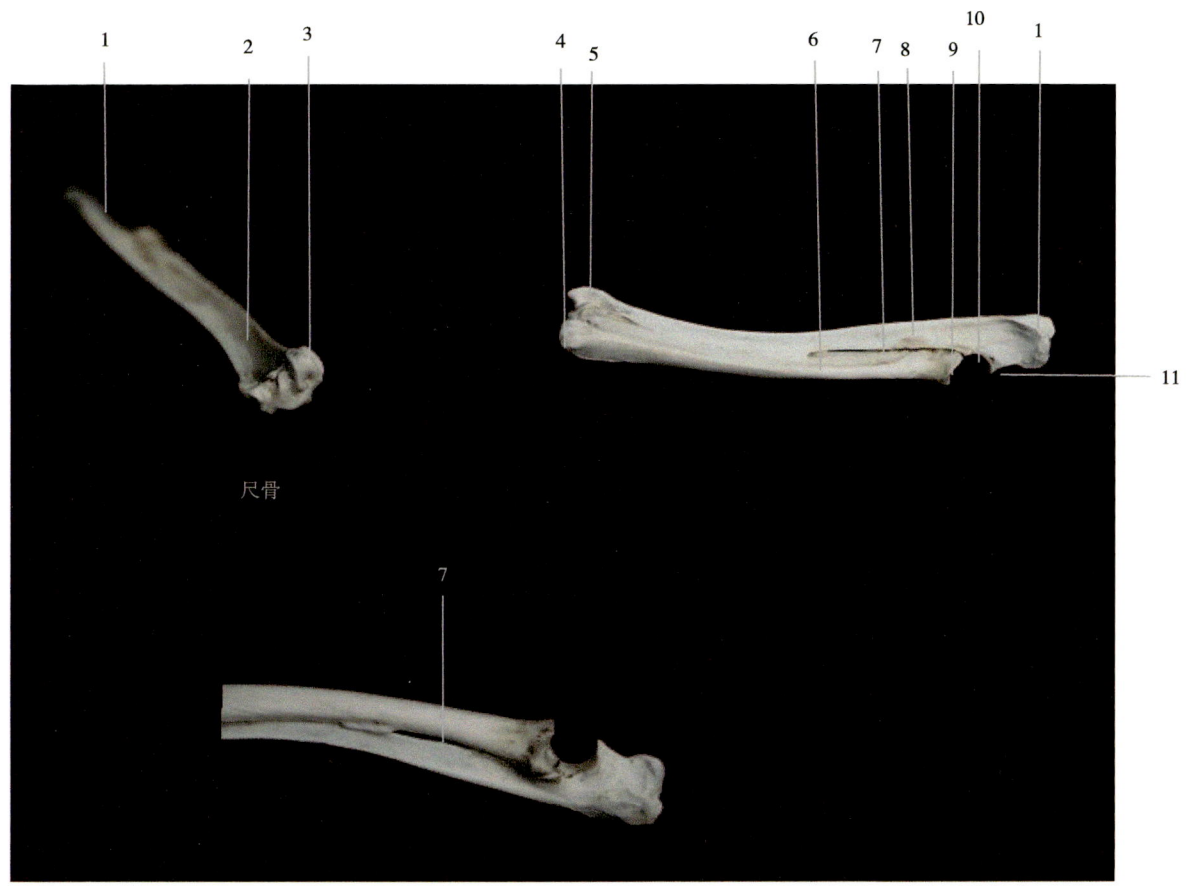

1—肘突；2—桡尺关节面；3—对腕关节面；4—桡侧关节面；5—尺骨茎突；6—桡骨；7—前臂间隙；8—尺骨；9—对臂关节面；10—半月关节面；11—钩突。

图2-45　林麝肘部骨骼

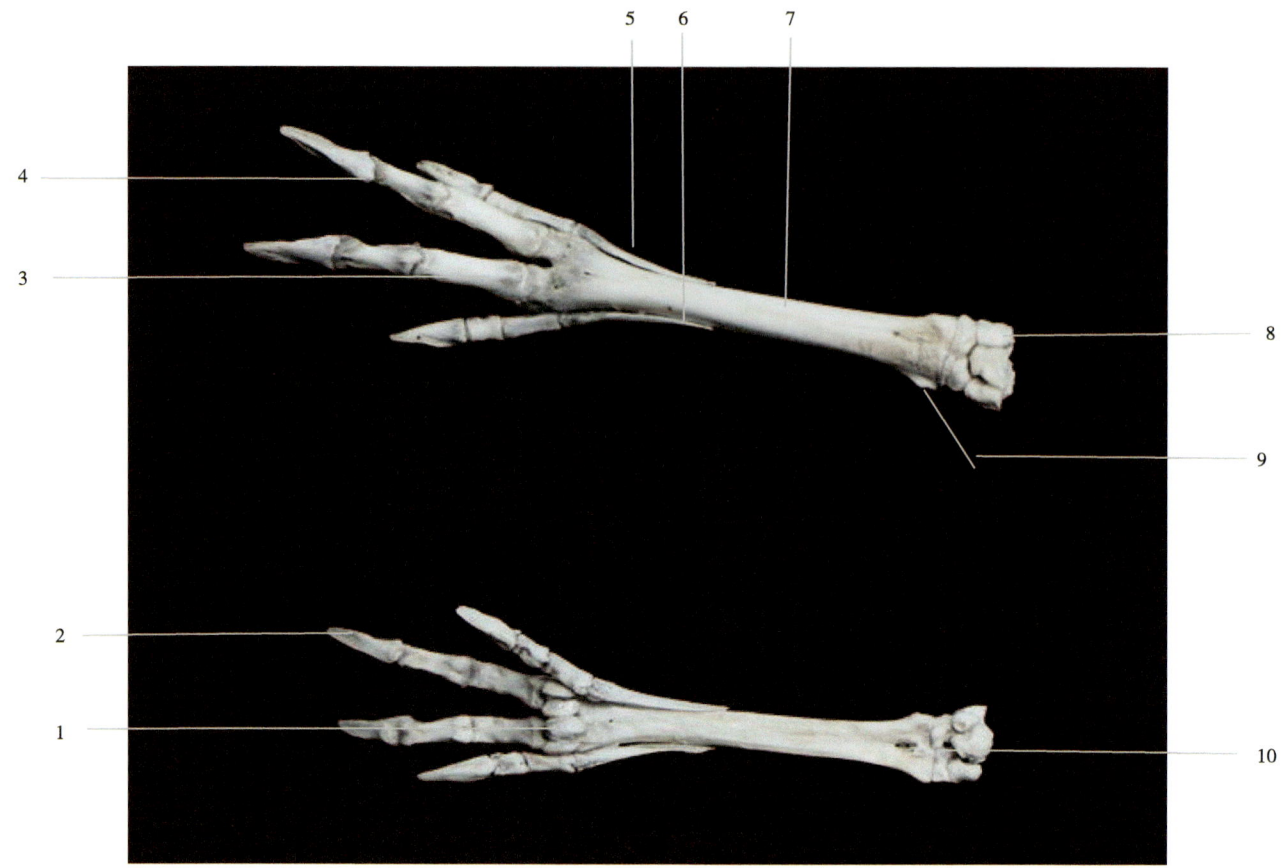

1—近籽骨；2—蹄骨；3—系骨；4—冠骨；5—第2掌骨；6—第5掌骨；7—第3掌骨；8—桡腕骨；9—第4腕骨；10—掌关节面。

图2-46 掌骨和指骨形态

（八）后肢骨

林麝后肢由骨盆、股骨、胫腓骨、跗骨、跟骨、系骨、冠骨、蹄骨等组成。胫骨比股骨长，股骨比大跖骨长。腓骨退化为纤细状，仅起附着肌肉的功能。无第2、5跖骨。第2、5趾有完整的3个趾节骨（系骨、冠骨、蹄骨）（图2-47至图2-49）。

股骨近端的第3转子向外上方隆起、粗大，第3转子与小转子及股骨头之间形成很深的三角形凹陷，有强大的韧带及伸肌群。股骨远端与胫骨相连形成关节。胫骨粗大、近端呈三角棱形，远端呈圆柱形。腓骨已退化，细而短，在胫骨的上1/3部消失，与胫骨之间形成间隙。膝盖骨呈楔状，与股骨远端的滑车形成关节。第3、4跖骨愈合在一起，并在前面形成一凹槽。槽内有强大的伸肌腱，跖骨近端与跗骨相连形成关节的滑车。跗骨3列，有7块不规则的短骨、近列内侧的距骨与胫骨远端构成关节，外侧的跟骨形成粗大的跟结节，中间列为中央跗骨。过列有4块跗骨，第1、4趾，系骨与冠骨粗短，与第2、3趾之间增大了接触面积，利于林麝奔跑跳跃。两后肢的1对主侧蹄各有1块系骨，主蹄的系骨与跖骨间有1对子骨。

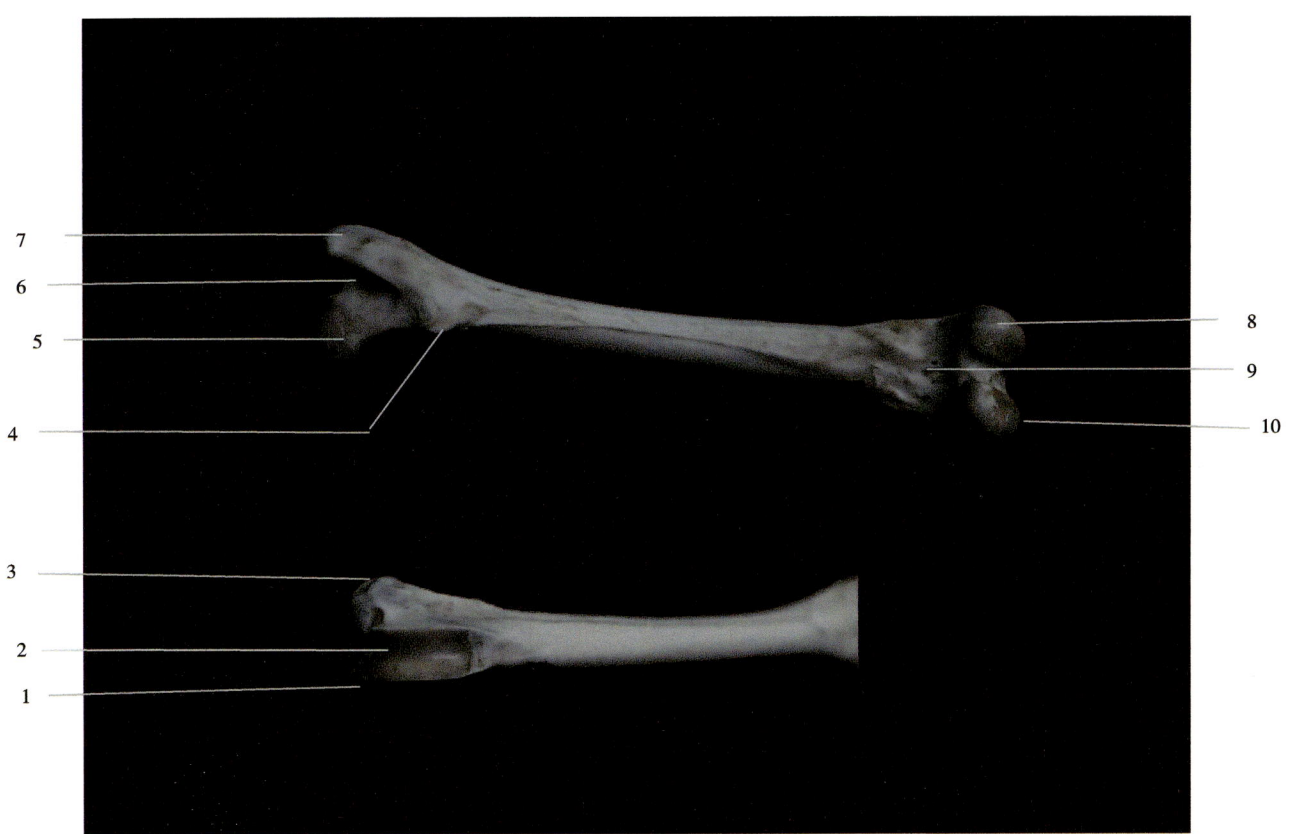

1、2—滑车关节面；3—外髁；4—小转子；5—股骨头；6—转子窝；7—大转子；8—外髁；9—髁上窝；10—内髁。

图2-47　林麝股骨形态

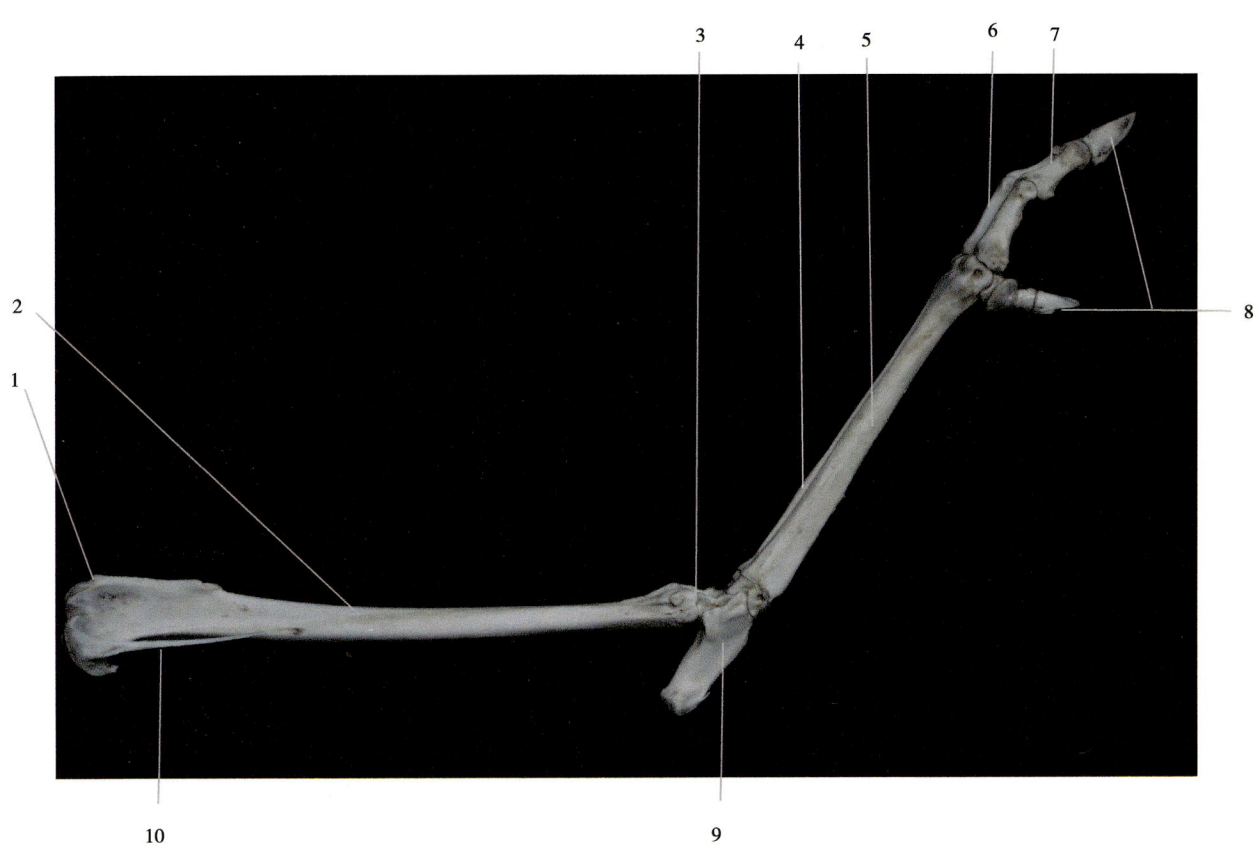

1—胫骨外侧髁；2—胫骨；3—中央跗骨；4—第4跗骨；5—第3跖骨；6—系骨；7—冠骨；8—蹄骨；9—跟骨；10—腓骨。

图2-48　胫腓骨、跖骨、趾骨形态

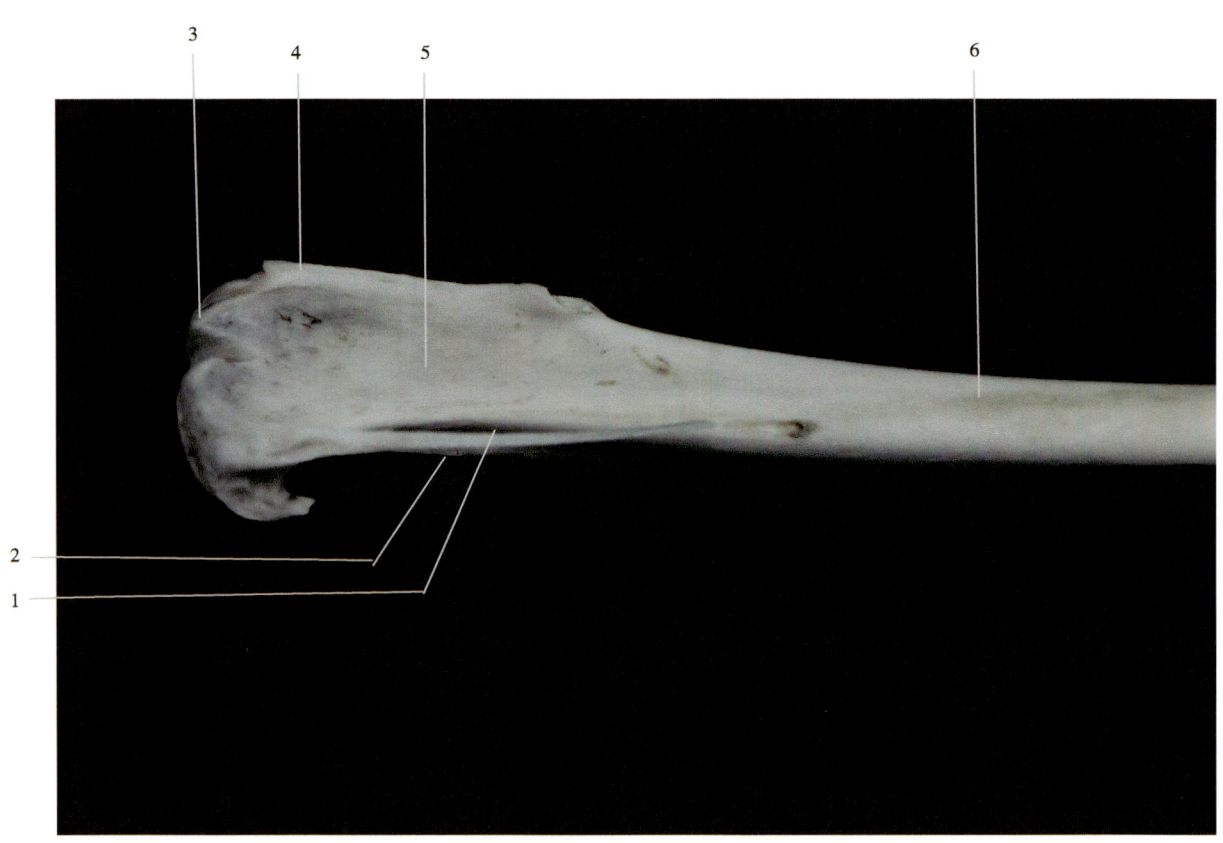

1—小腿间隙；2—腓骨；3—滑车关节面；4—胫骨棘；5—胫骨外侧窝；6—肌沟。

图2-49　胫腓骨结构

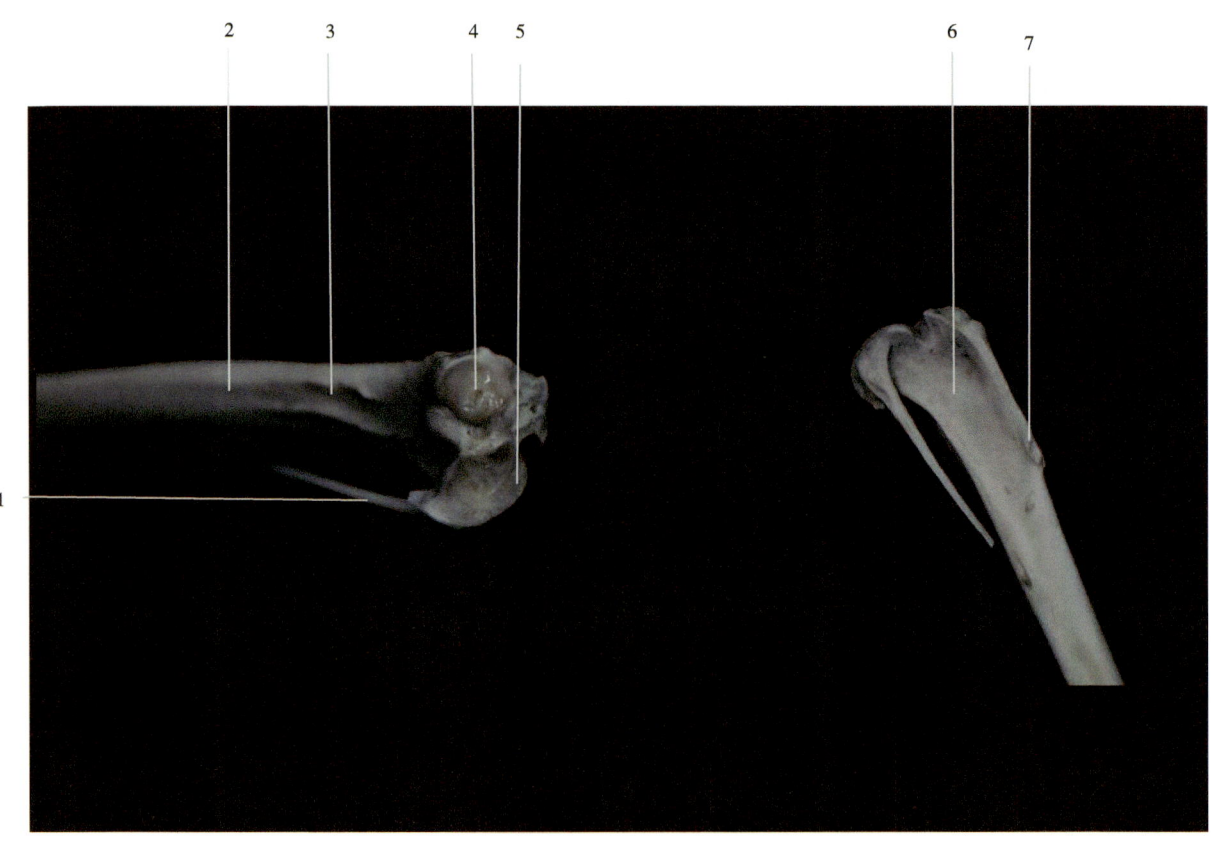

1—腓骨；2—胫骨；3—肌沟；4—胫骨外侧髁；5—滑车关节面；6—胫骨外侧窝；7—胫骨外侧脊。

图2-50　膝关节面形态

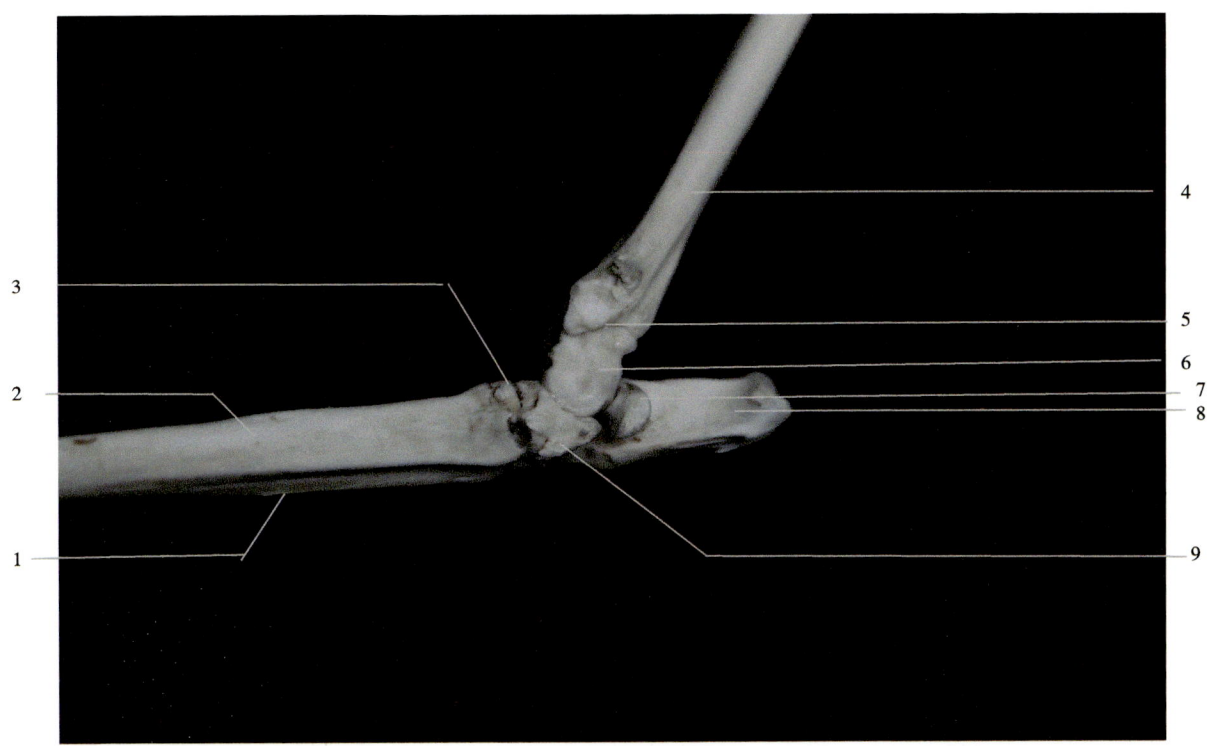

1—第3跖骨；2—第4跖骨；3—中央跗骨；4—胫骨；5—胫骨远端关节面；6—距骨；7—中央跗骨；8—跟骨；9—第3跖骨。

图2-51　跗关节结构

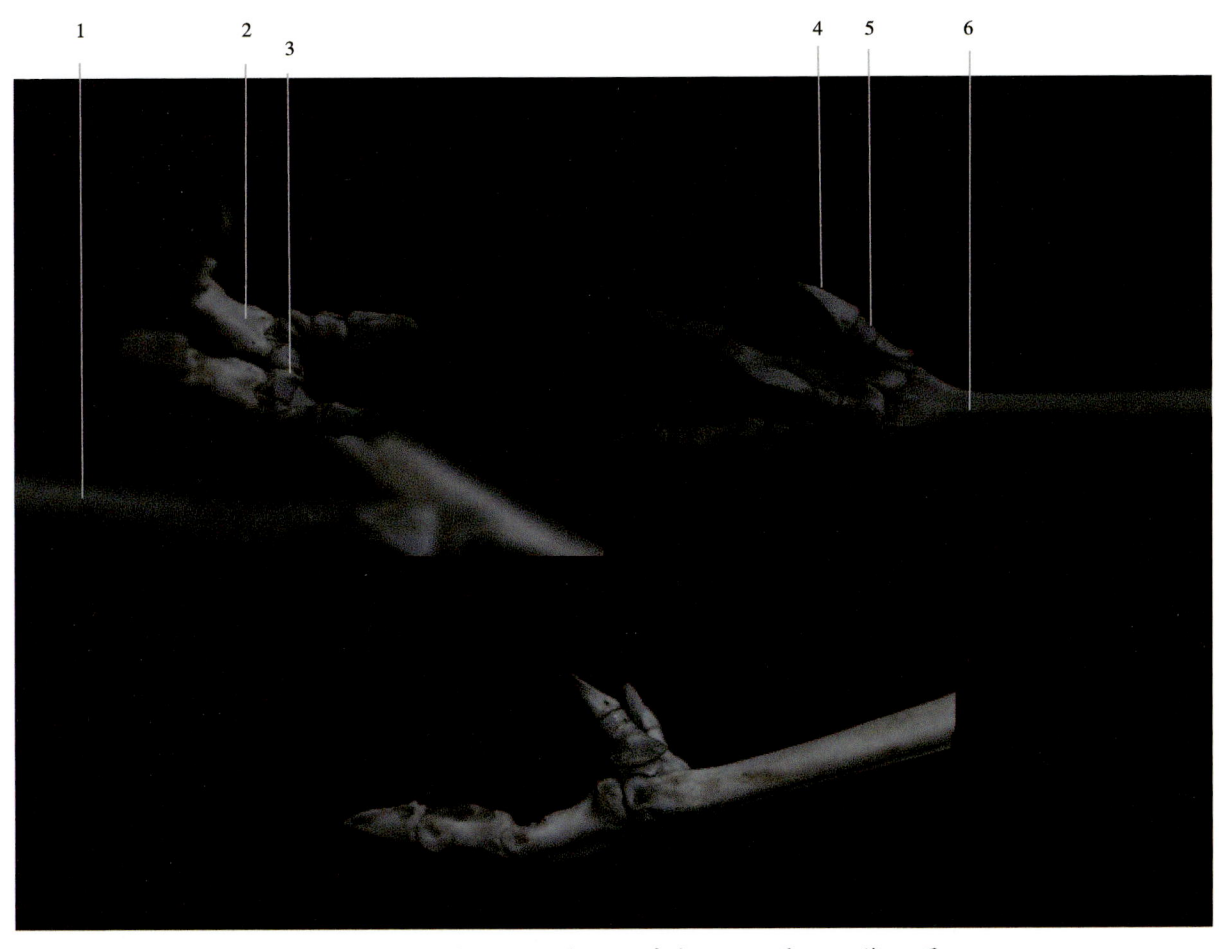

1—趾骨；2—系骨；3—籽骨；4—蹄骨；5—冠骨；6—第3跖骨。

图2-52　趾关节结构

三、关节及韧带

林麝躯体主要关节有下颌关节、肋椎关节、肋胸关节、肩关节、肘关节、腕关节、指关节、冠关节、蹄关节、荐髂关节、髋关节、膝关节、跗关节、趾关节。椎骨间以椎间盘相连形成关节。四肢关节的骨骼间以强大的韧带和较粗的腱鞘相连,支撑林麝做奔跑、跳跃等剧烈运动。因此,四肢关节周围均附着有韧带、腱、膜、鞘等起加固作用的结构,关节面光滑,骨之间结合精巧,远端腱鞘粗大(图2-53)。

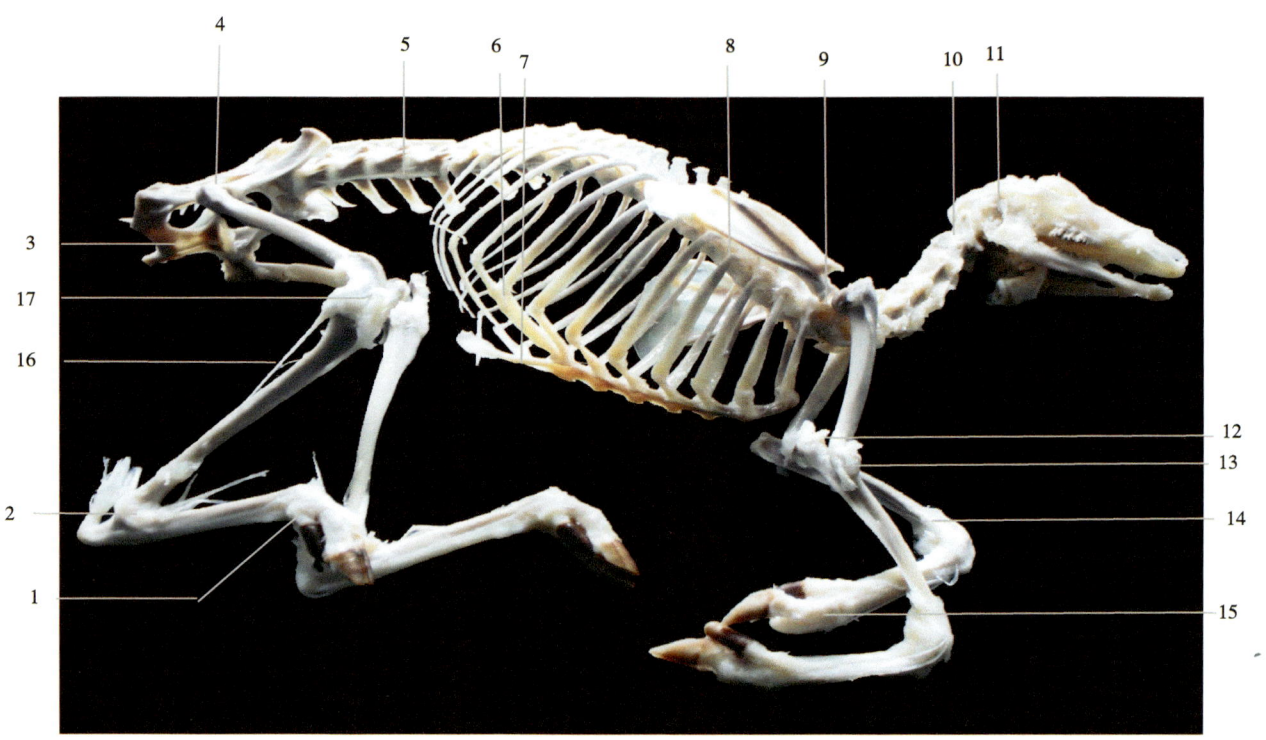

1—趾关节;2—跗关节;3—耻骨联合;4—髋关节;5—椎间盘;6—肋软骨;7—剑胸软骨;8—肋椎关节;9—肩关节;10—寰枕关节面;11—颌关节;12—肌腱;13—肘关节;14—腕关节;15—指关节;16—腓骨;17—膝关节。

图2-53 雌麝的骨关节和韧带

(一)头颈部

主要包括颌关节、寰枕关节、寰枢关节、舌骨与头骨形成的关节。颈椎之间以项韧带、棘上韧带、棘间韧带、椎间盘等紧密相连。

(二)胸部

由13枚胸椎、13对肋骨、7块胸骨,一块剑胸软骨以及肋软骨共同结合为胸廓。每一根肋骨与胸椎形成两个关节,一是肋骨小头与胸椎肋窝形成的关节,二是肋结节与横突形成的关节。胸骨肋的肋软骨与胸骨两侧的关节窝形成关节。

(三)前肢

前肢除肩胛骨与躯干骨之间由肌肉连接外,其余均形成关节。自上而下包括肩关节、肘关节、腕关节、指关节(系关节、冠关节和蹄关节)。除肩关节外,在关节的两侧都有一对侧韧带。林麝前肢远端伸肌腱和屈肌腱均很发达。

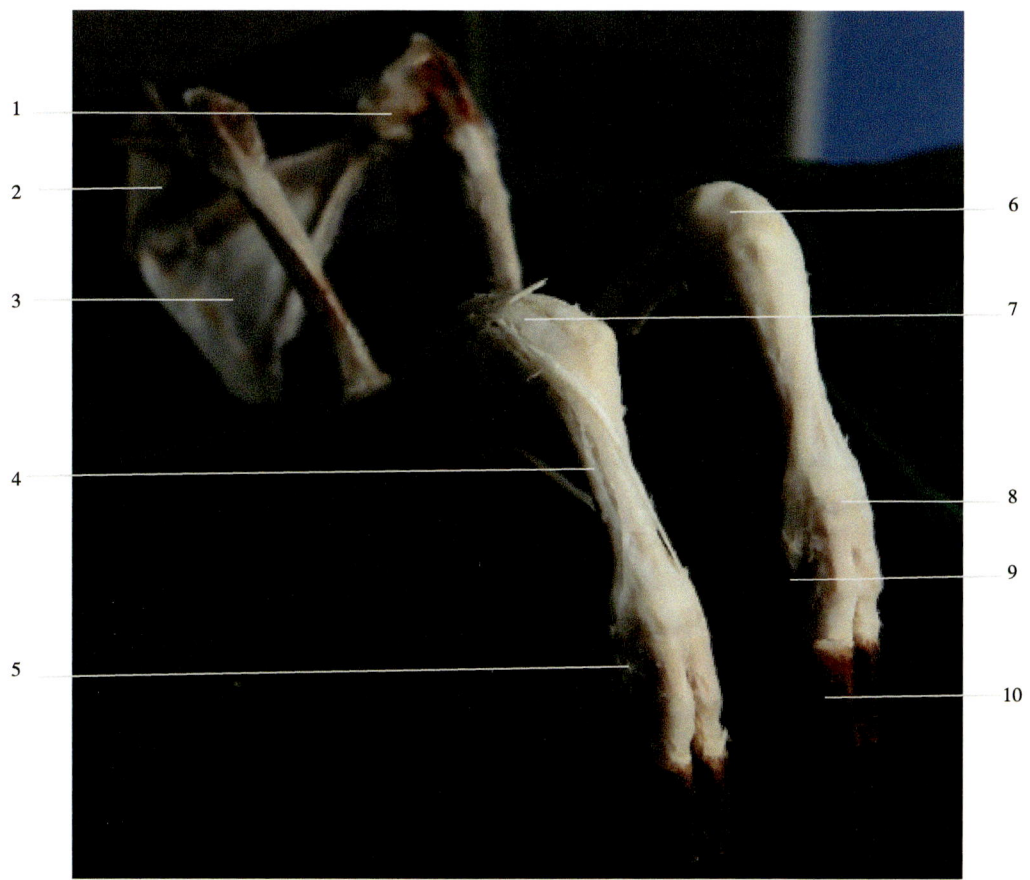

1—肩关节；2—左肩胛骨；3—右肩胛骨；4—外层韧带；5—悬韧带；6—腕关节；7—指总伸肌腱；8—指关节；9—前侧蹄；10—前蹄。

图2-54　雌麝前肢的骨关节和韧带

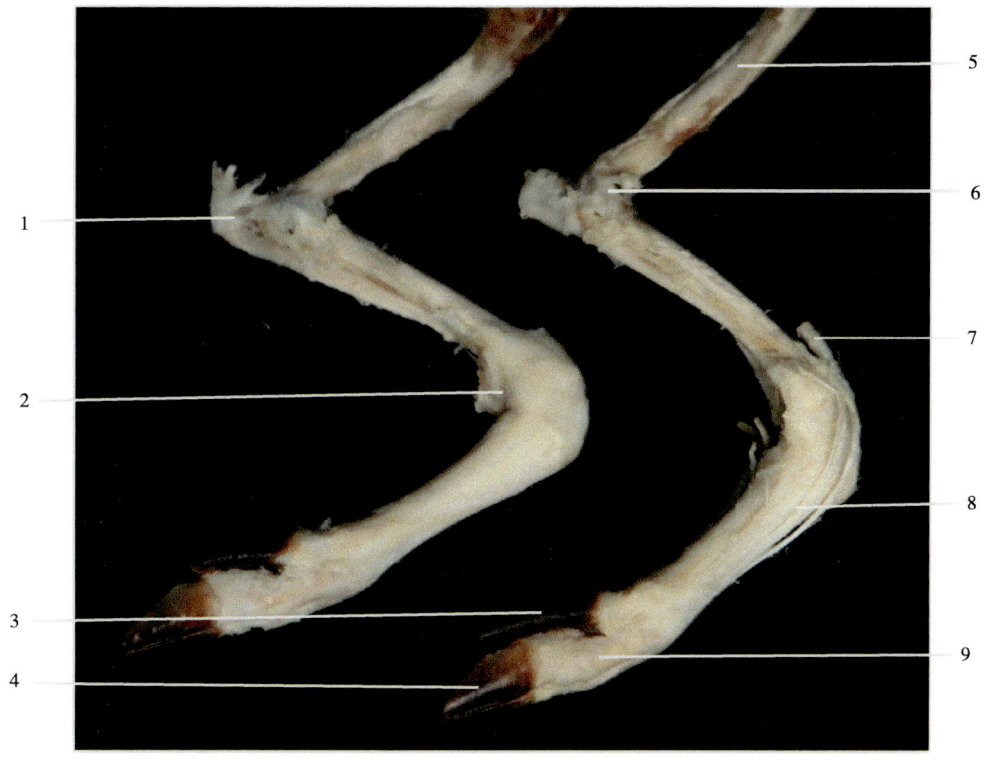

1—臂头肌腱；2—尺侧屈肌腱；3—前侧蹄；4—前蹄；5—臂骨；6—肘关节；7—指总伸肌腱；8—腕关节；9—桡侧伸肌腱。

图2-55　雌麝前足的关节及韧带

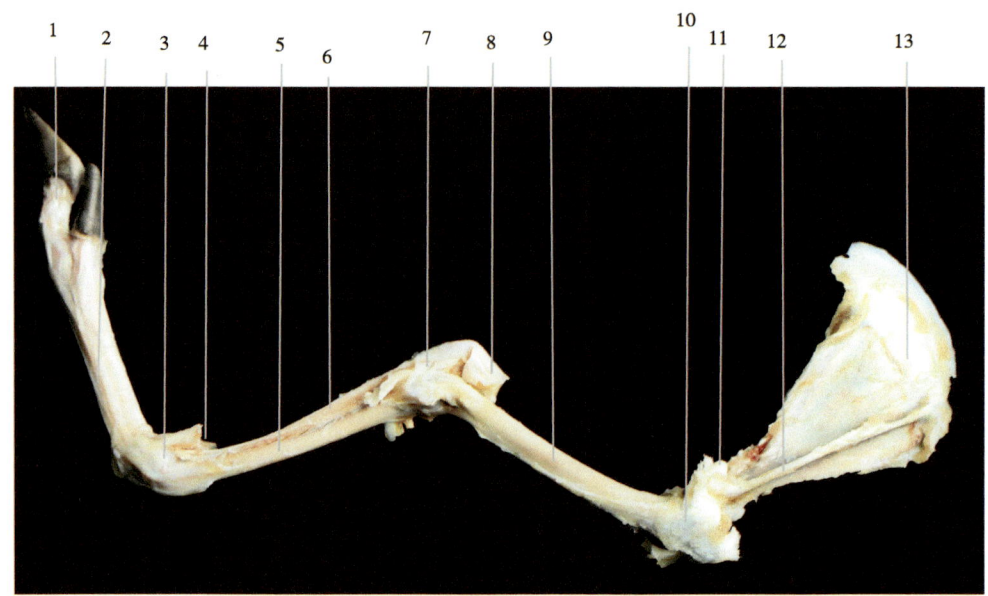

1—指关节；2—指骨下韧带；3—腕关节；4—外侧韧带；5—桡骨；6—尺骨；7—肘关节；8—肌腱；9—臂骨；10—肩关节；11—肌腱；12—肩胛冈；13—肩胛软骨。

图2-56　雌麝前肢关节韧带

（四）腰骶部

包括腰椎之间、荐椎、尾椎及髂骨、坐骨等形成的关节。主要有荐髂关节、髋关节及椎骨之间形成的关节。林麝髂骨、荐椎、坐骨组成的骨盆结合紧密，髂骨翼发达，支撑强大的臀和后肢肌群。荐坐韧带、荐髂韧带均宽大（图2-57至图2-62）。

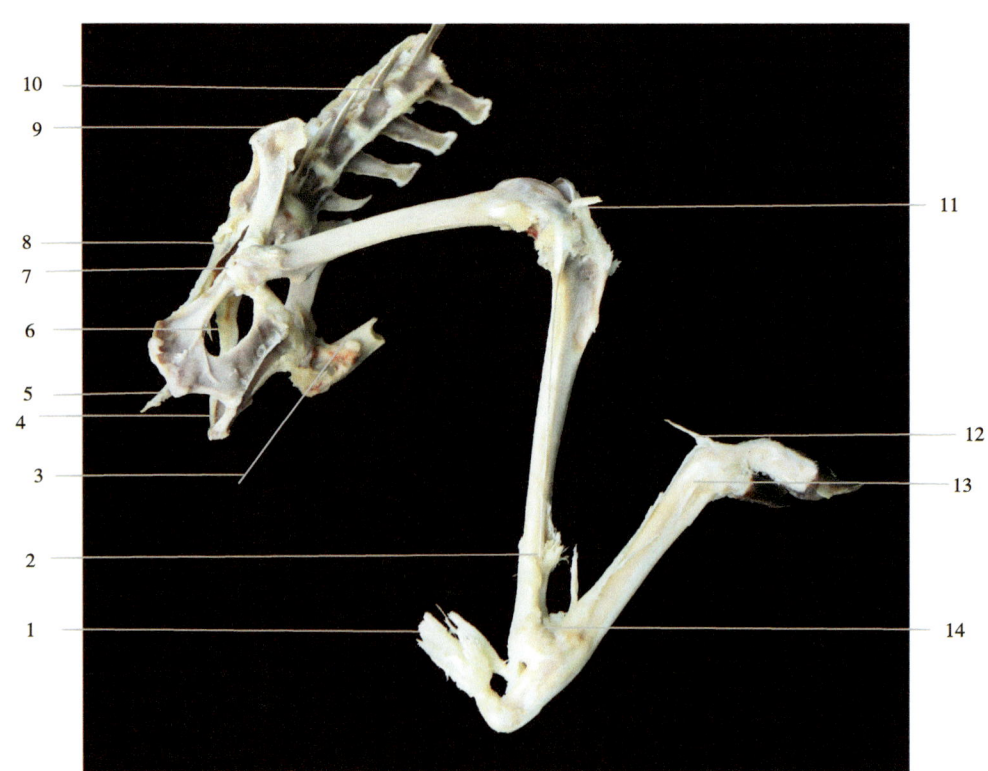

1—跟腱；2—腱鞘；3—股骨头；4—骨盆韧带；5—尾椎；6—闭孔；7—髋关节；8—荐椎；9—髋结节；10—腰椎间盘；11—膝关节；12—外侧韧带；13—趾关节；14—跗关节。

图2-57　雌麝腰后肢关节韧带

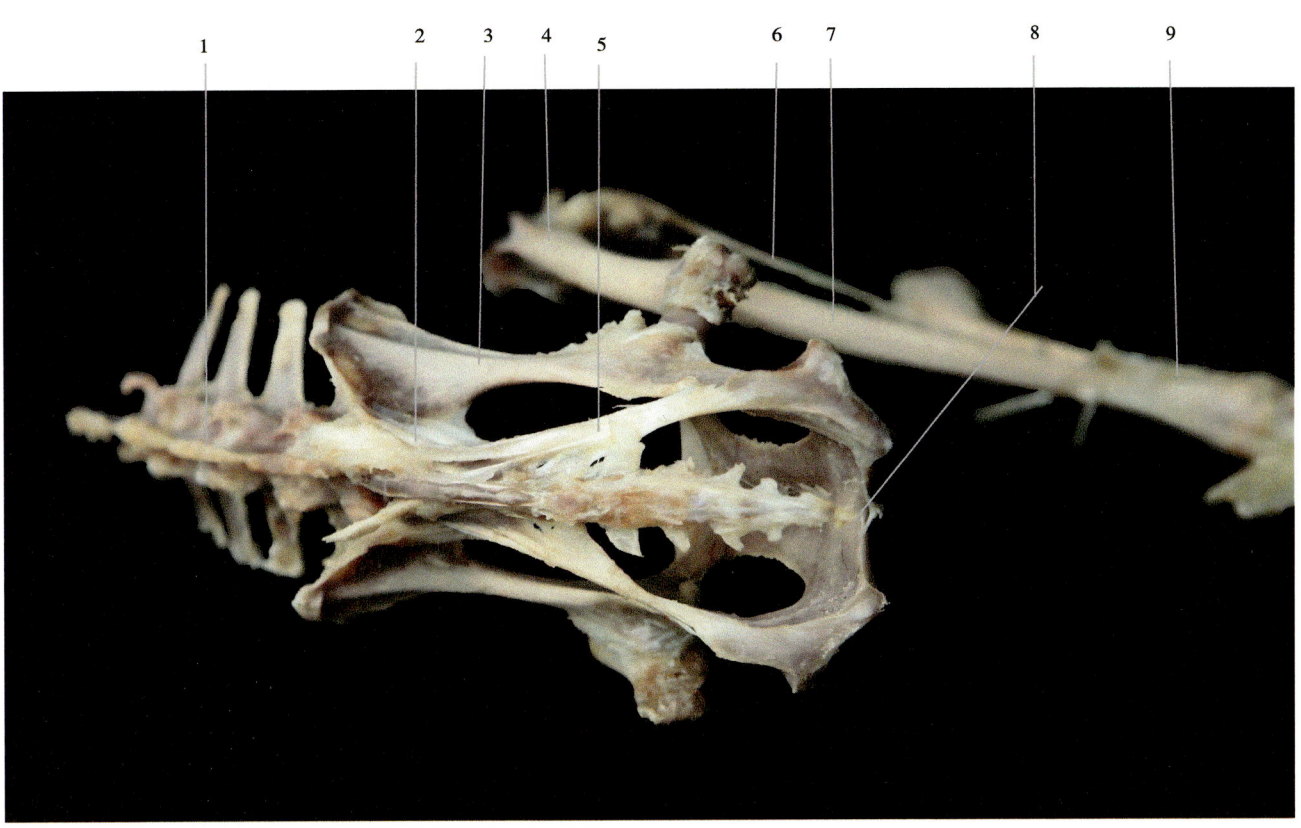

1—棘上韧带；2—荐髂连接；3—髂骨；4—滑车关节面；5—荐结节阔韧带；6—腓骨；7—胫骨；8—耻骨联合；9—肌腱。

图2-58　雌麝骨盆结构

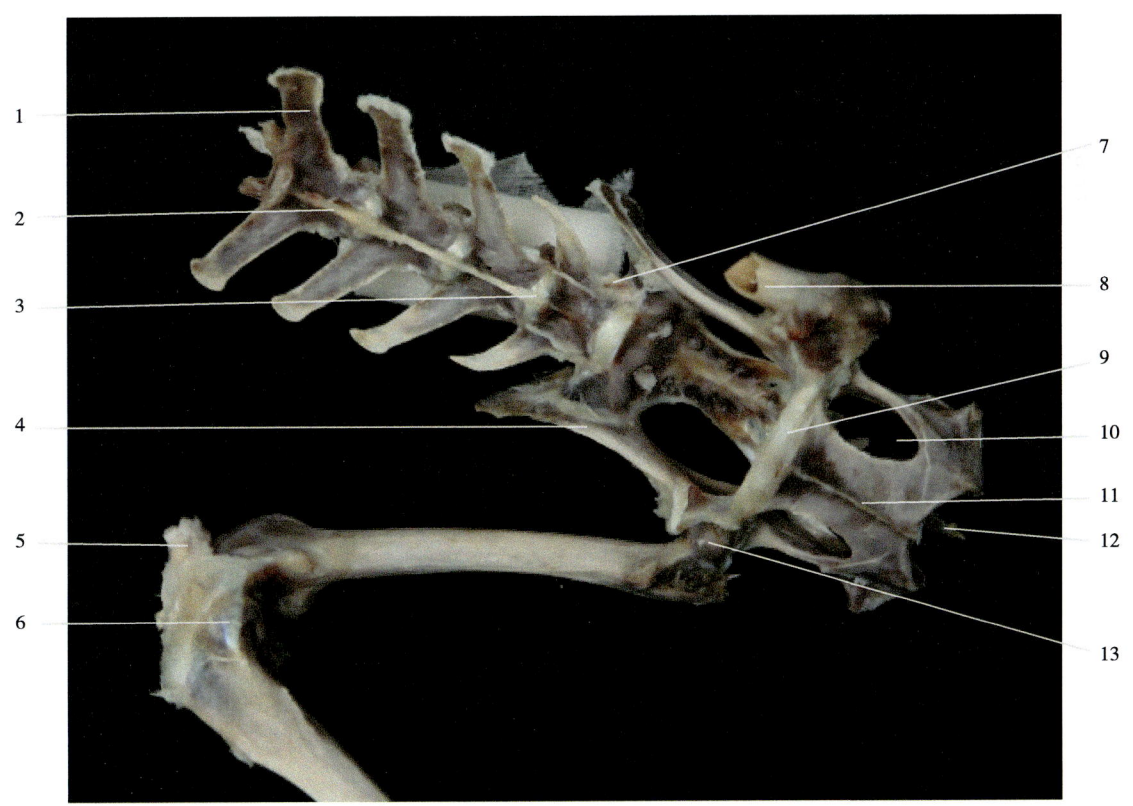

1—腰椎横突；2—腹侧纵韧带；3—椎间盘；4—髂骨；5—髌骨；6—内侧韧带；7—棘间韧带；8—股骨；9—耻软骨；10—坐骨小孔；11—耻骨联合；12—尾椎；13—股骨髁。

图2-59　雌麝腰骶部关节和韧带

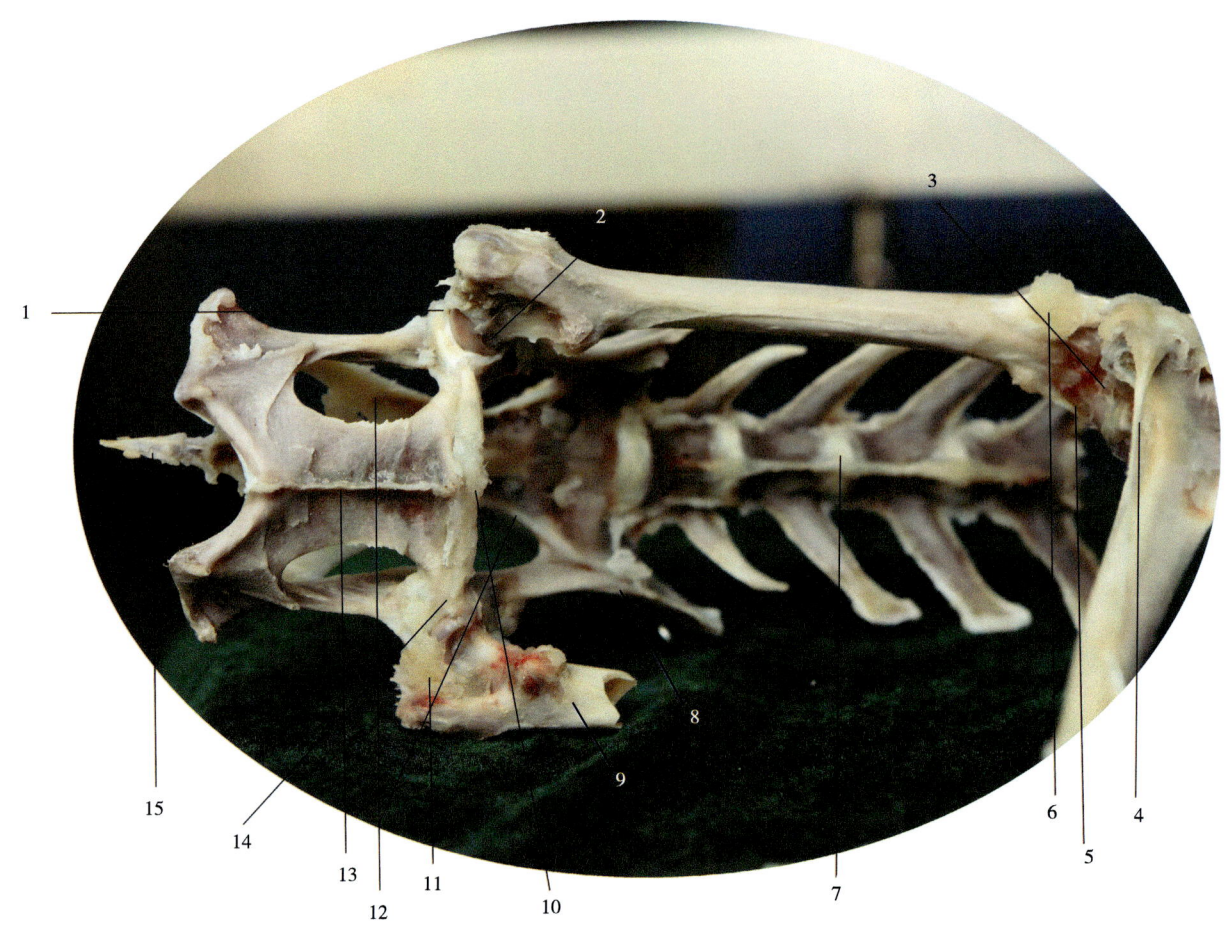

1—副韧带；2—髋关节；3—膝关节；4—腓骨；5—关节内侧韧带；6—肌腱头；7—椎间盘；8—髋骨；9—股骨；10—骨盆岬韧带；11—肌腱头；12—荐髂韧带；13—耻骨联合；14—横韧带；15—尾椎。

图2-60　雌麝腰底部腹面关节和韧带

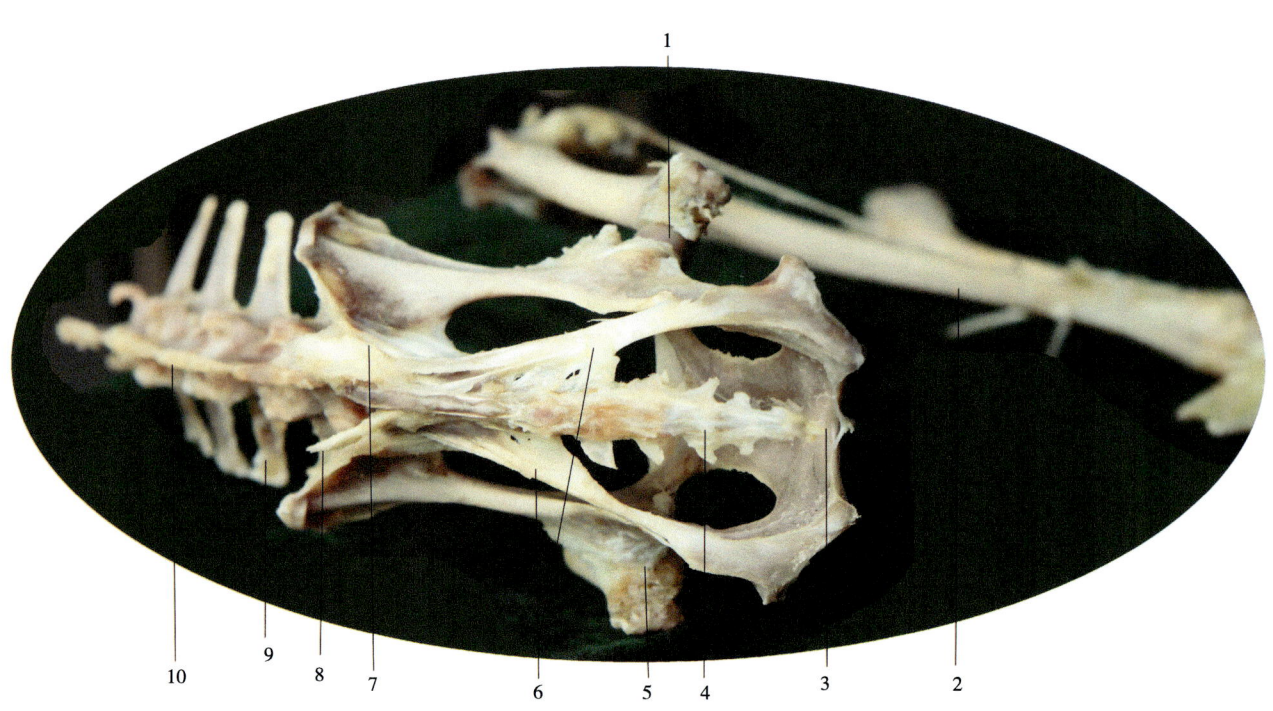

1—髋关节；2—股骨；3—耻骨联合；4—尾椎；5—髋关节；6—荐坐韧带；7—荐髂韧带；8—肌腱；9—第6腰椎；10—脊纵韧带。

图2-61　雌麝骨盆部关节及韧带

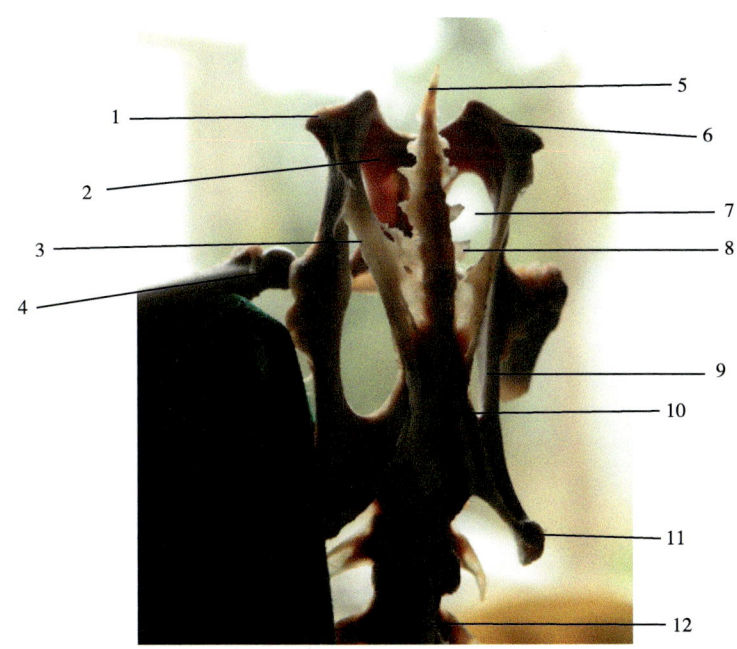

1—坐骨翼；2—坐骨；3—荐坐韧带；4—股骨；5—尾椎；6—坐骨翼；7—闭孔；8—尾椎横突；9—髋骨；10—荐髋韧带；11—髋骨翼；12—腰椎。

图2-62 雌麝骨盆结构（背面观）

（五）后肢

林麝的后肢在前进时起推动作用，髋骨与躯干的荐骨间形成牢固的荐髋关节，再后是髋关节、膝关节、跗关节、趾关节（系关节、冠关节和蹄关节）。后肢的荐坐韧带、膝直韧带、悬韧带以及跟腱、伸屈肌腱等均坚强发达（图2-63至图2-69）。

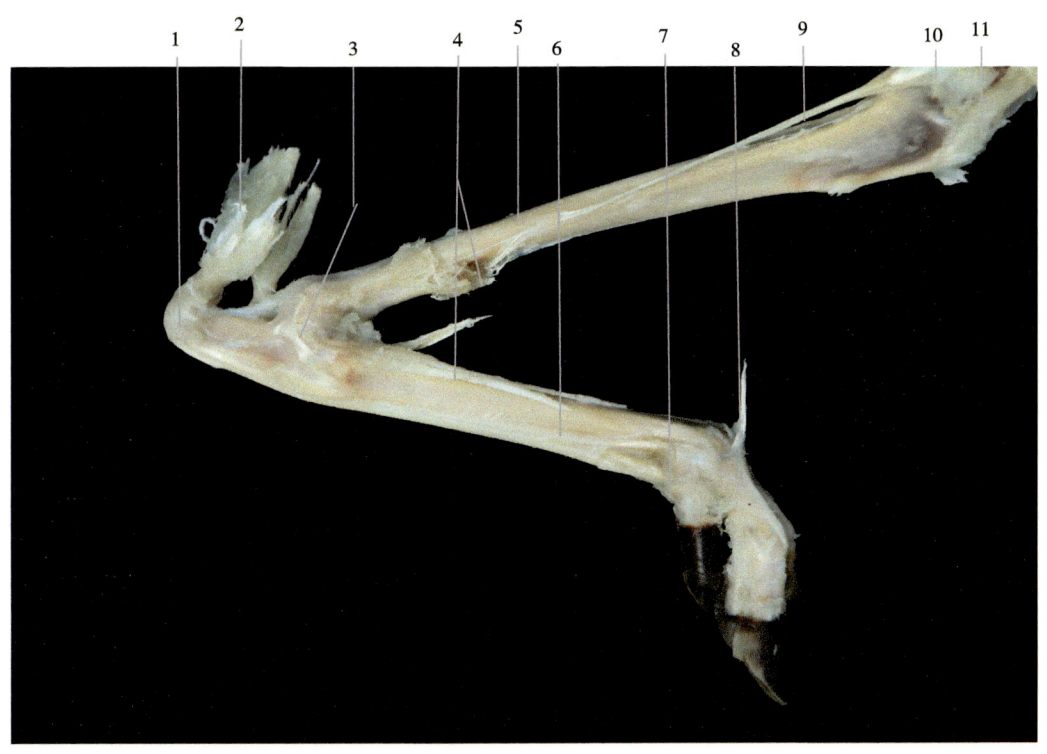

1—跟骨；2—跟腱；3—跗关节；4—肌腱及鞘；5—胫骨；6—悬韧带；7—趾关节；8—外侧韧带；9—腓骨；10—膝关节；11—膝直韧带。

图2-63 雌麝后足结构

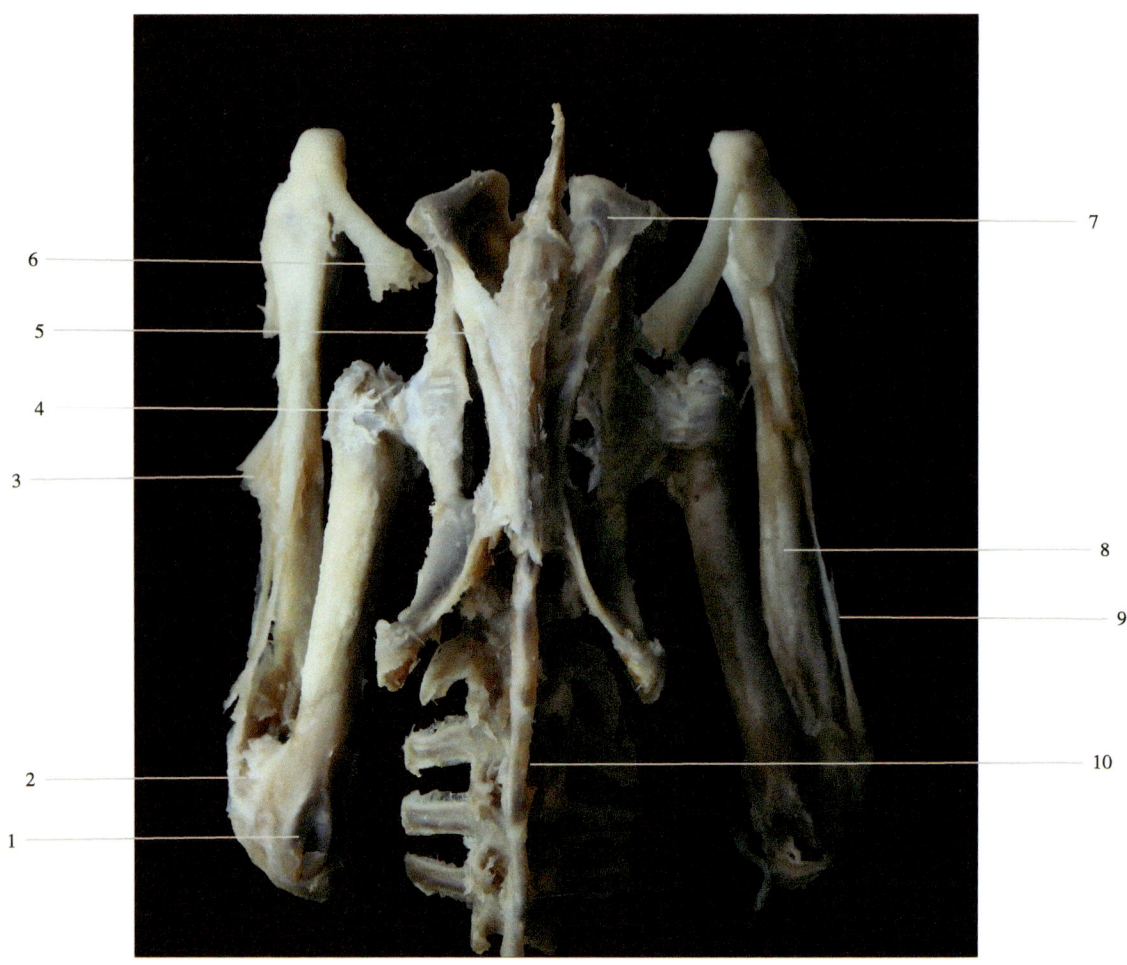

1—滑车关节面；2—膝关节；3—腱鞘；4—髋关节；5—阔韧带；6—跟腱；7—坐骨棘；8—胫骨；9—腓骨；10—棘上韧带。

图2-64　雄麝骨盆结构

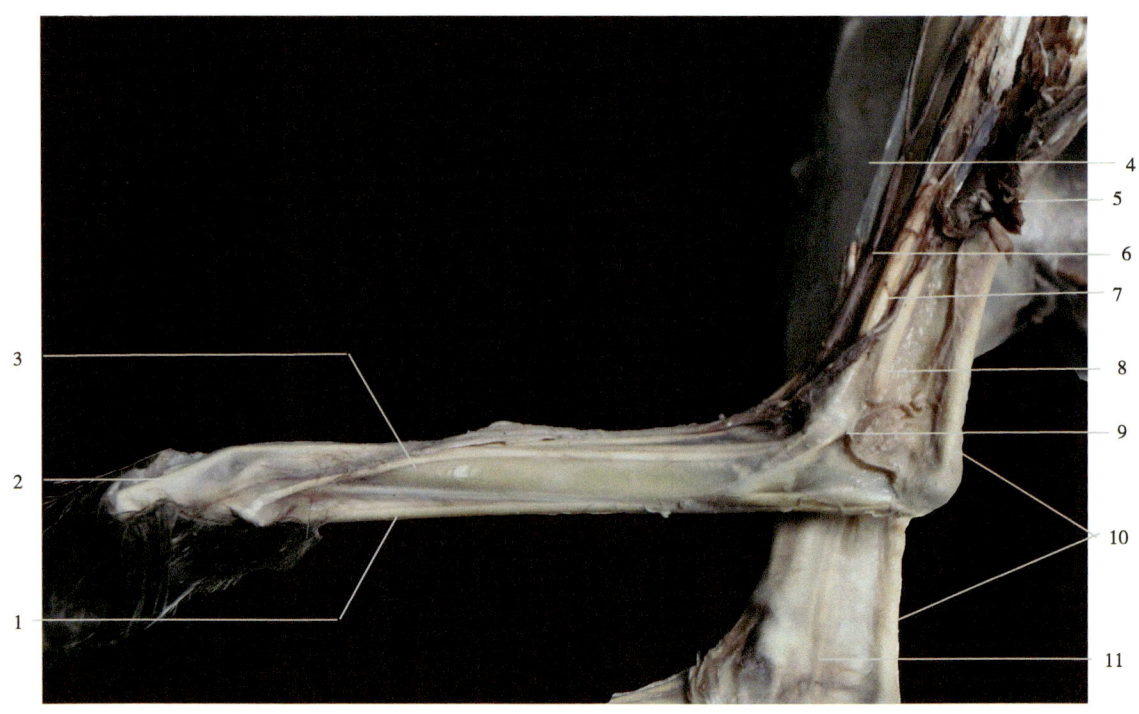

1—趾浅屈肌腱；2—第2趾外侧伸肌腱；3—第4趾外侧伸肌腱；4—胫骨前肌；5—腓肠肌；6—外侧隐静脉；7—趾外侧伸肌；8—屈肌腱；9—跗关节；10—第4屈肌腱；11—屈肌腱。

图2-65　跟部、后足韧带和肌腱

1—胫骨；2—腓骨；3—膝直韧带；4—腱头；5—股胫韧带；6—胫腓韧带；7—髌骨。

图2-66　林麝膝关节结构

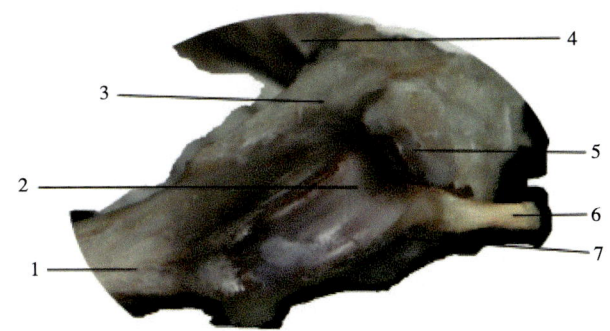

1—股骨；2—膝滑车面；3—股胫内侧韧带；4—胫骨；5—髌骨；6—腱头；7—股胫外侧韧带。

图2-67　林麝膝关节滑车关节面

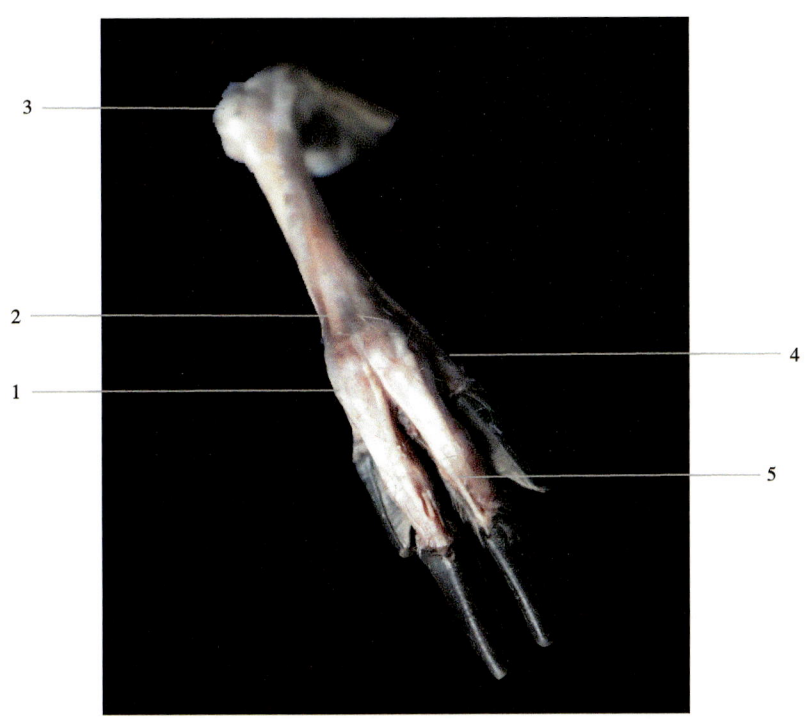

1—第1指外侧伸肌腱；2—第2伸肌腱；3—腕关节；4—第3伸肌腱；5—肌腱。

图2-68　前蹄肌腱

1—趾关节；2—趾外侧伸肌腱；3—外侧隐静脉；4—跗关节；5—伸肌腱；6—屈肌腱。

图2-69 后蹄肌腱

四、肌肉

林麝肌肉组织同大部分草食动物一样，表面被覆结缔组织膜，分为浅筋膜和深筋膜。每一块肌肉分为肌腹和肌腱两部分。从肌肉分布的部位，包括皮肌、头部肌、躯干肌、前肢肌、后肢肌。林麝面皮肌不发达，皮肌在颈部、躯干部分布较多。主要肌肉如咬肌、臂二头肌、臂三头肌、胸最长肌、臀大肌、半腱肌、阔筋膜张肌、股四头肌、比目鱼肌等均较发达（图2-70至图2-73）。

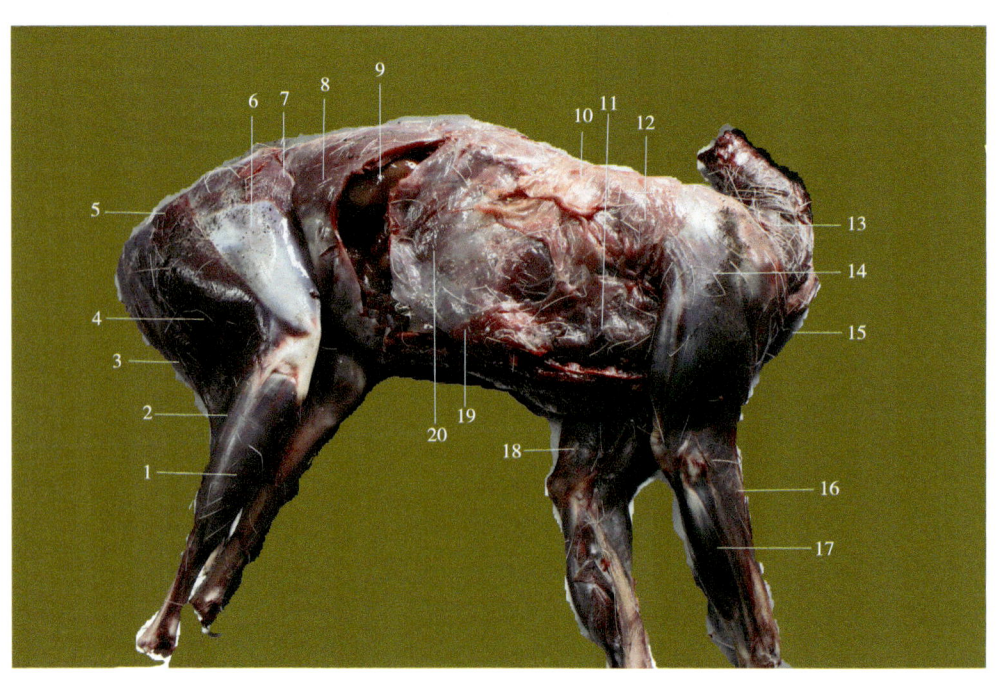

1—腓骨长肌；2—腓肠肌；3—股二头肌；4—股二头肌；5—臀中肌；6—臀二头肌；7—阔筋膜张肌；8—腹外斜肌；9—大肠；10—皮肌；11—胸浅肌；12—背阔肌；13—斜方肌；14—臂三头肌；15—胸头肌；16—腕桡侧伸肌；17—腕桡侧屈肌；18—臂三头肌；19—胸深后肌；20—肋间外肌。

图2-70 林麝胴体（躯干、四肢浅层肌群）

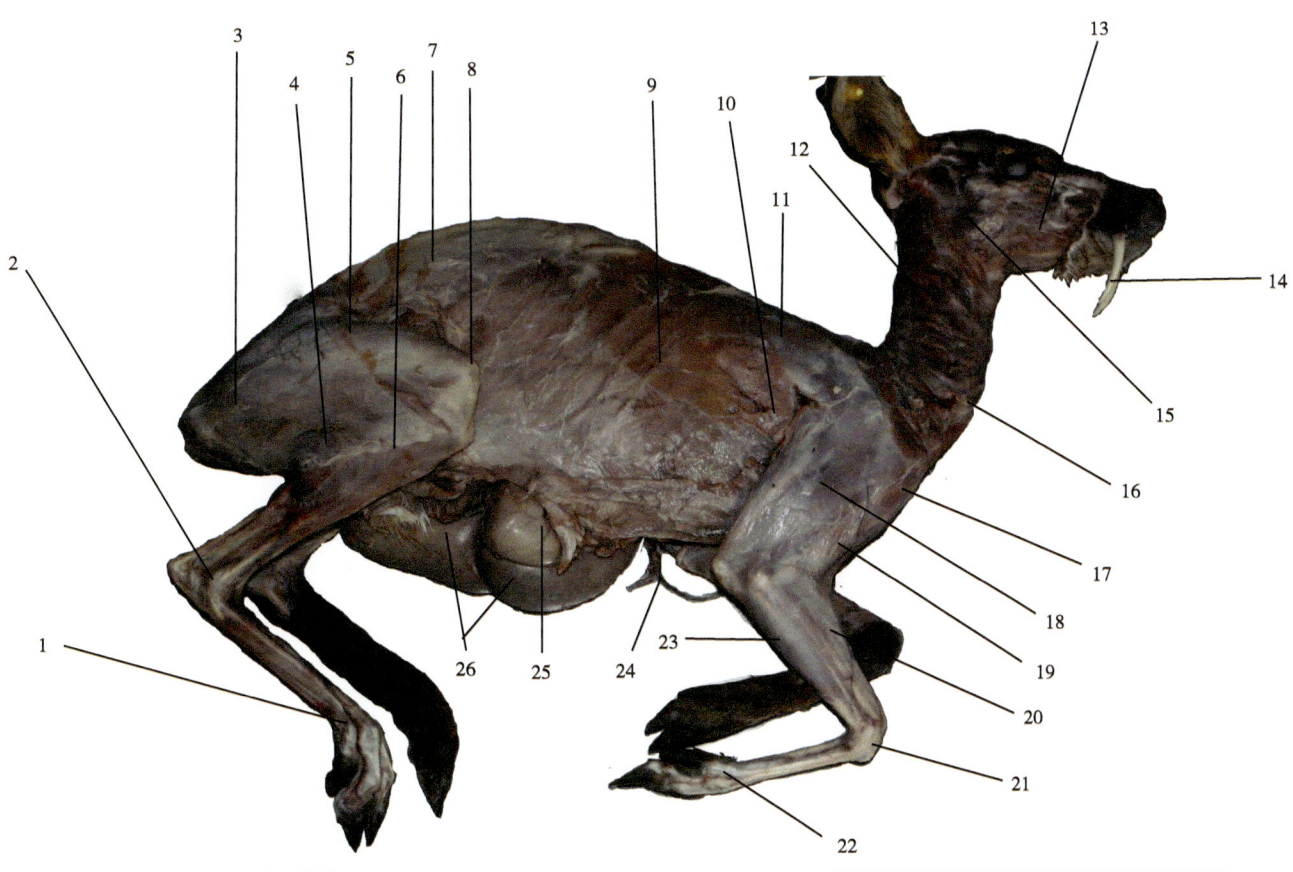

1—趾关节；2—伸肌腱；3—臀二头肌；4—腓肠肌；5—筋膜扩张肌；6—胫骨外肌；7—腰髂肋肌；8—膝关节；9—肋间外肌；10—背阔肌；11—斜方肌；12—颈菱形肌；13—颊肌；14—犬牙；15—咬肌；16—臂头肌；17—胸浅前肌；18—三角肌；19—臂三头肌；20—腕桡侧伸肌；21—腕关节；22—指关节；23—尺外侧肌；24—尺侧副静脉；25—网胃；26—瘤胃。

图2-71 雄性林麝全身浅表肌肉群

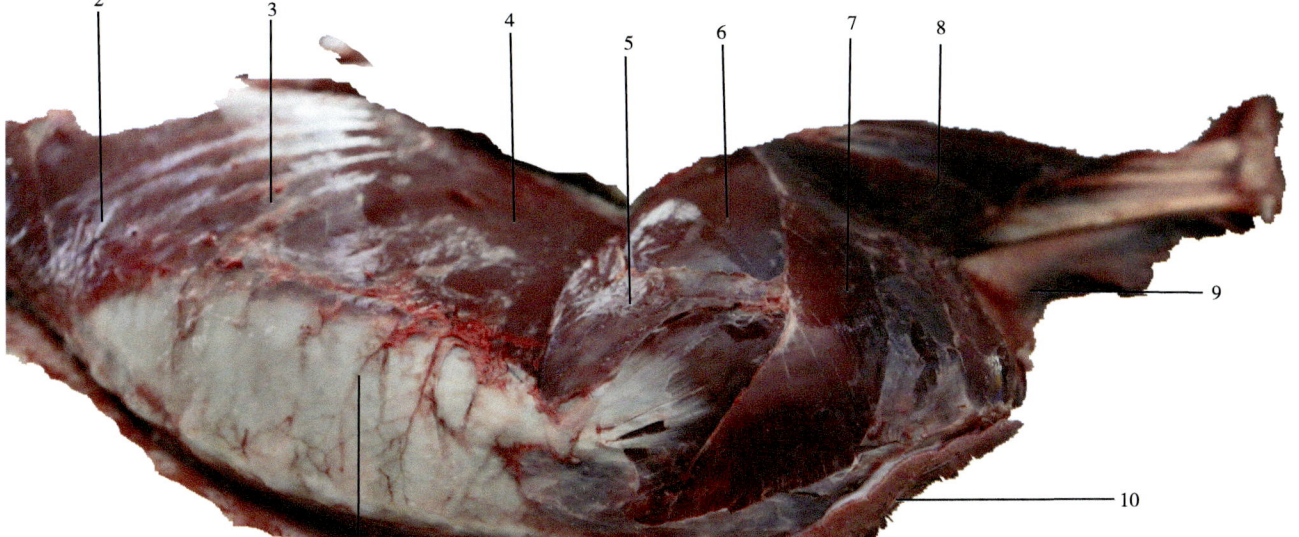

1—躯干皮肌；2—背阔肌；3—肋间外肌；4—腹外斜肌；5—阔筋膜张肌；6—臀中肌；7—股二头肌；8—半腱肌；9—臀大肌；10—臀部皮肤。

图2-72 林麝躯干浅层肌群（雄麝）

43

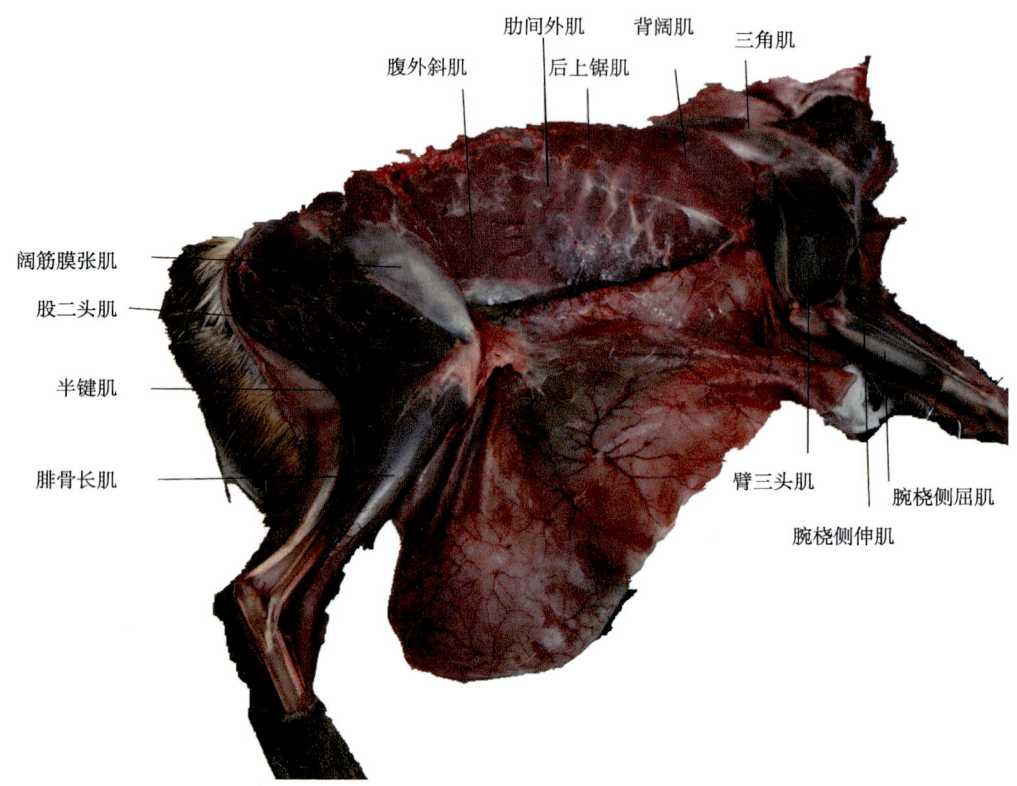

图2-73 林麝躯干浅层肌群（雄麝）

（一）头部肌肉

头部肌肉由面肌和咀嚼肌组成，以及分布于耳基部、眼周、舌体等处的肌肉。胸头肌、咬肌、耳肌、口轮匝肌、颊肌、犬齿肌、上唇固有提肌、颞肌等较为发达（图2-74至图2-85）。

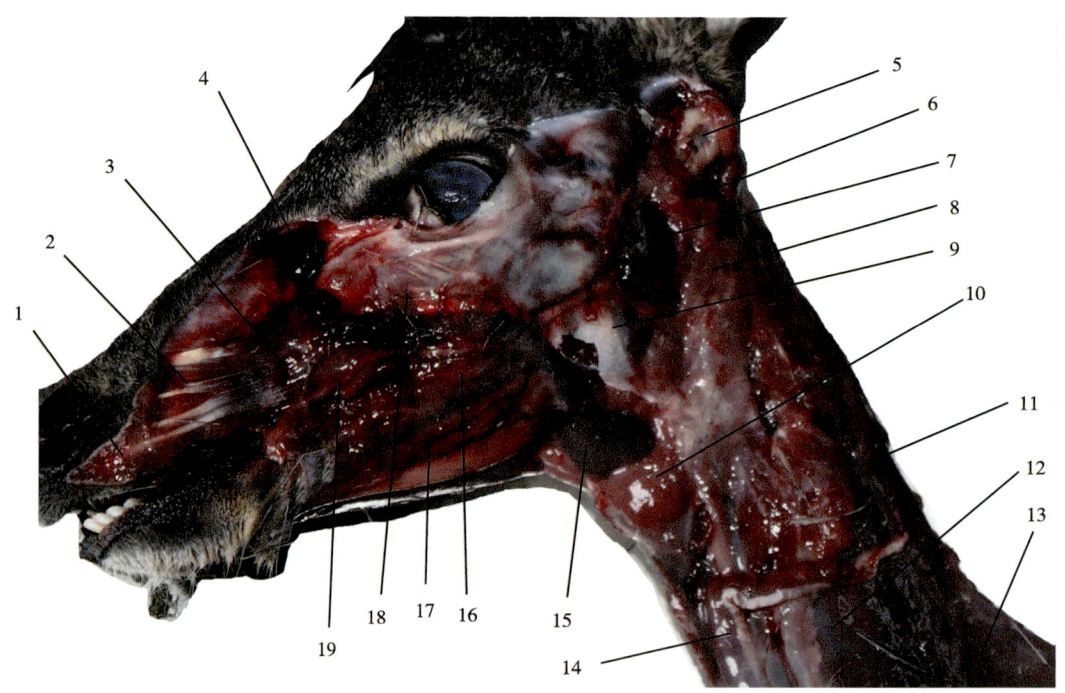

1—口轮匝肌；2—上唇提肌；3—上唇降肌；4—眶下孔；5—颈盾肌；6—锁乳突肌；7—腮淋巴结；8—腮腺；9—咬肌；10—颌下腺；11—头最长肌；12—下锯肌；13—斜方肌；14—胸骨舌骨肌；15—颌下淋巴结；16—颊肌；17—下唇降肌；18—颧肌；19—上唇固有提肌。

图2-74 雌麝头颈部浅表肌肉

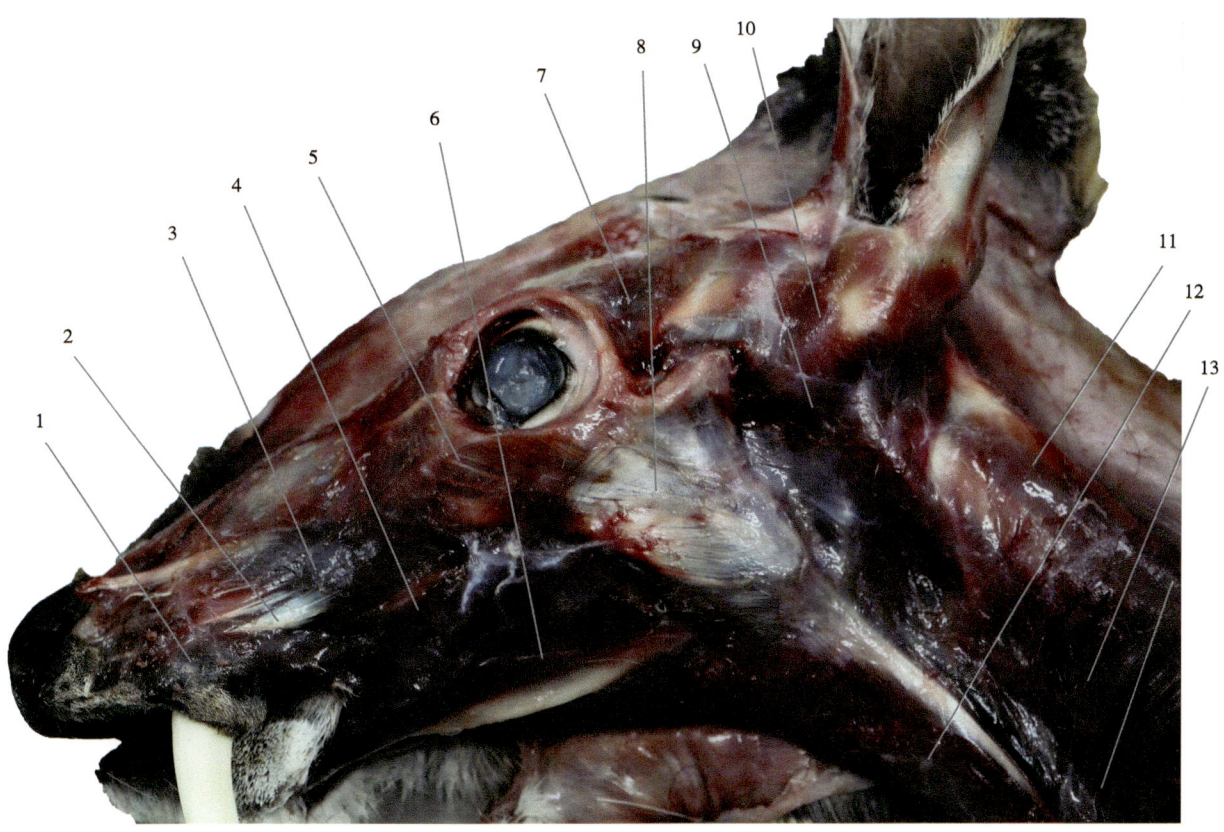

1—口轮匝肌；2—上唇提肌；3—上唇降肌；4—颊肌；5—颧肌；6—下唇提肌；7—颞肌；8—咬肌；9—腮耳肌；10—颈盾肌；11—头后斜肌；12—胸骨舌骨肌；13—锁枕肌。

图2-75　雄麝头颈部肌肉

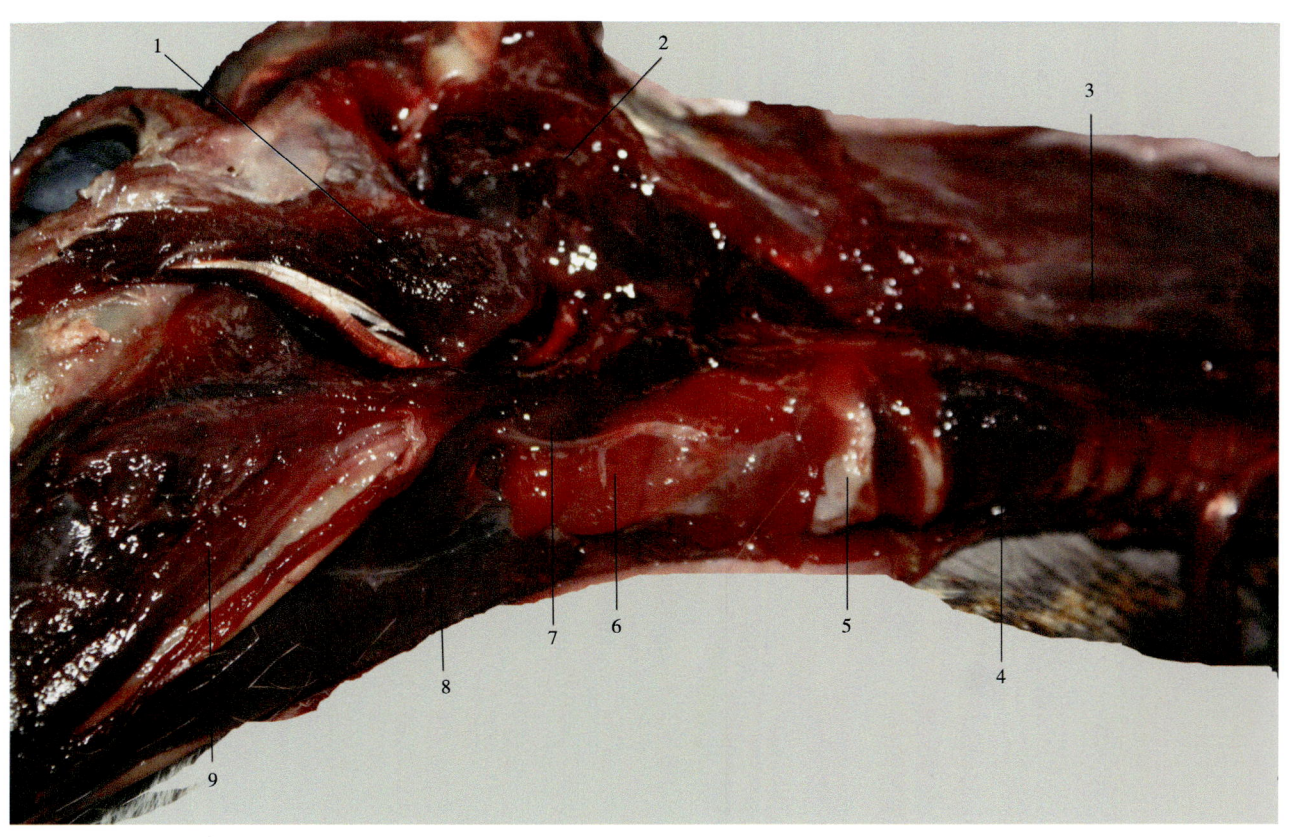

1—咬肌；2—腮腺；3—颈菱形肌；4—甲状腺；5—喉头软骨；6—颌下腺；7—颌下淋巴结；8—下唇降肌；9—颊肌。

图2-76　林麝头部腹面肌肉（雄麝）

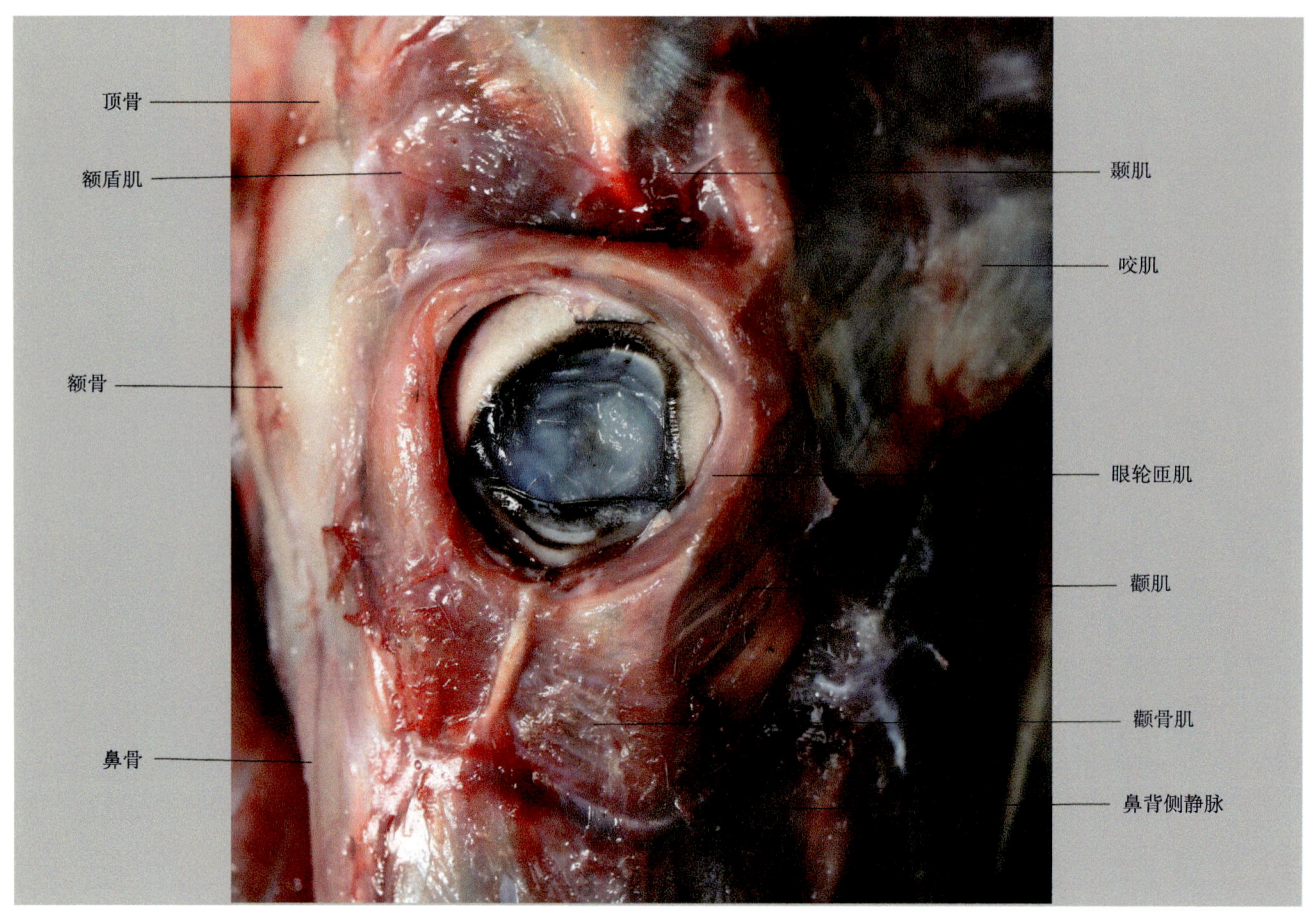

图2-77 林麝眼部肌肉（雄麝）

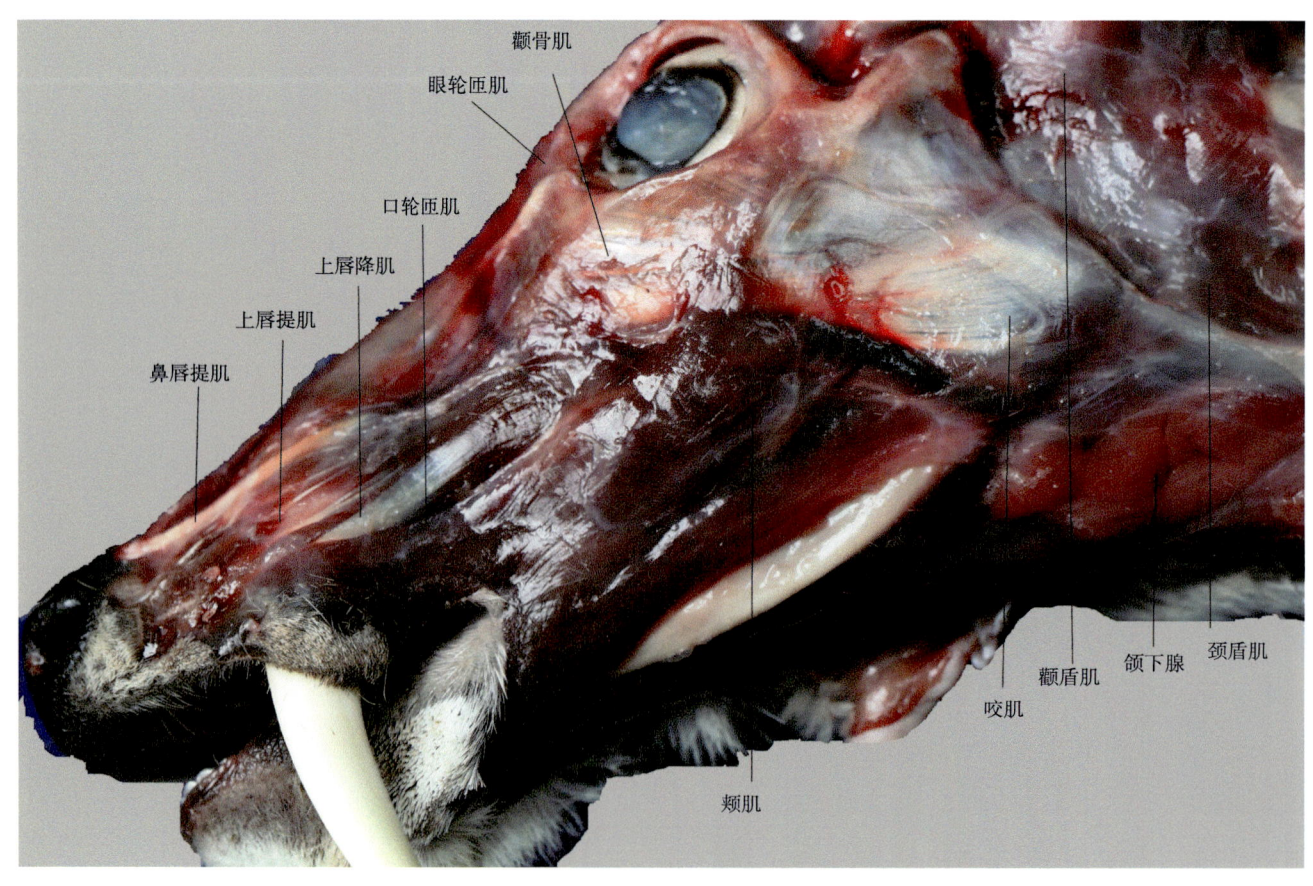

图2-78 林麝面部肌肉（雄麝）

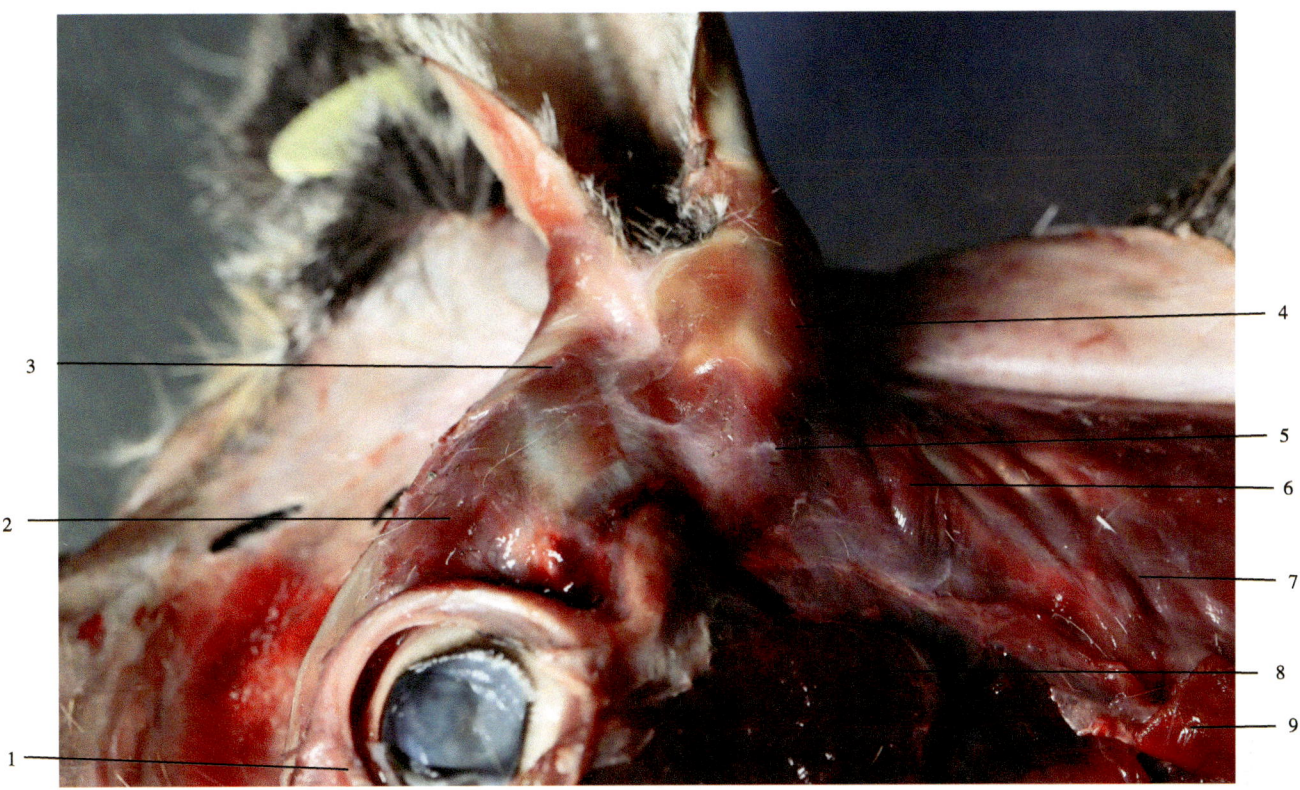

1—眼轮匝肌；2—颞肌；3—颞耳肌；4—耳轮匝肌；5—颈盾肌；6—腮耳肌；7—斜方肌；8—咬肌；9—腮腺。

图2-79 耳根肌肉组成

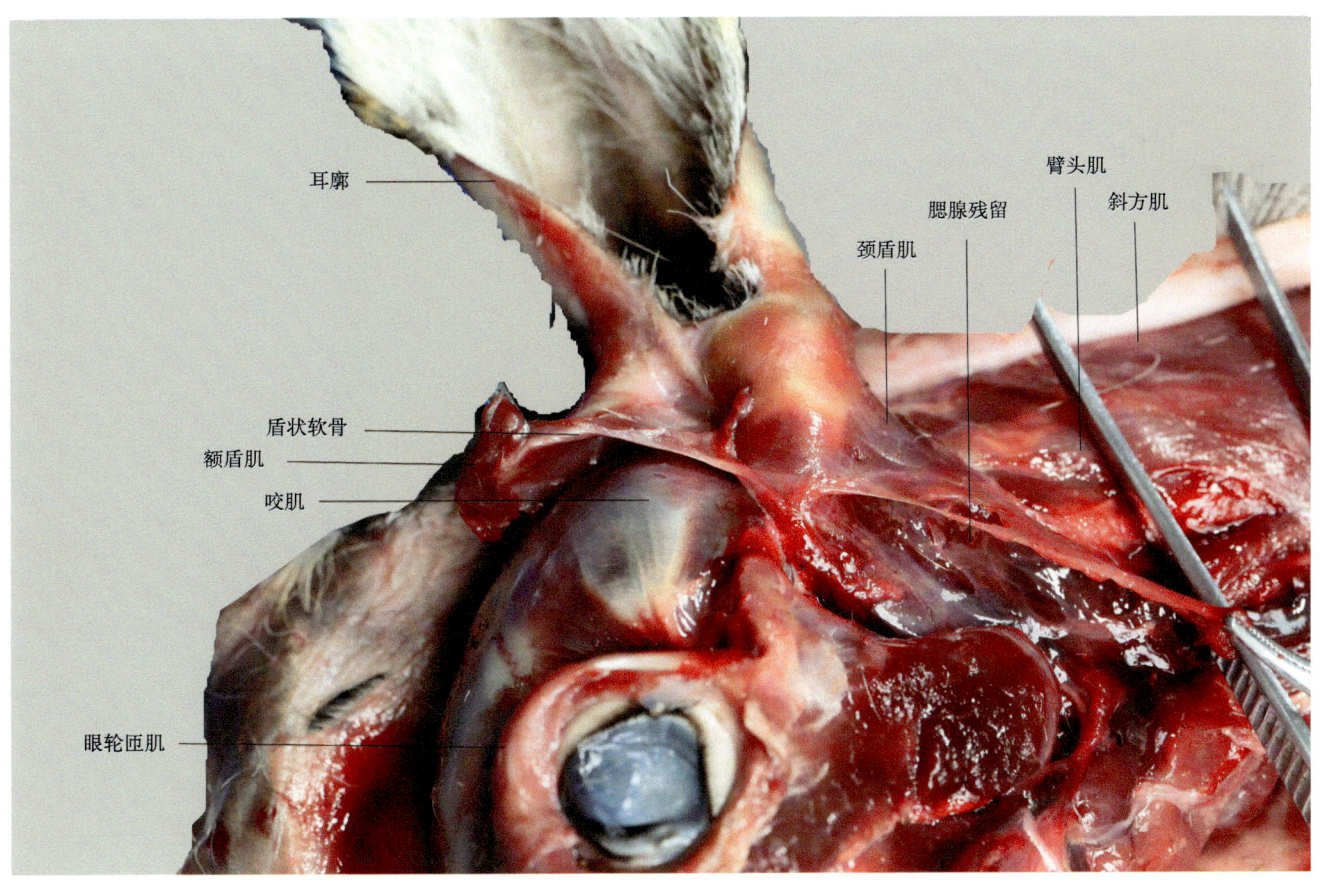

图2-80 林麝耳部肌肉（雄麝）

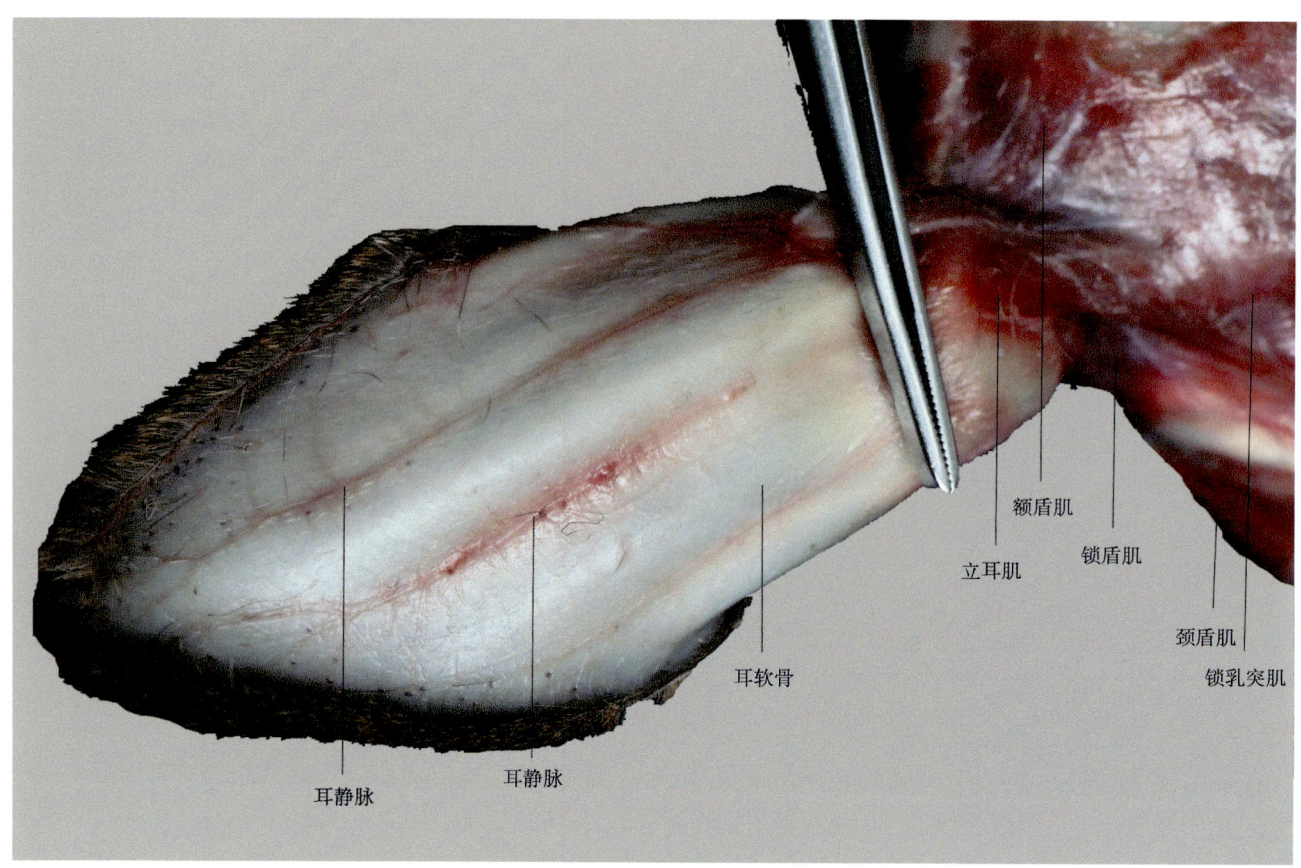

图2-81　林麝耳部结构（雄麝）

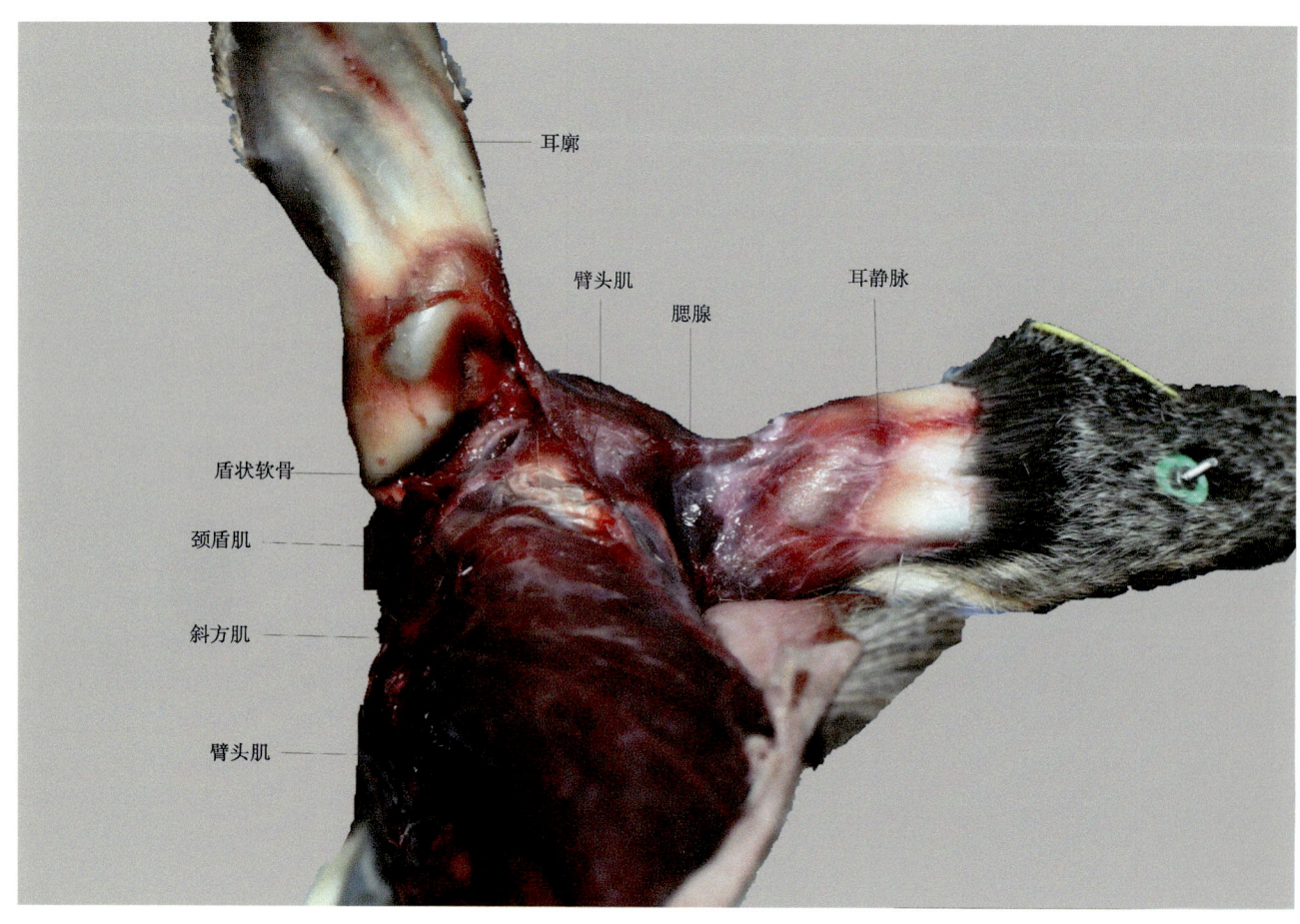

图2-82　林麝耳部解剖（雄麝）

1—颊肌；2—咬肌；3—颌下腺；4—舌骨肌；5—锁枕肌；6—胸骨舌骨肌；7—颈静脉窦；
8—腮腺；9—咬肌；10—颊肌；11—下唇降肌。

图2-83　颌下、喉部肌肉

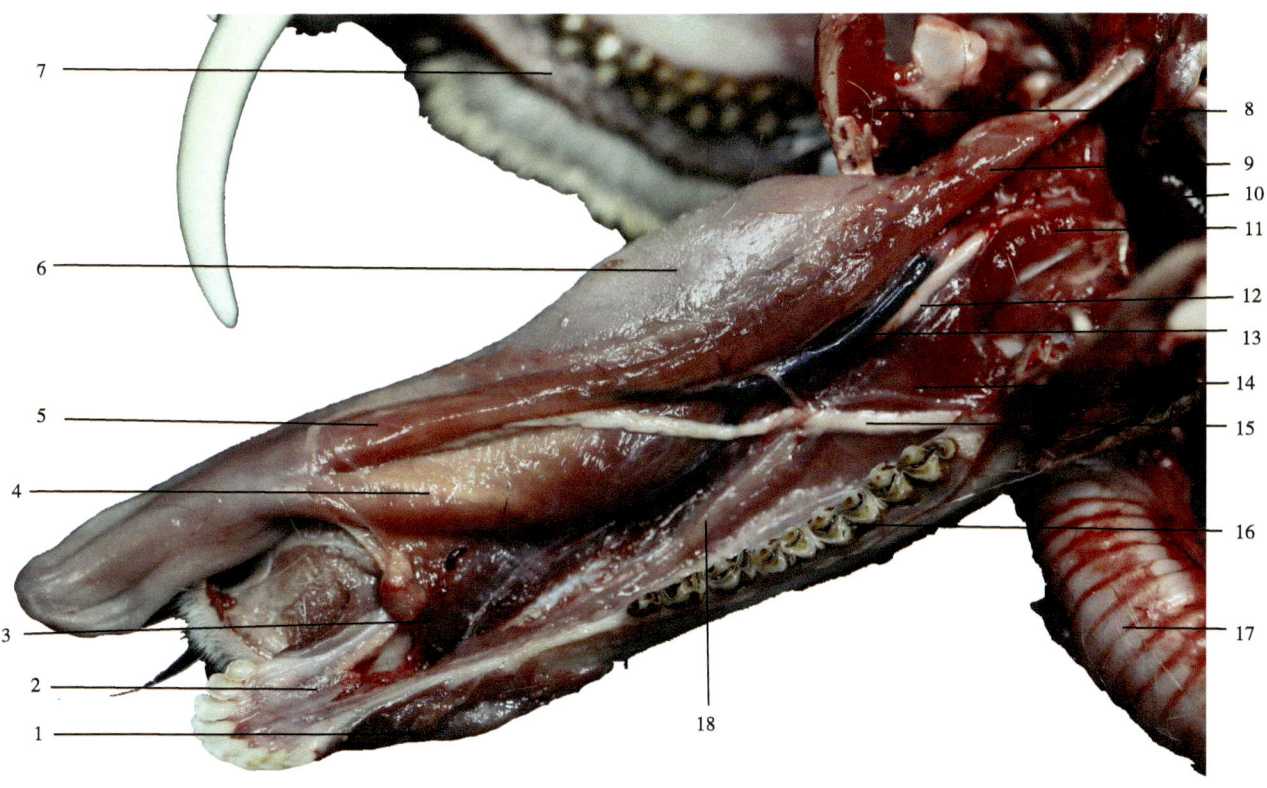

1—口轮匝肌；2—下唇黏膜；3—下颌舌骨肌；4—颏舌骨肌；5—茎突舌肌；6—舌黏膜；7—上颌黏膜；8—舌骨；
9—茎突舌肌；10—扁桃体；11—舌骨舌肌；12—舌下神经；13—舌下静脉；14—角舌骨肌；15—舌下神经；
16—下颌白齿；17—气管；18—颏舌肌。

图2-84　舌部肌肉组成

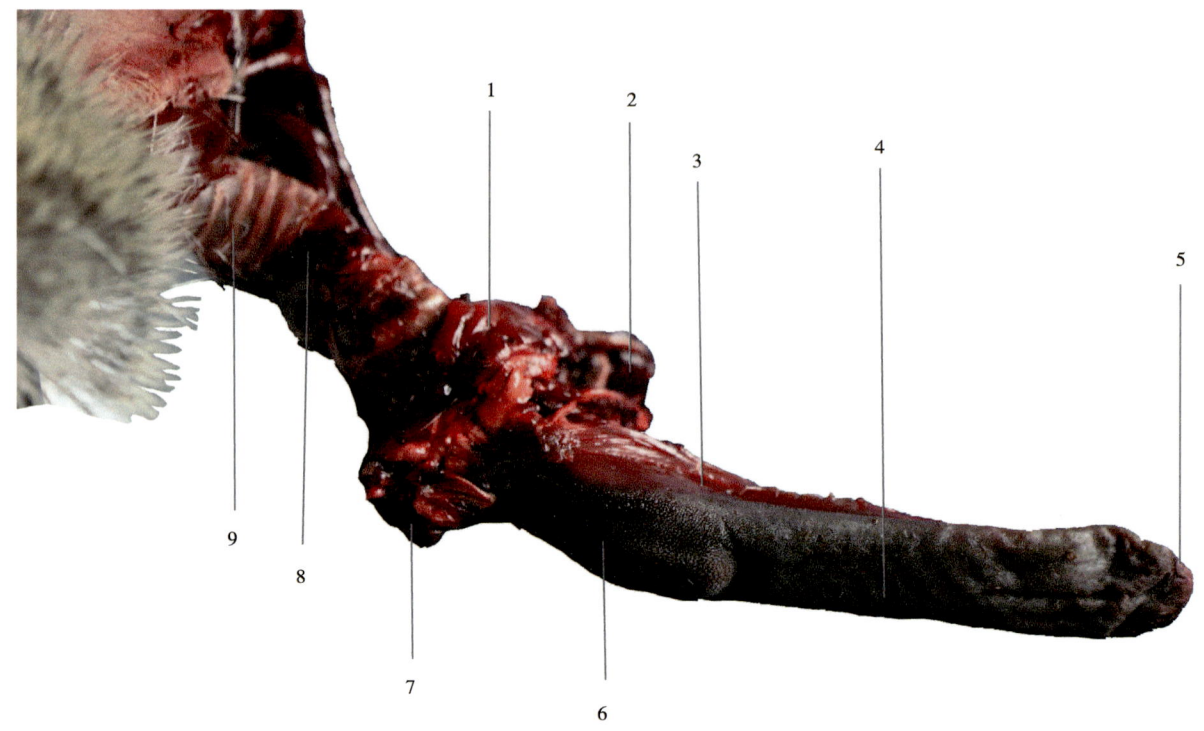

1—舌骨肌；2—舌骨舌肌；3—劲舌骨肌；4—舌黏膜乳头；5—舌尖；6—舌枕部；7—食咽口；8—甲状腺；9—气管。

图2-85 舌的结构

（二）颈部肌肉组成

颈部肌肉浅层主要有臂头肌、菱形肌、肩胛舌骨肌、胸头肌、下锯肌、颈最长肌等主要肌肉（图2-86、图2-87）。

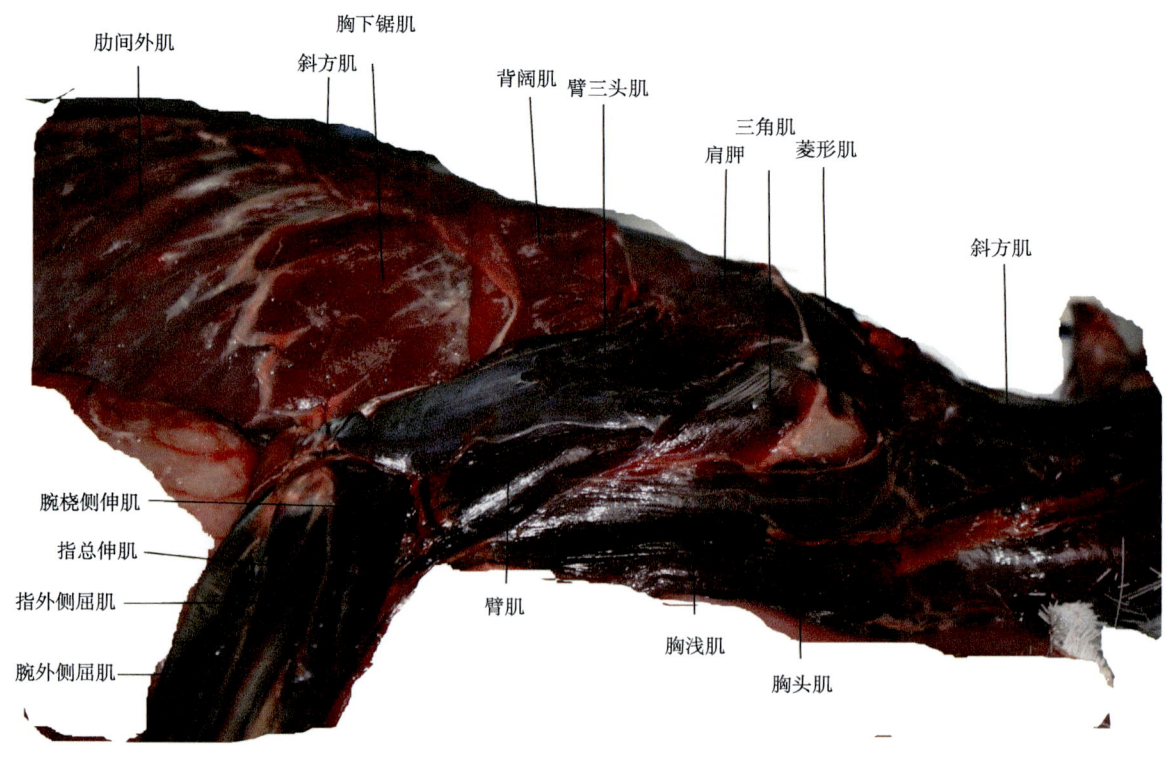

图2-86 林麝躯干浅表肌群

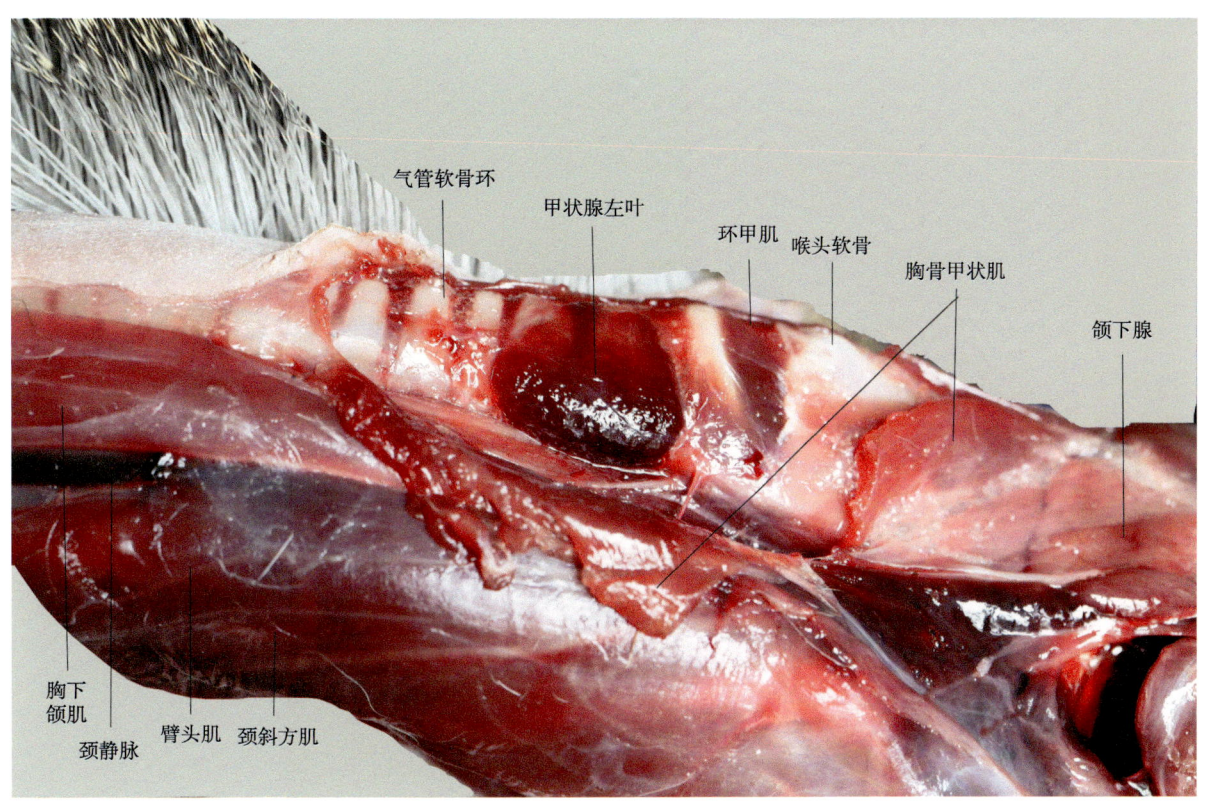

图2-87　林麝颈部解剖

（三）躯干肌组成

躯干肌分布于肋部、脊柱、腹壁及臀部的肌肉。浅层包括斜方肌、菱形肌、胸头肌、胸浅肌、胸深后肌、背阔肌、胸下锯肌、肋间外肌、腹外斜肌、脊柱背侧肌、背最长肌、背髂肋肌等主要肌肉（图2-88至图2-95）。

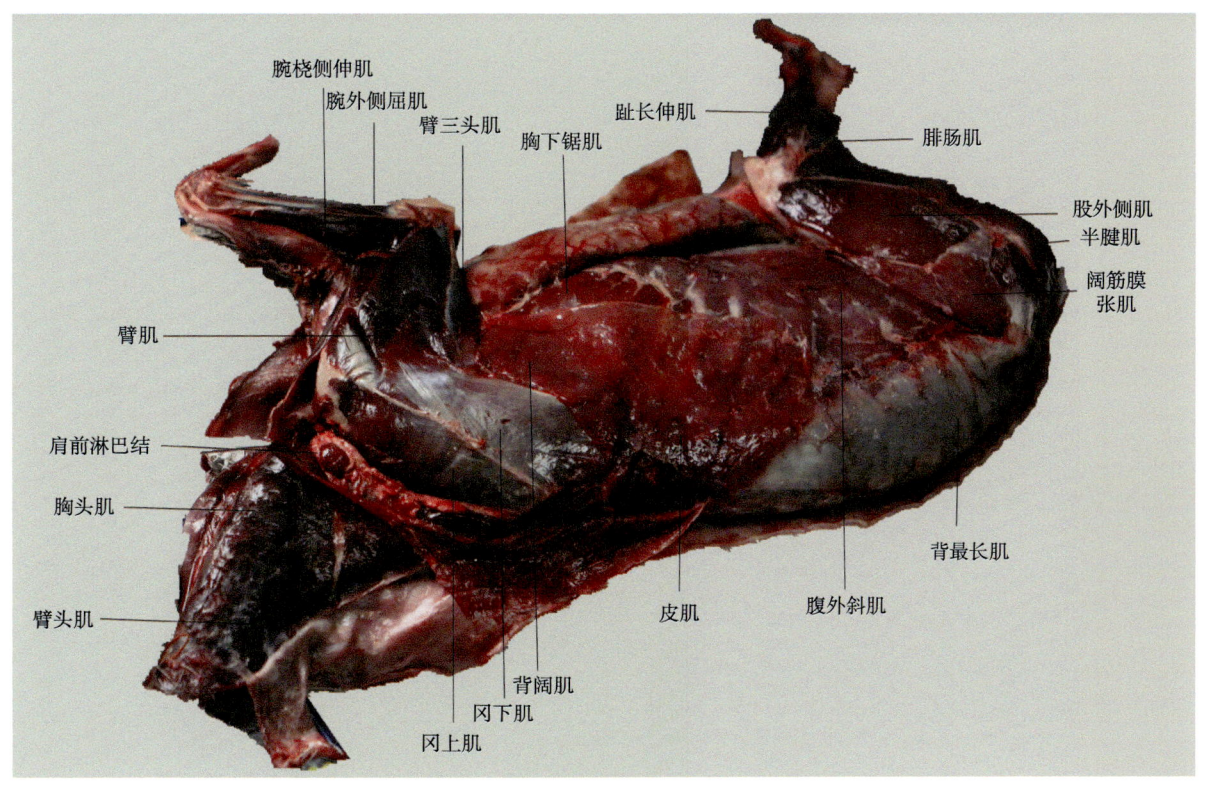

图2-88　林麝躯干浅层肌全貌（雄麝）

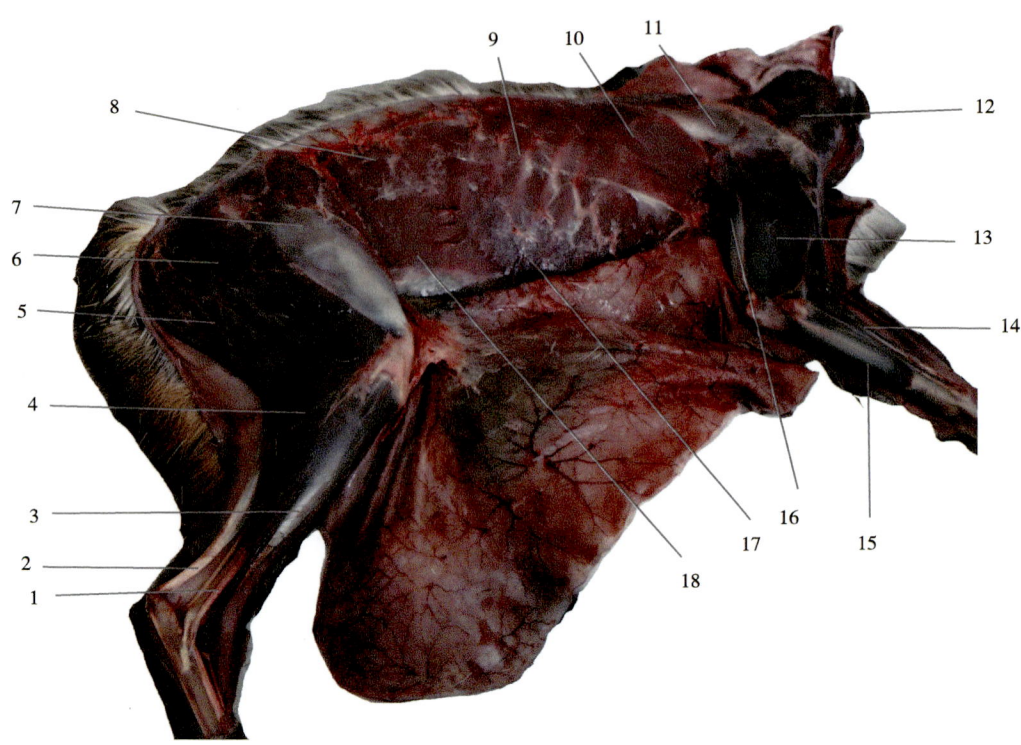

1—趾外侧伸肌腱；2—趾浅屈肌腱；3—腓骨肌；4—腓肠肌；5—半腱肌；6—臀二头肌；7—股外侧肌；8—腰髂肋肌；9—肋间外肌；10—背阔肌；11—三角肌；12—下锯肌；13—臂三头肌；14—腕桡侧伸肌；15—腕桡侧屈肌；16—前臂筋膜张肌；17—腹外斜肌；18—腹内斜肌。

图2-89 雄麝躯干、四肢浅表肌肉

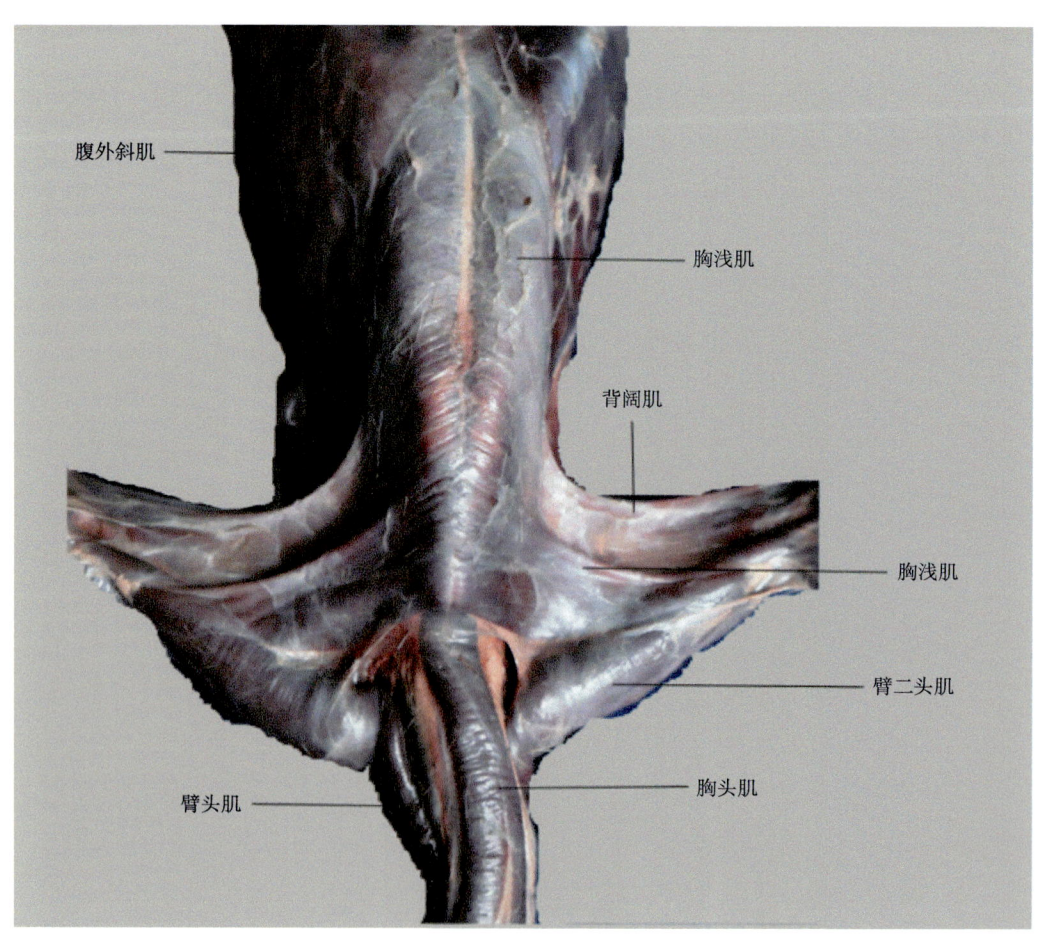

图2-90 林麝躯干腹面肌群

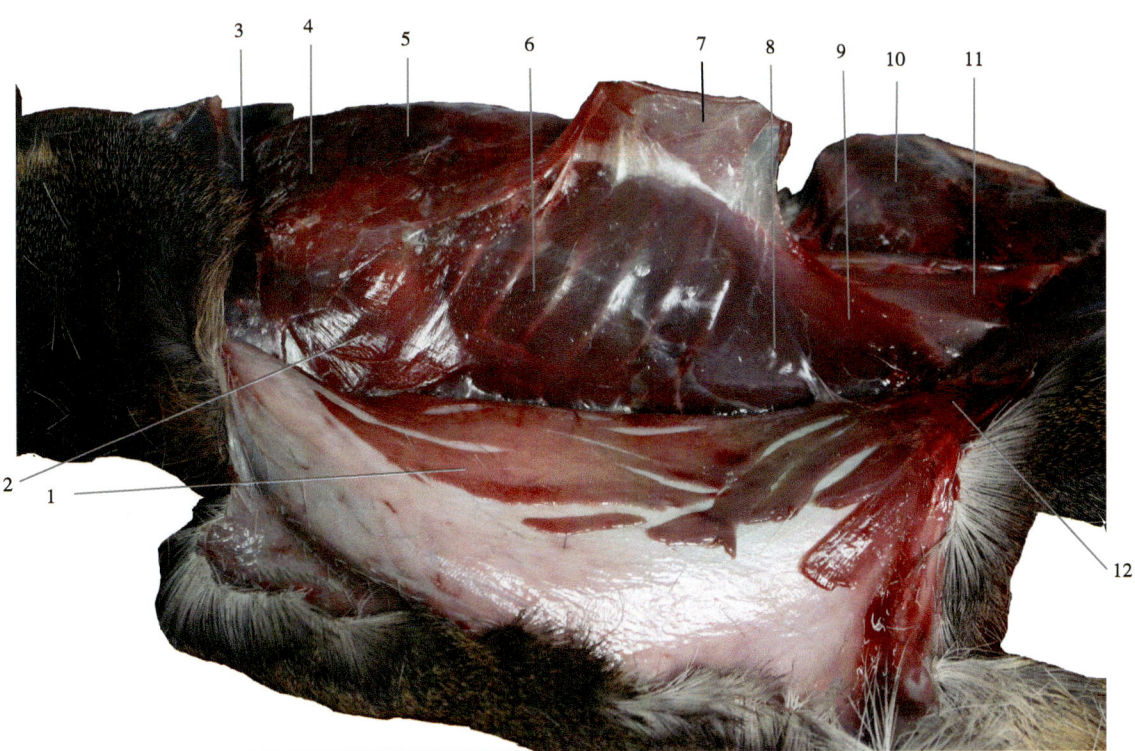

1—皮肌；2—背阔肌；3—臂三头肌；4—菱形肌；5—三角肌；6—肋间外肌；7—背髂肋肌；8—腹外斜肌；9—腹内斜肌；10—股三头肌；11—臀中肌；12—臀小肌。

图2-91 体侧、背部浅表肌肉

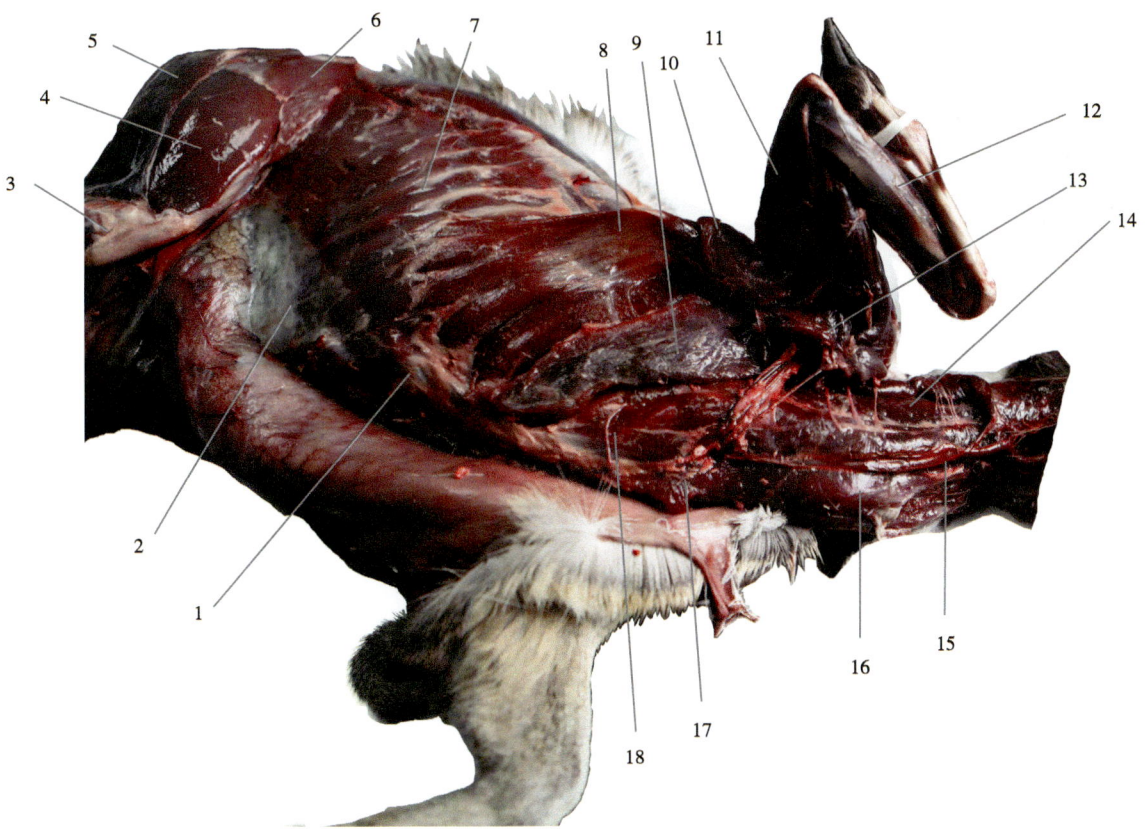

1—胸升肌；2—腹外斜肌；3—膝关节；4—股外侧肌；5—股二头肌；6—阔筋膜张肌；7—肋间外肌；8—背阔肌；9—胸大肌；10—肩胛下肌；11—臂三头肌；12—桡侧屈肌；13—胸腹侧锯肌；14—锁枕肌；15—胸下颌肌；16—胸头肌；17—胸大肌；18—胸横肌。

图2-92 雄麝躯干腹部肌肉

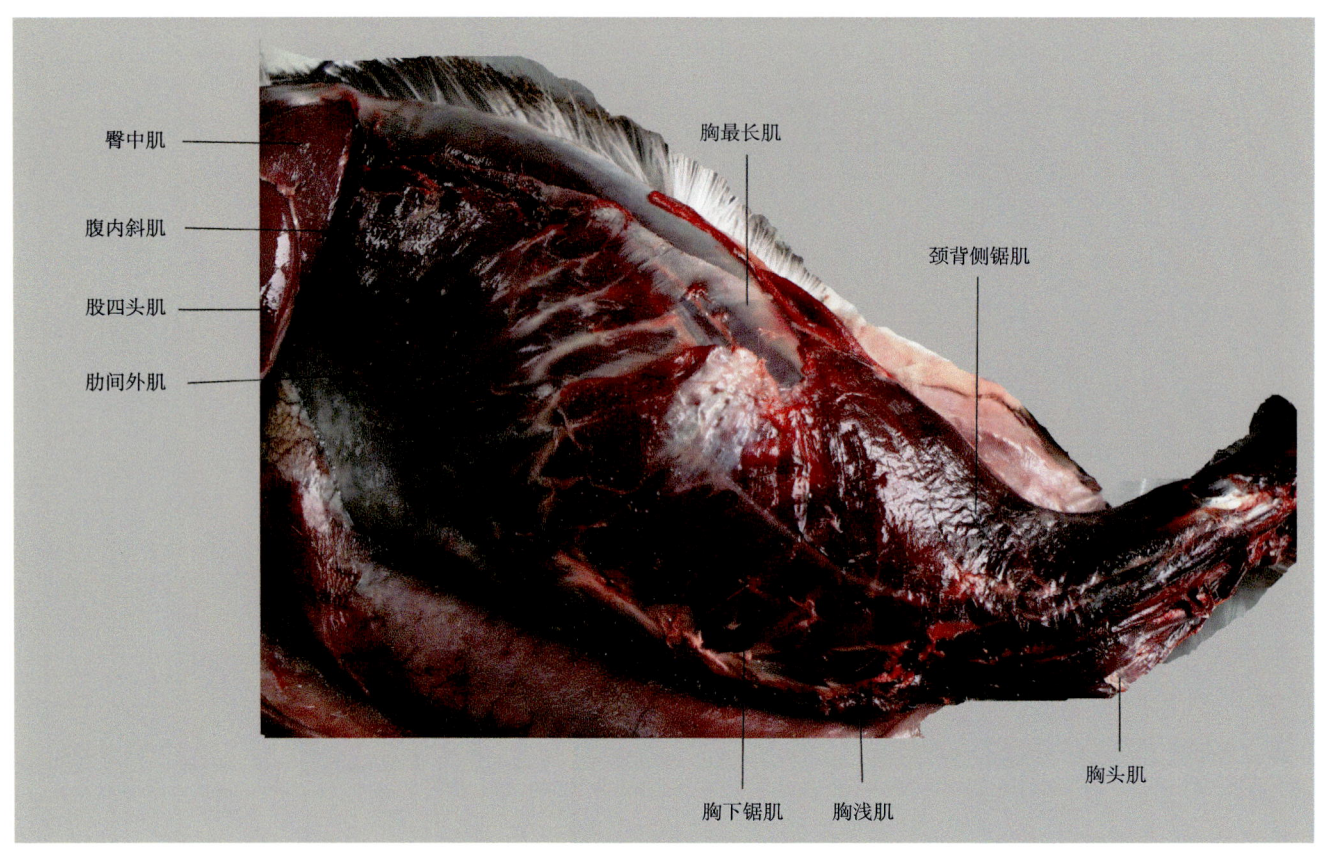

图2-93 林麝躯干深层肌群（切除前肢）

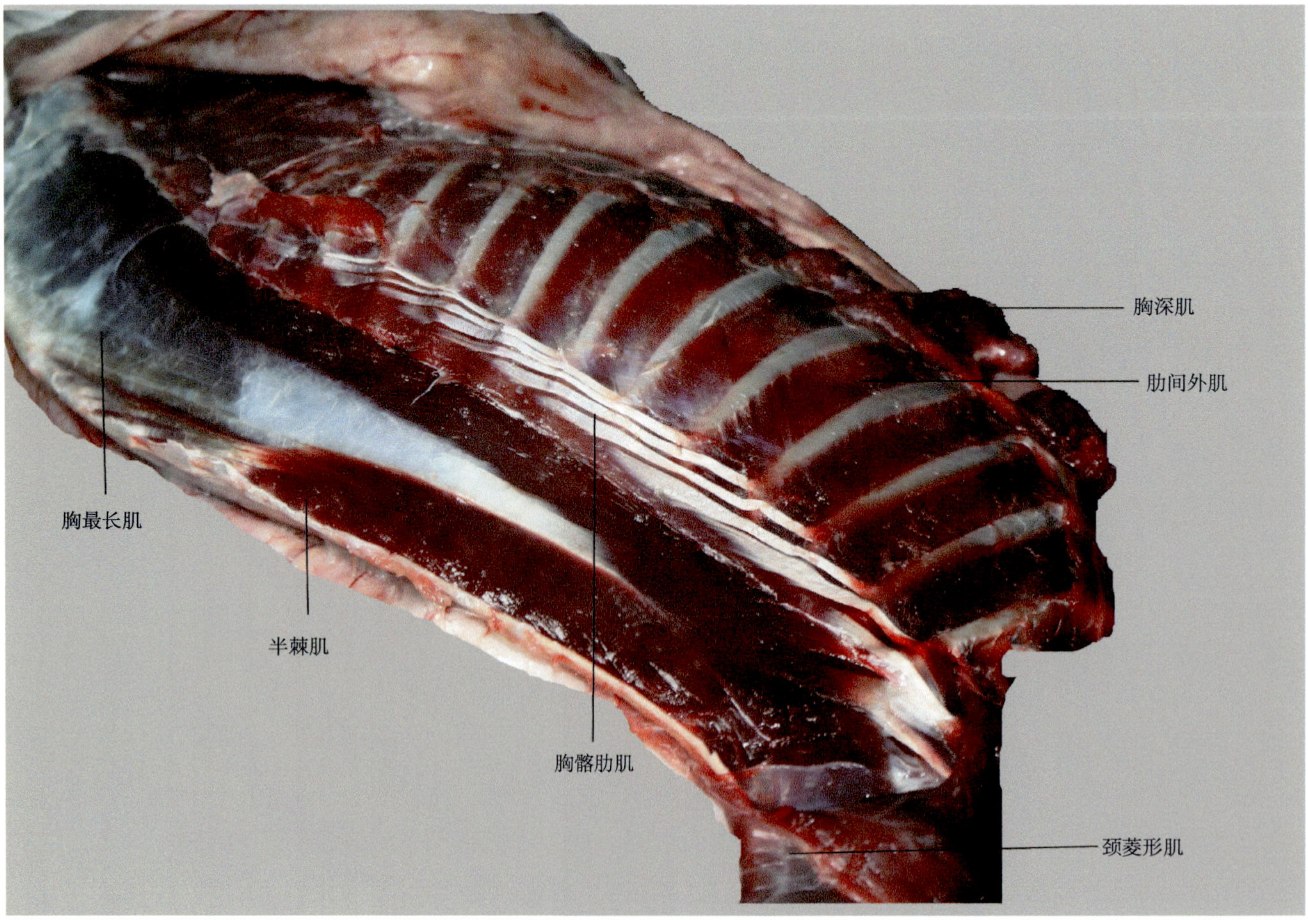

图2-94 林麝躯干深层肌群

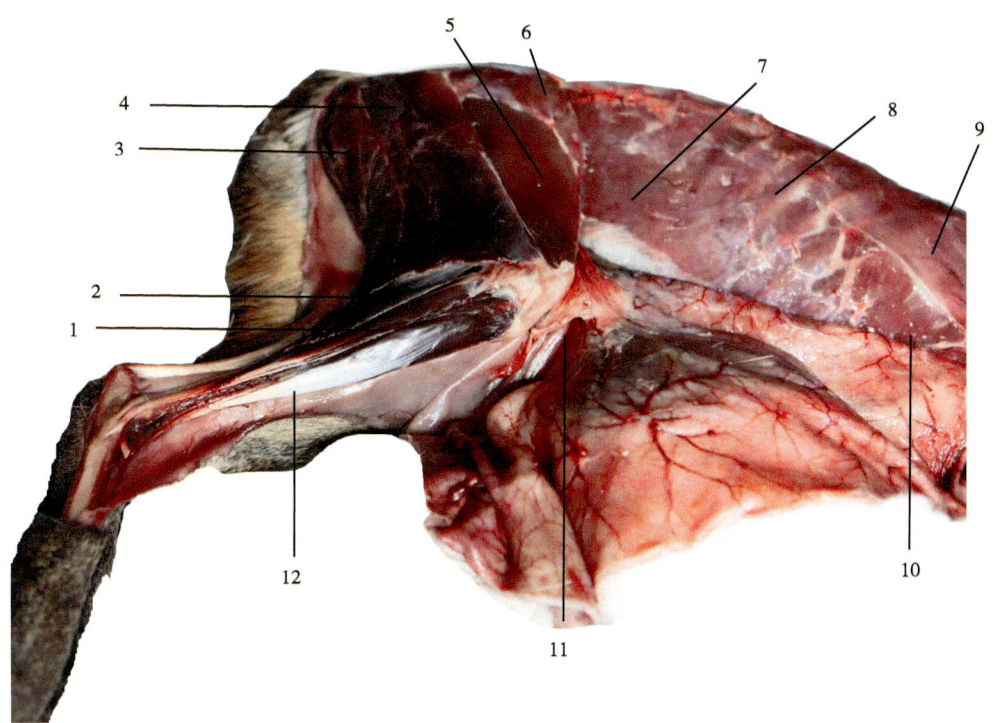

1—趾外侧伸肌；2—趾外侧屈肌；3—半腱肌；4—臀二头肌；5—股外侧肌；6—筋膜扩张肌；7—腹内斜肌；8—肋间外肌；9—后上锯肌；10—背阔肌；11—胫骨前肌；12—腓骨肌。

图2-95　林麝腰、后肢浅表肌肉

（四）前肢肌组成

前肢肌包括冈上肌、冈下肌、臂二头肌、臂三头肌、肩胛上肌、肩胛下肌、指总伸肌、腕桡侧伸肌、腕尺侧伸肌、腕桡侧屈肌、腕尺侧屈肌等主要肌肉（图2-96至图2-98）。

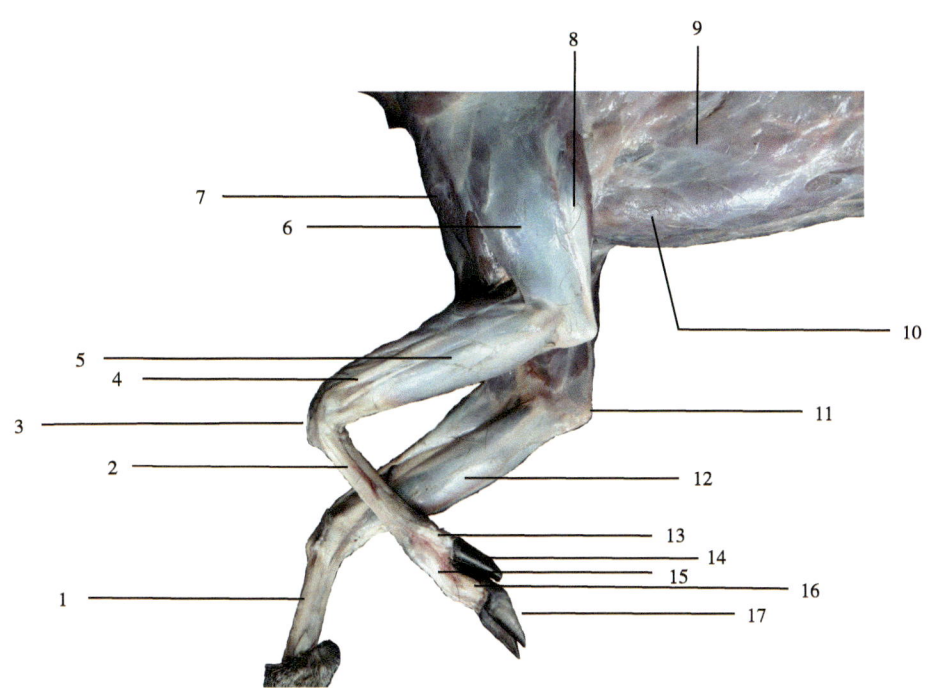

1—第2、3掌骨；2—韧带；3—腕关节；4—肌腱；5—腕外侧屈肌；6—臂二头肌；7—臂三头肌；8—臂三头肌；9—肋锯肌；10—胸大肌；11—肘关节；12—腕内侧屈肌；13—骨间肌；14—悬蹄；15—系骨；16—冠骨；17—前蹄。

图2-96　雌麝前肢浅表肌肉

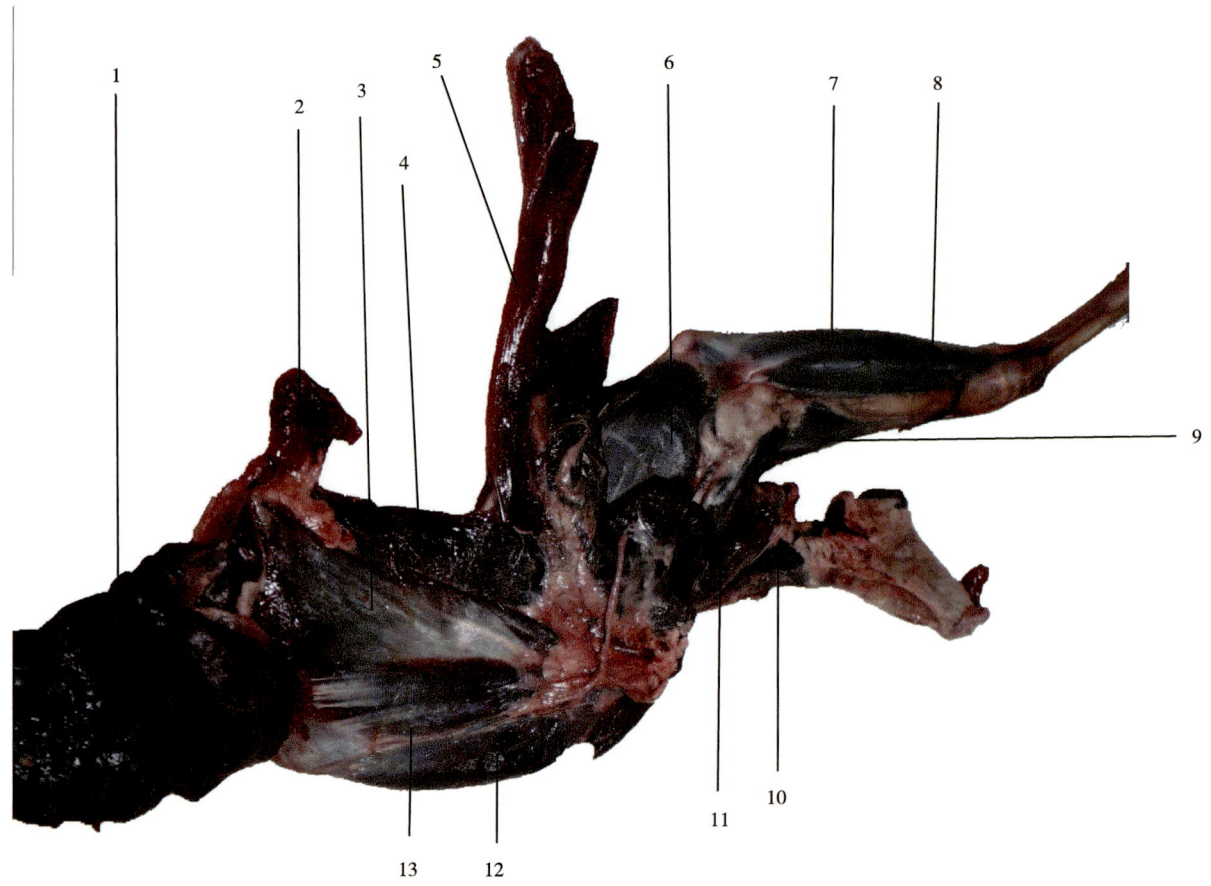

1—菱形肌；2—颈腹侧锯肌；3—肩胛下肌；4—背阔肌；5—胸大肌；6—臂三头肌；7—腕尺侧屈肌；8—腕桡侧屈肌；9—腕桡侧伸肌；10—臂肌；11—臂二头肌；12—冈上肌；13—颈腹侧锯肌。

图2-97 林麝前肢内侧肌肉

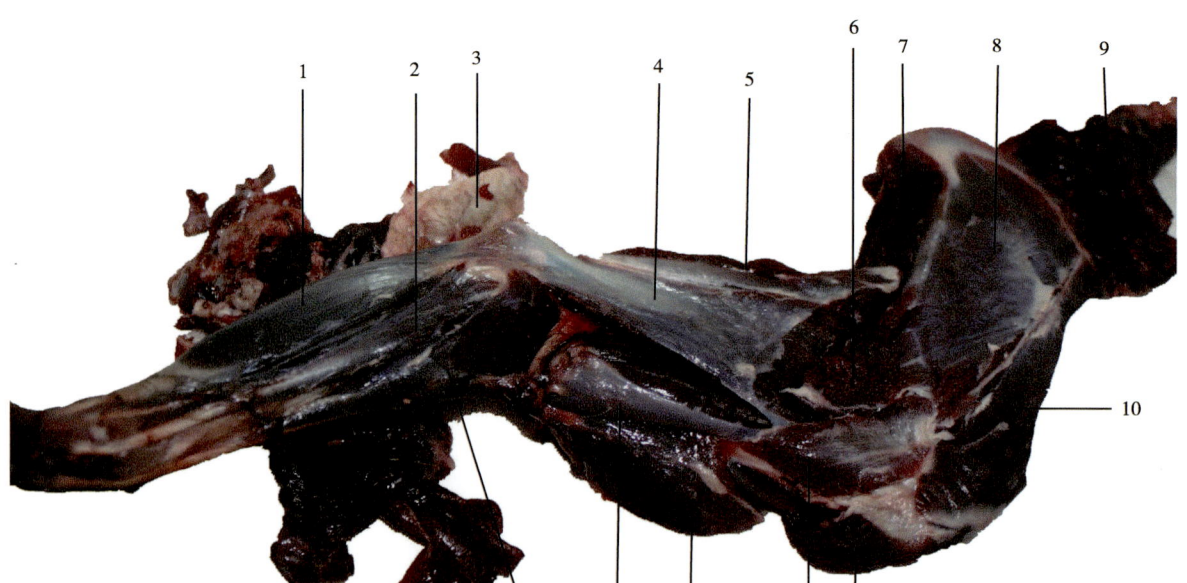

1—腕外侧屈肌；2—腕外侧伸肌；3—脂肪；4—臂二头肌；5—背阔肌；6—大圆肌；7—冈下肌；8—冈上肌；9—菱形肌；10—三角肌；11—肩胛横突肌；12—臂头肌；13—胸降肌；14—臂二头肌；15—腕内侧屈肌。

图2-98 林麝前肢外侧肌肉

（五）后肢肌组成

后肢肌包括半腱肌、股二头肌、臀中肌、股外侧肌、阔筋膜张肌、指外侧伸肌、腓肠肌、比目鱼肌、趾长伸肌、腓骨长肌等主要肌肉（图2-99至图2-101）。

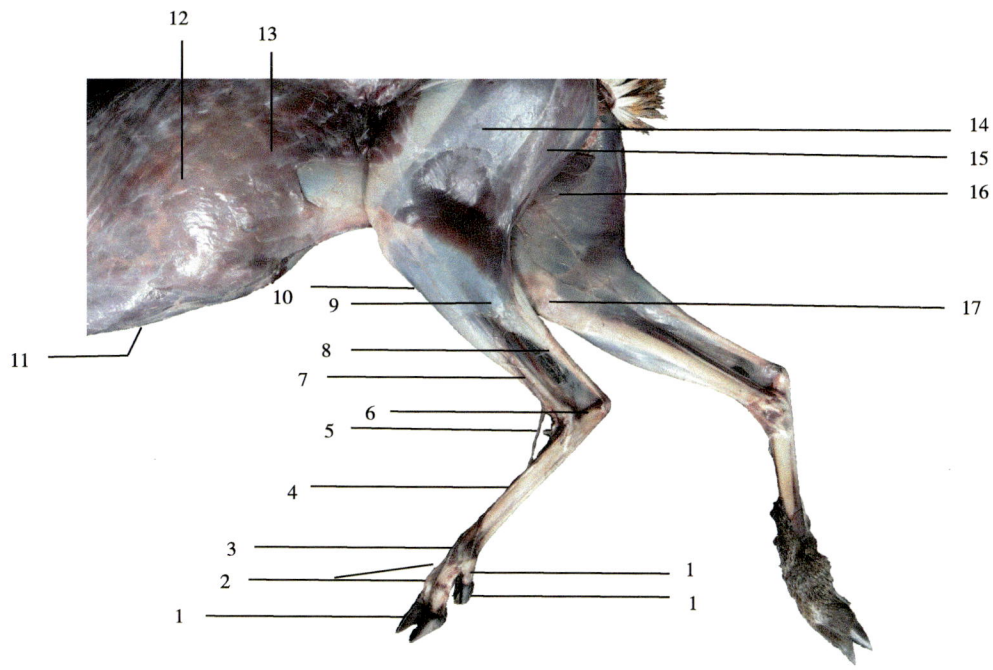

1—后蹄；2—趾骨；3—趾关节；4—掌骨；5—外侧皮下静脉；6—跗关节；7—屈肌肌腱；8—伸肌肌腱；9—跗外侧屈肌；10—跗外侧伸肌；11—胸大肌；12—半锯肌；13—肋胸廓；14—股外侧肌；15—半腱肌；16—股薄肌；17—膝关节。

图2-99　雌麝腰、后肢肌肉

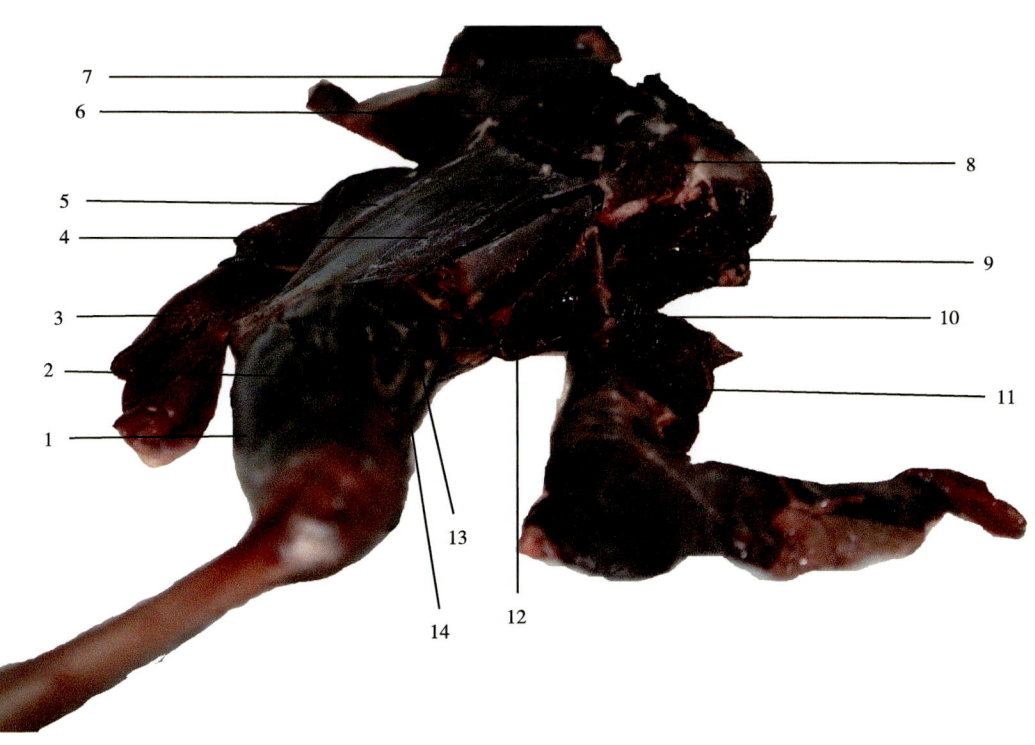

1—趾长伸肌；2—趾外侧伸肌；3—筋膜扩张肌；4—股二头肌；5—股外侧肌；6—腹内斜肌；7—腹外斜肌；8—梨状肌；9—股方肌；10—半膜肌；11—半腱肌；12—臀二头肌；13—腓骨长肌；14—比目鱼肌。

图2-100　林麝臀部、后肢外侧肌肉

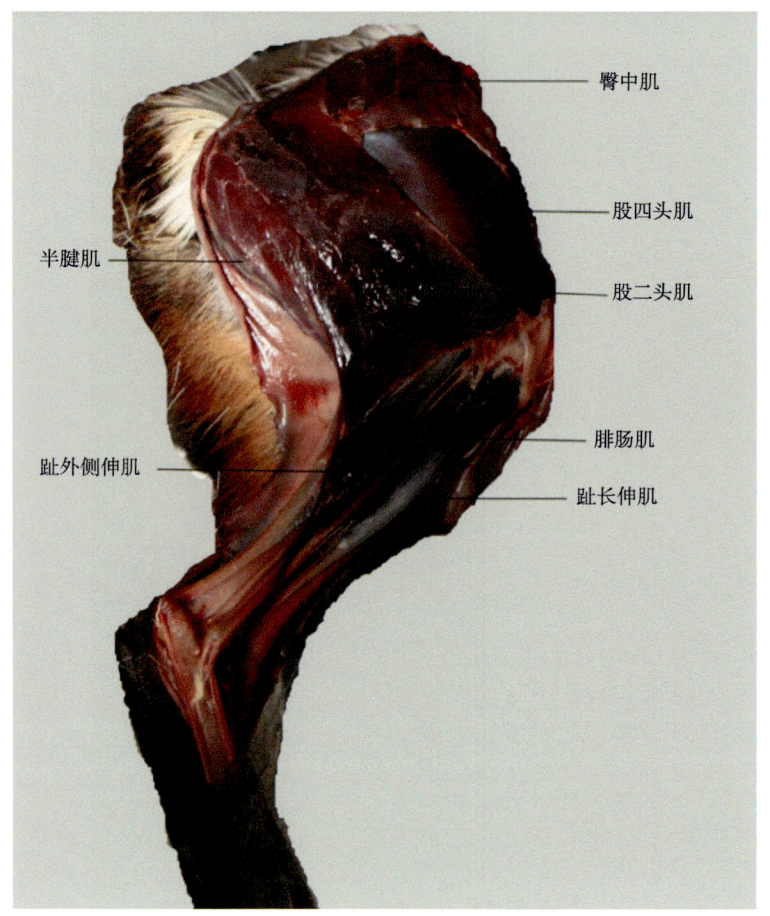

图2-101 林麝后肢肌肉（切除臀浅肌）

五、被皮

被皮包括皮肤和由皮肤演化而来的特殊器官，蹄、乳腺、皮脂腺、汗腺、角、毛等。皮肤整体较薄，头部后缘至臀后缘稍厚，富有弹性，容易与皮下组织分离。雌性乳头一对，尾腺雄性发达。皮下脂肪较少，仅耳基部、腋窝、鼠蹊部、尾前缘等处有少量分布（图2-102至图2-107）。

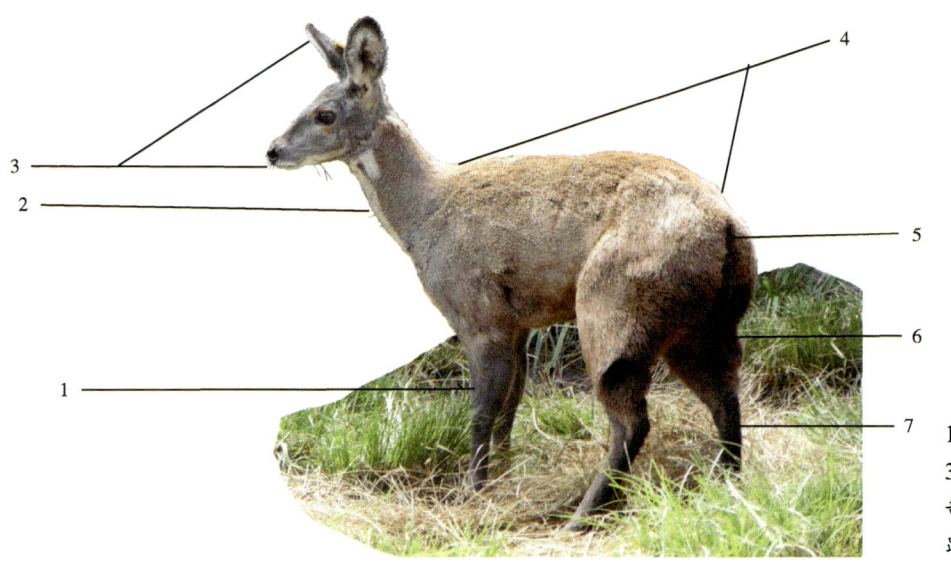

1—前肢；2—颈部；3—头部；4—躯干部；5—尾部；6—鼠蹊部；7—后肢。

图2-102 雌麝被毛

1—颈部被毛；2—耳缘；3—耳内侧；4—眼眶；5—鼻部；6—触毛；7—颈斑。

图2-103　雄麝头颈部被毛

1—肩部；2—耳缘；3—耳内侧；4—眼眶；5—触毛；6—脸颊；7—颈斑。

图2-104　雌麝头颈部被毛

（一）林麝头颈部被皮

林麝头颈部被皮很薄，拔去被毛，隐约可见肌肉。触须较发达。犬齿外露较长。头部被毛短，颈部较长。

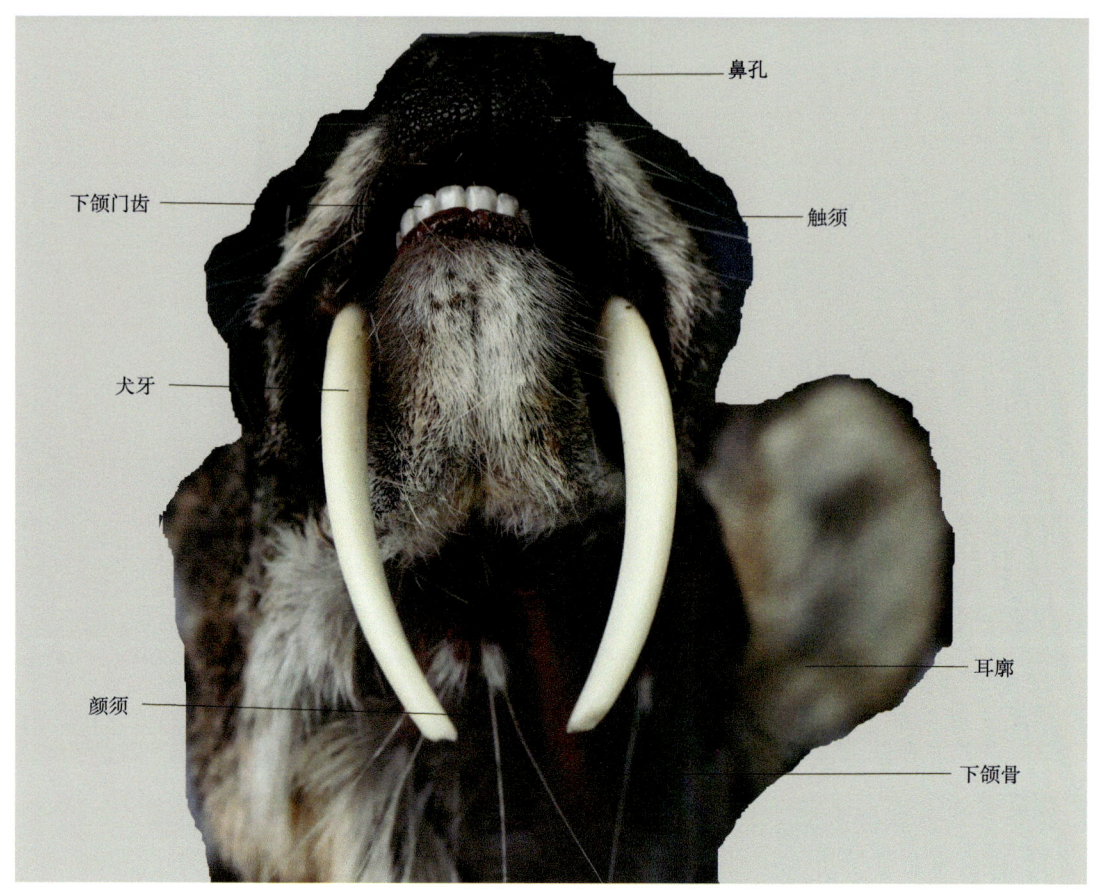

图2-105　林麝头部皮肤及衍生物（腹面）

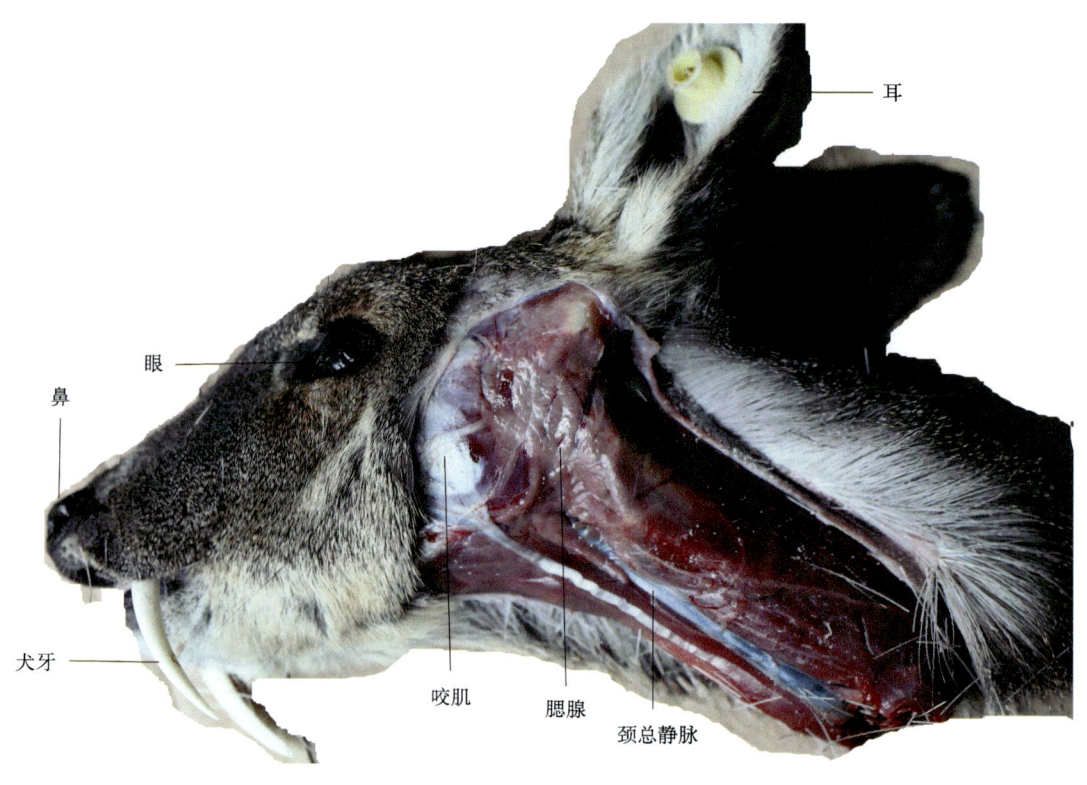

图2-106　林麝头颈部被皮结构

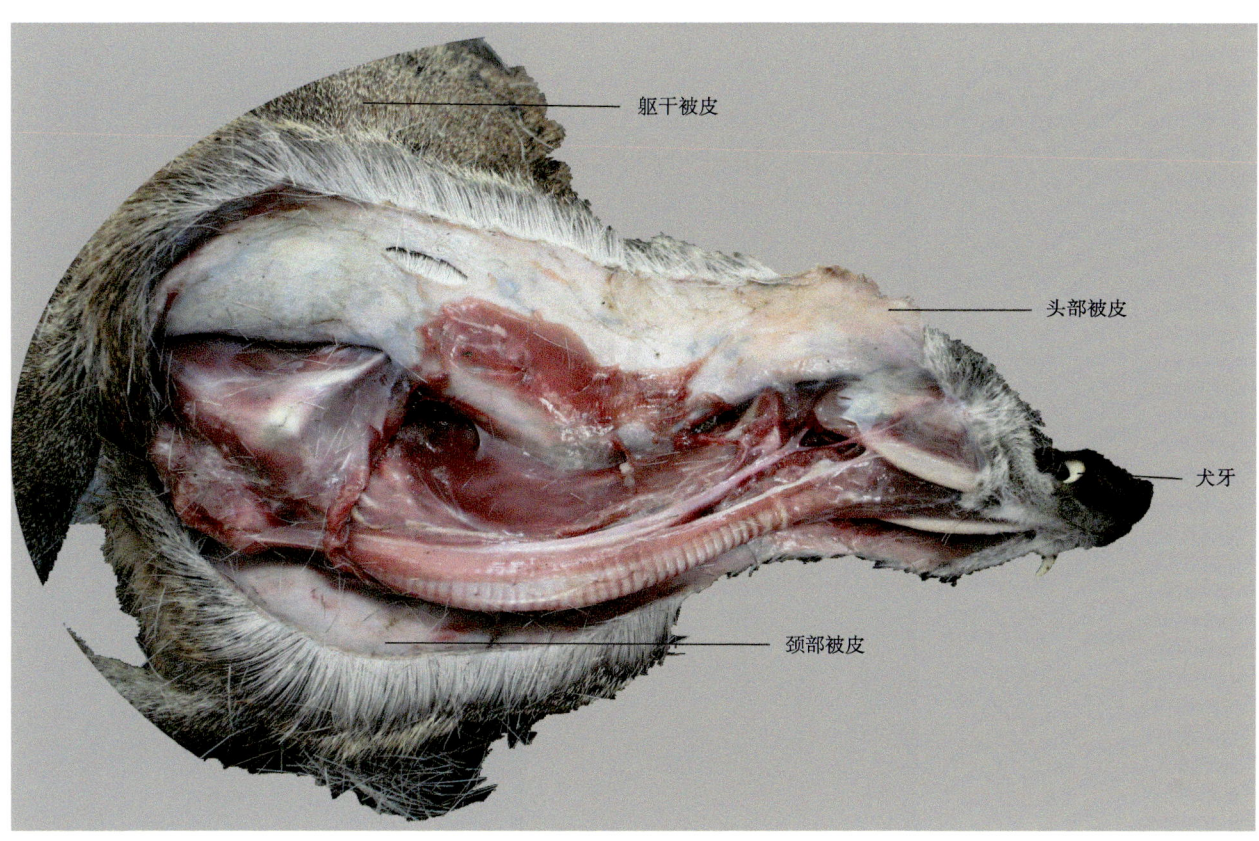

图2-107　林麝头颈部被皮（皮下）

躯干被皮　头部被皮　犬牙　颈部被皮

（二）皮下结构

脂肪层少见，血管网络丰富。皮下结缔组织中胶原纤维和弹性纤维交织成网，韧性强（图2-108）。

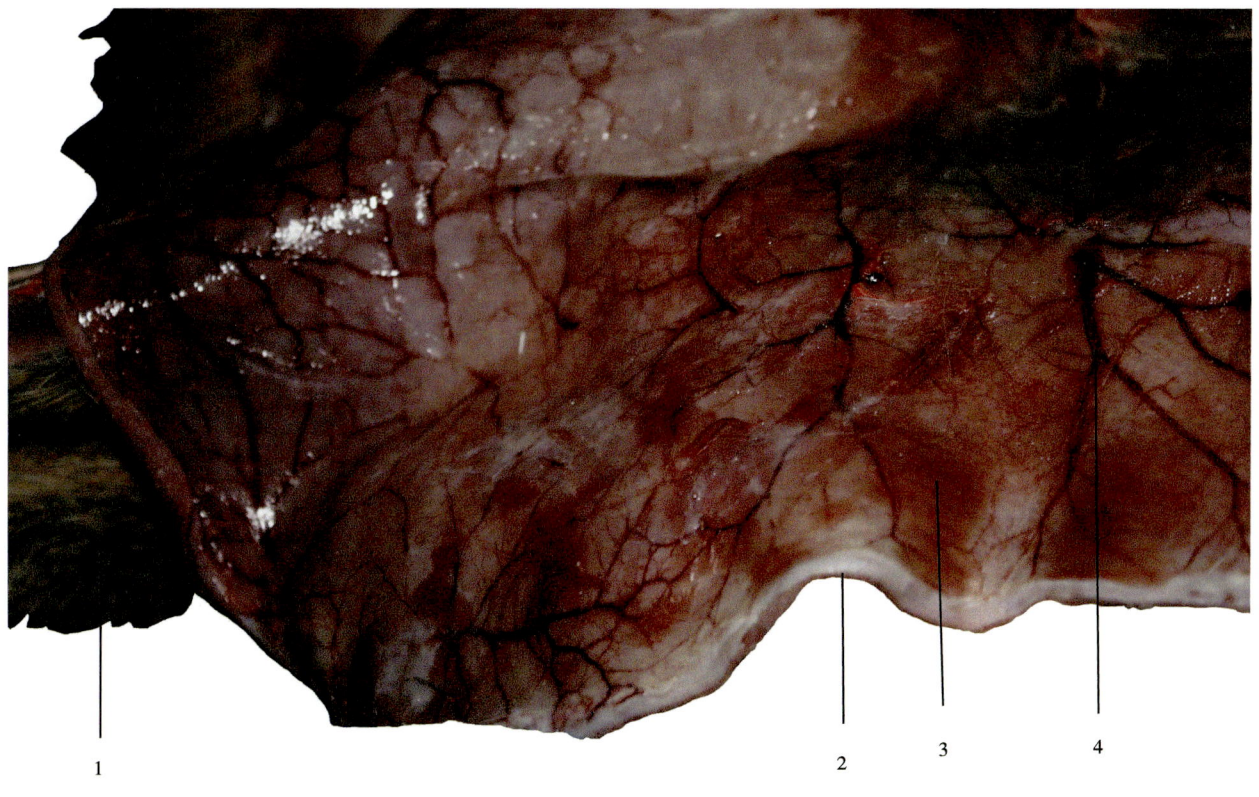

1—后肢蹄部；2—被皮；3—皮肌；4—皮下血管网。

图2-108　林麝后肢皮肤

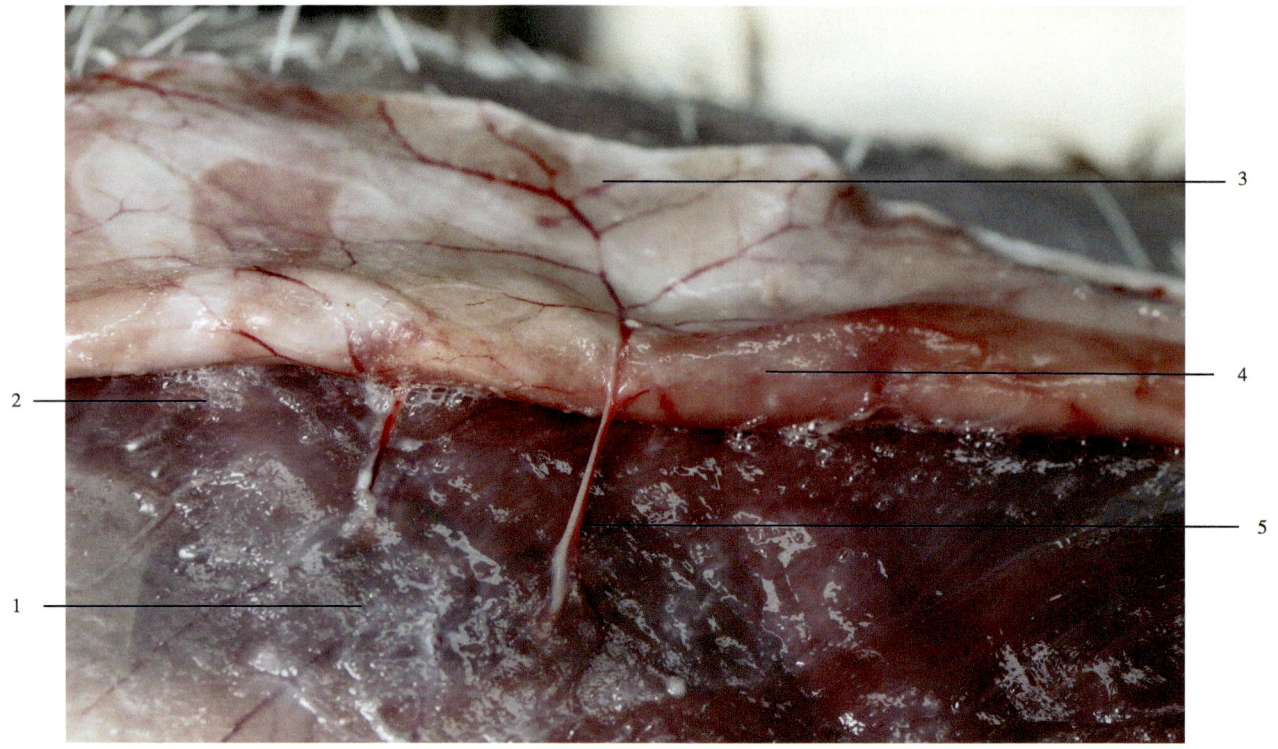

1—皮肌层；2—皮下结缔组织；3—被皮；4—皮肌；5—小血管。

图2-109　皮下结构

（三）皮肤腺体—乳腺

林麝乳腺位于腹部后缘，乳头一对。乳头间距1.00～1.35 cm，乳头呈宝塔形，高1.4～1.7 cm。乳腺重11～170 g，大小在不同时期差别很大。乳腺内血管丰富（图2-110、图2-111）。

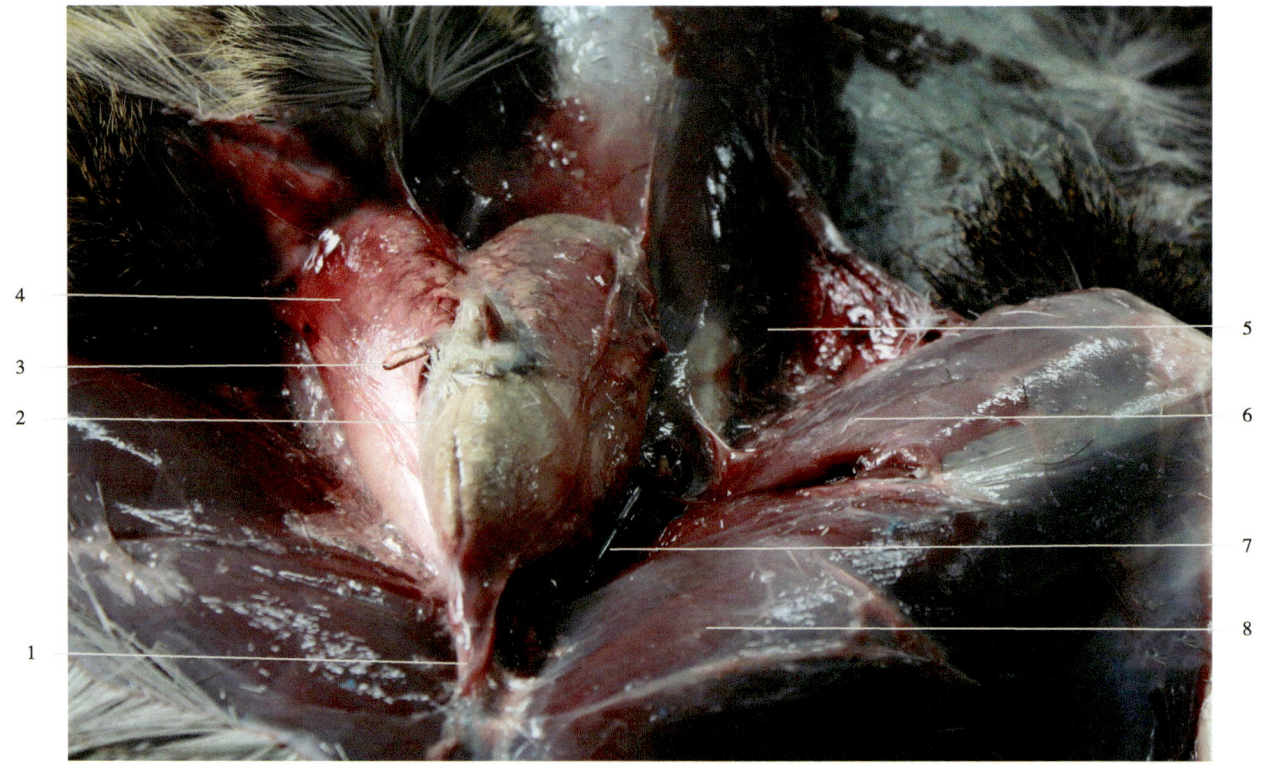

1—乳动脉；2—乳腺分泌部；3—乳头；4—乳腺腺体部右叶；5—腹壁；6—股薄肌；7—腹壁下静脉；8—耻骨肌。

图2-110　雌麝下腹部皮下结构

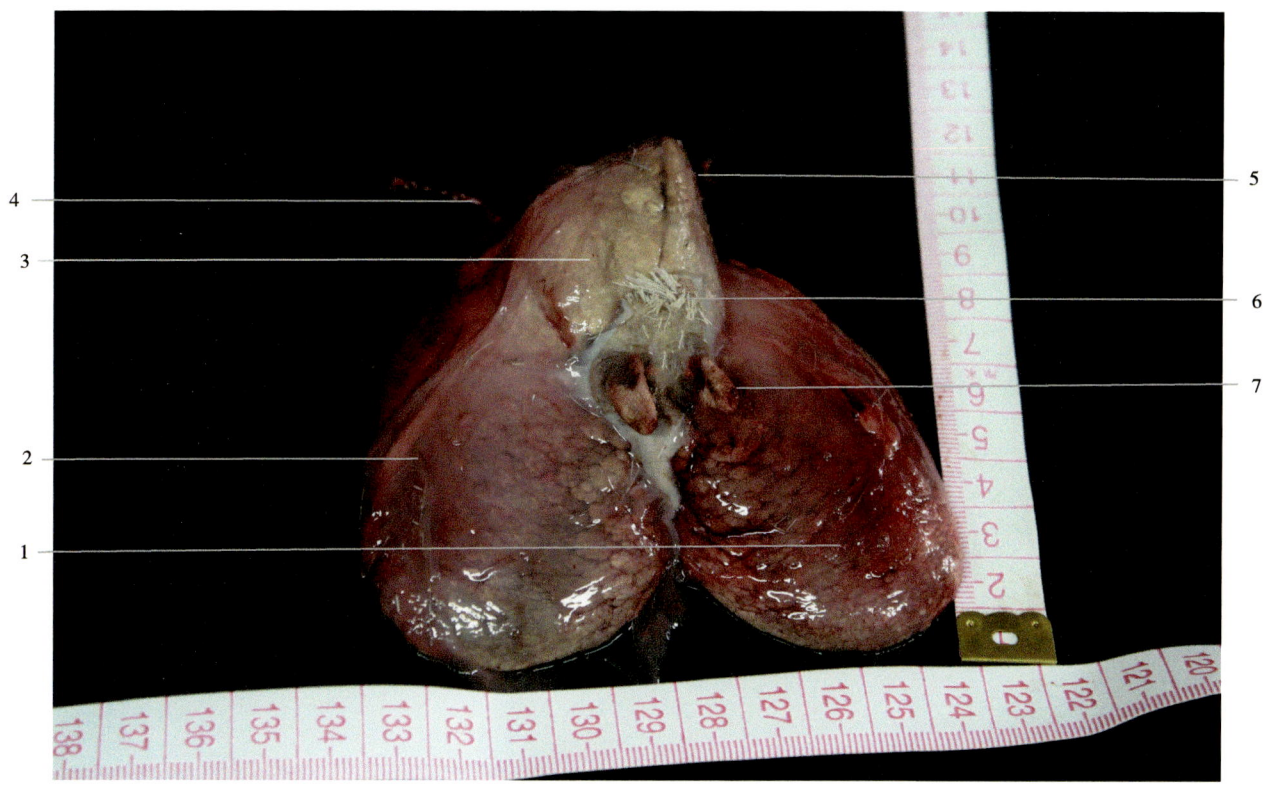

1—乳腺右叶；2—左叶；3—分泌部；4、5—乳腺动静脉；6—结缔组织；7—乳头。

图2-111　产后雌麝乳腺形态

（四）尾腺

麝尾腺在林麝通信行为中具有重要作用，主要由特化皮脂腺和顶泌汗腺构成，不同性别、年龄、泌香期、交配期、妊娠期的尾腺具有一定差异。除尾椎骨与皮肤覆盖外，麝尾实为海绵状的尾腺。林麝尾腺呈方柱状，位于尾椎骨上，紧贴在皮肤下面。幼尾被毛；成体尾由于经常摩擦而无毛，或仅在尖端、两侧有少许毛留存。雄尾比雌尾大。尾腺分基和体二部。基部位于前端腹面尾椎骨两侧，体部占尾腺大部。林麝尾腺平均体积：雄性，长35 mm，宽18 mm，高11 mm；雌性，长13 mm，宽9 mm，高9 mm。

麝喜独居，多在高山密林和山石悬崖中栖息。晨昏活动寻食时，由于栖息地枝茂叶密，影响视觉，在活动路线的中小树干、树桩甚至岩石上摩擦臀尾，利用尾腺分泌信息素行使通信机能，对其生活是十分有利的。摩擦方式是以臀尾与被摩物接触，后脚踩地，前肢用力后蹬，臀部抬起上下摩擦，将尾腺分泌物挤压摩擦于接触物上。由于摩擦臀尾的方式较一致，因此"油桩"的位置高度较固定，一般离地高45～50 cm，比臀部略高。这一高度与麝行走时鼻部高度相近，有利于跑行活动时闻到信息素的气味。

麝尾腺信息素的释放：一是通过摩擦臀尾的间接方式，将信息素擦于树干上，建立气味标记点，再由标记点挥发到空气中，二是直接释放信息素到周围环境空气中。麝在应激如受惊、被捉和兴奋时，尾腺周围毛丛竖立，以增加挥发信息素分子到周围空气中，直接起通信作用。麝除在发情交配期外，雌、雄分居，皆有领域性等生态特性。具特殊机能的尾腺，通过间接和直接的分泌方式释放信息素，起到行驶路线和领域性标志作用。尾腺分泌的信息素可能与求偶行为和繁殖过程有关。雄麝泌香盛期麝香腺增大，麝香和雄激素分泌增多，尾腺在该期也增大，分泌物也增多，说明尾腺活动也受性激素分泌活动的调节。

（五）林麝会阴部结构

林麝的泌尿生殖器官多分布于会阴部和鼠蹊部。这里也有一些重要的分泌器官和腺体，如雄麝的麝香囊、雌麝的乳腺（图2-112至图2-115）。

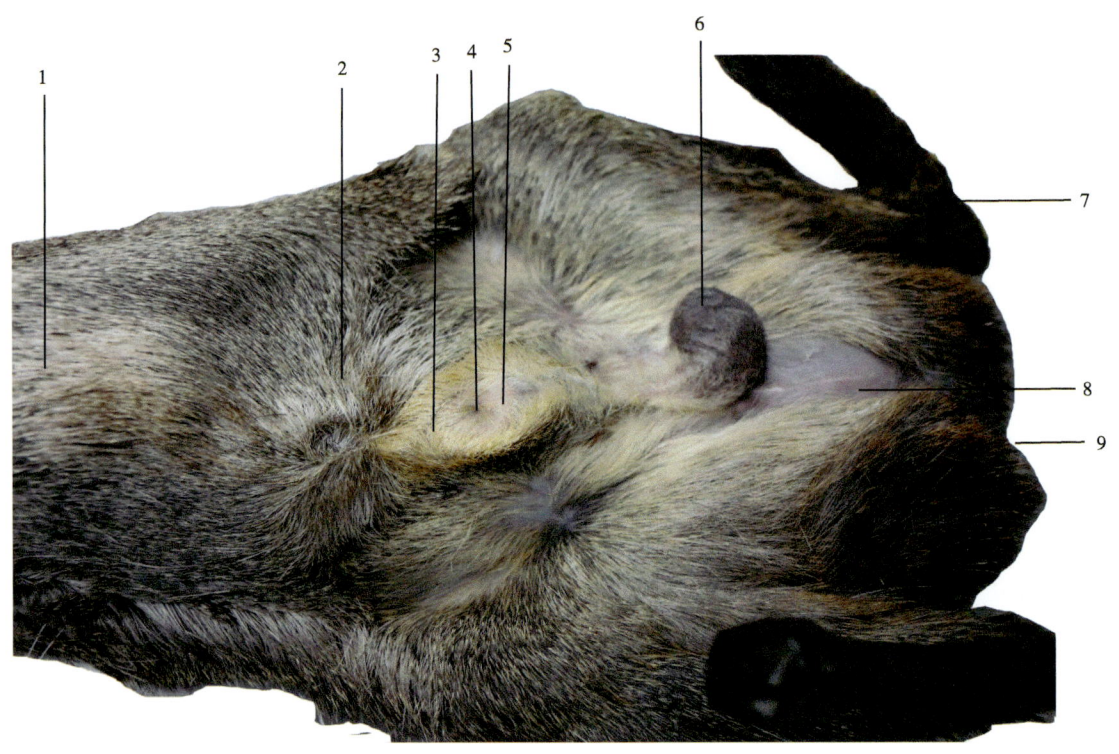

1—胸部；2—上腹部；3—麝香囊；4—香囊口；5—尿生殖口；6—睾丸；7—跗部；8—鼠蹊部；9—尾部。

图2-112　雄麝腹部、鼠蹊部被毛

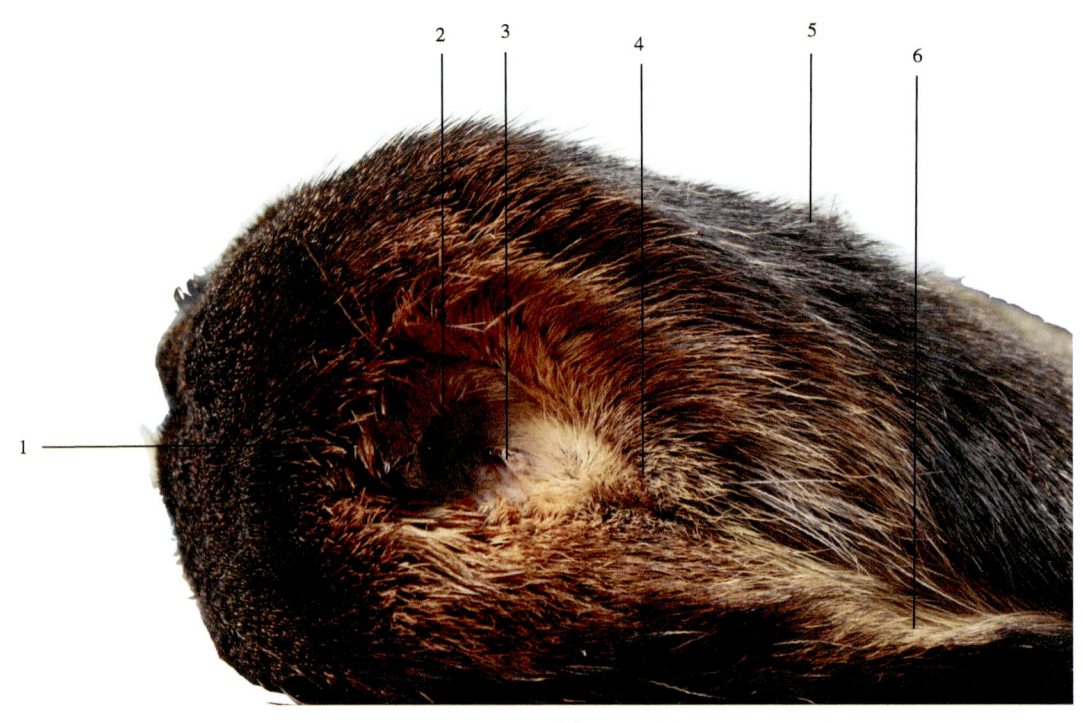

1—尾部；2—肛门；3—阴门；4—鼠蹊部；5—臀毛；6—大腿内侧。

图2-113　雌麝臀部被毛

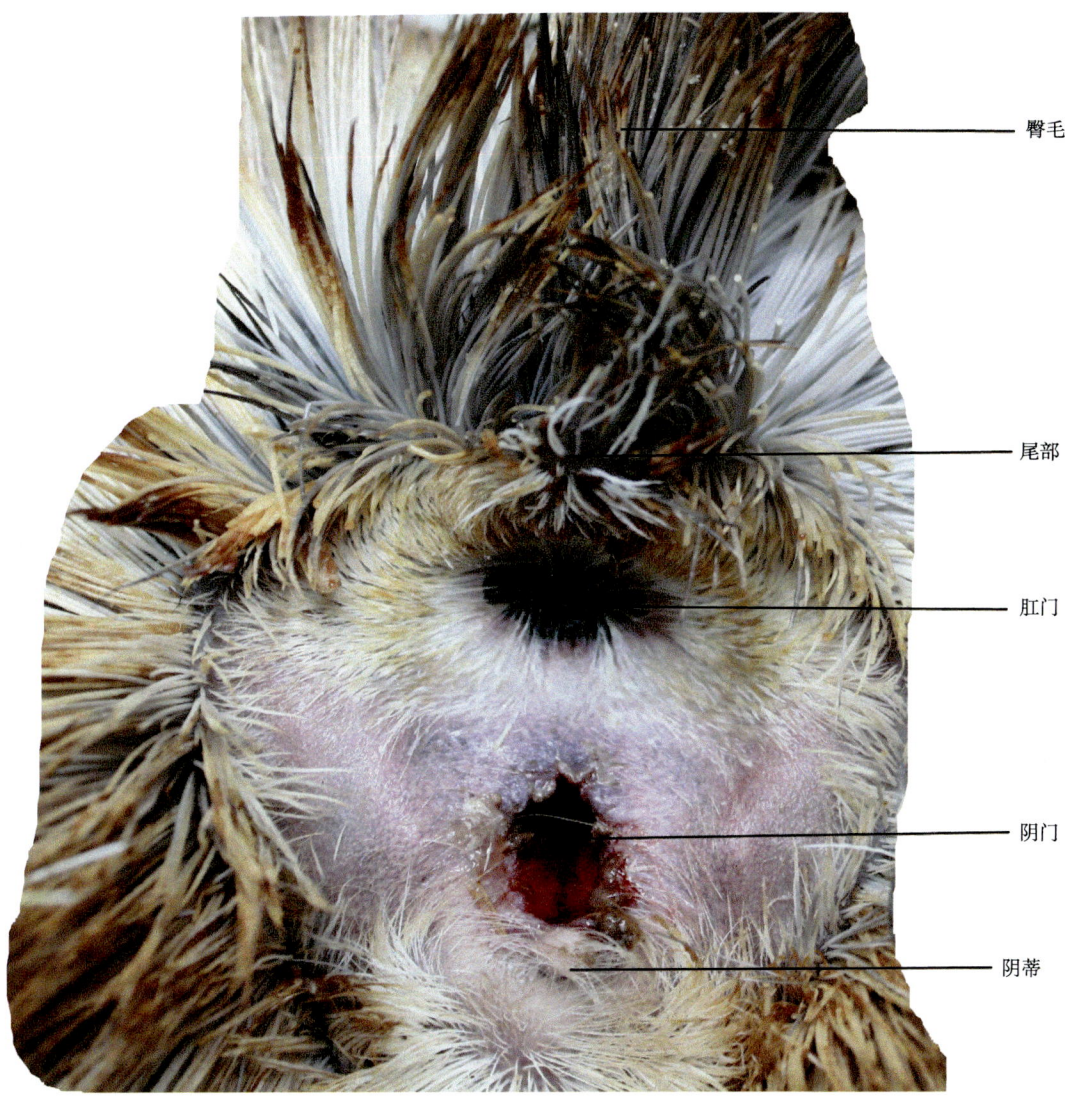

图2-114 雌麝尿生殖区皮肤

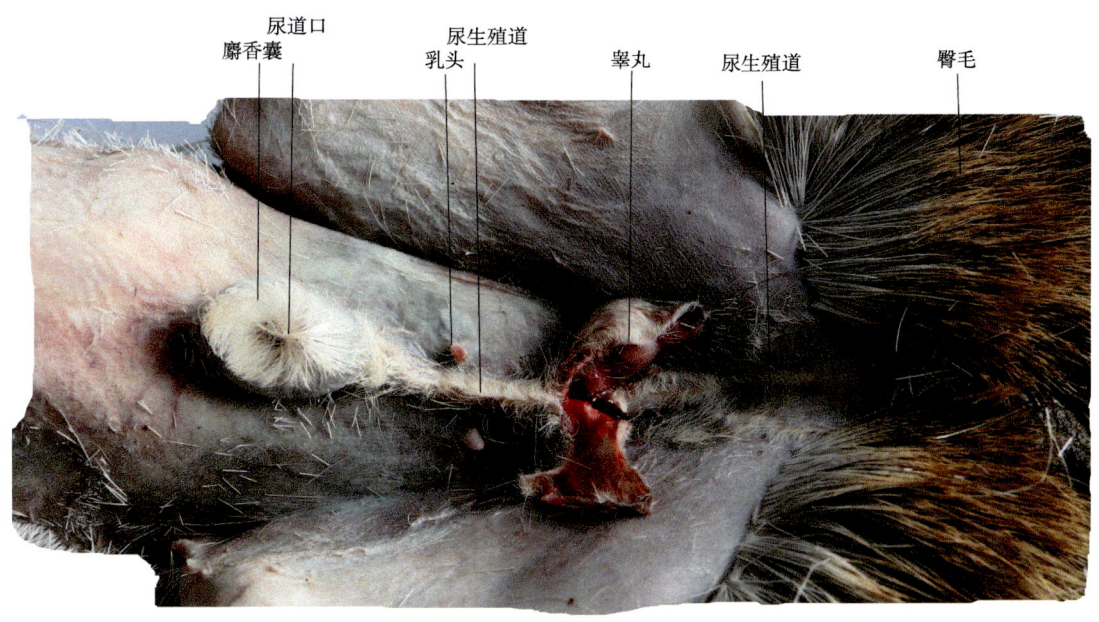

图2-115 雄麝会阴部皮肤

（六）皮肤衍生物——被毛

林麝的被毛分为针毛、绒毛和触毛三类。林麝针毛毛囊长度和直径，荐部最大，小腿外侧的次之，颏部中心的最小。针毛毛基部的长度和直径，荐部最大，胸部腹侧的直径次之，颏部中心直径最小。林麝针毛毛干以躯干部的背侧、两侧及臂部、大腿部外侧较长，背部、荐部最长，头部、颌下和颏部中心的针毛最短。针毛除蹄、阴囊、吻、唇等部位外，分布于全身体表，具有保温和保护作用。除阴囊及基部周围是纯绒毛分布外，绒毛依赖针毛并盘曲于针毛间，主要具有保温作用。触毛分布在头部和四肢冠带，具有感触作用（图2-116至图2-118）。

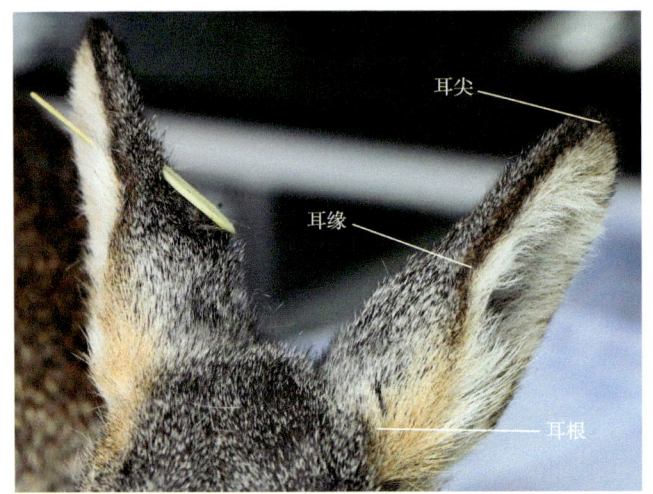

图2-116　林麝耳形态

图2-117　林麝眼睛

图2-118　林麝后蹄形态

第三章　消化系统

消化系统的机能是摄取食物、消化食物、吸收养料、排出粪便。消化系统获取林麝所需的蛋白质、糖类、脂肪、水、维生素和矿物质等营养物质，将食物通过物理、化学、微生物的变化，转化成简单的可溶性物质，便于为消化管吸收后供机体利用。林麝消化系统由消化管和消化腺两部分组成。消化管包括口腔、咽、食管、胃、肠道和肛门。消化腺分为壁内腺和壁外腺，壁内腺广泛分布于消化管的内壁，分泌物直接进入管腔参与消化，如胃、肠和黏膜下的腺体；壁外腺是消化管以外的腺体，是独立的器官，腺体分泌物通过管道进入消化管腔内参与消化，如唾液腺、胰腺、肝脏等（图3-1至图3-7）。

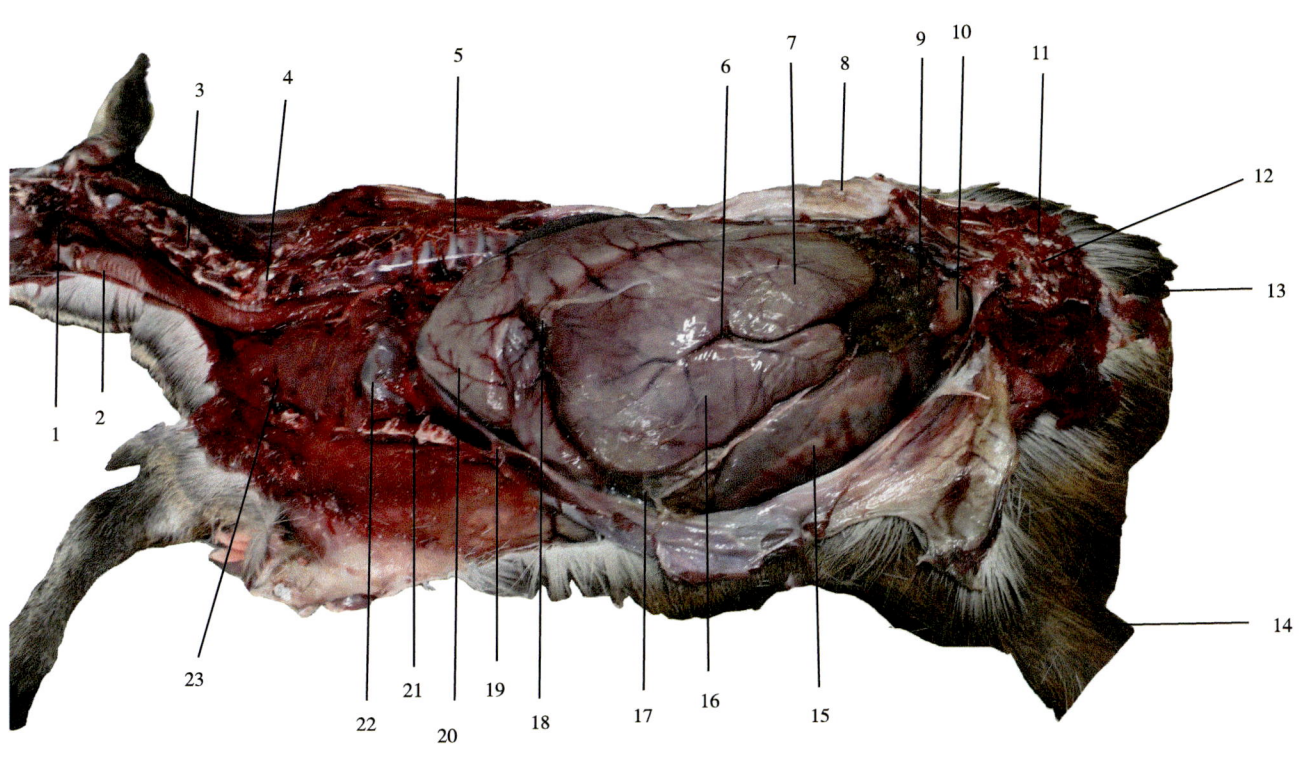

1—颈静脉窦；2—气管；3—第4颈椎；4—第1胸椎；5—棘突；6—瘤胃沟；7—瘤胃背后囊；8—被皮；9—大肠；10—膀胱；11—尾椎；12—髋骨；13—肛门；14—小腿；15—腹壁；16—瘤胃腹囊；17—空肠；18—分隔沟；19—膈膜；20—瘤胃前背囊；21—胸骨；22—心；23—肺。

图3-1　林麝内脏位置和形态（纵剖面）

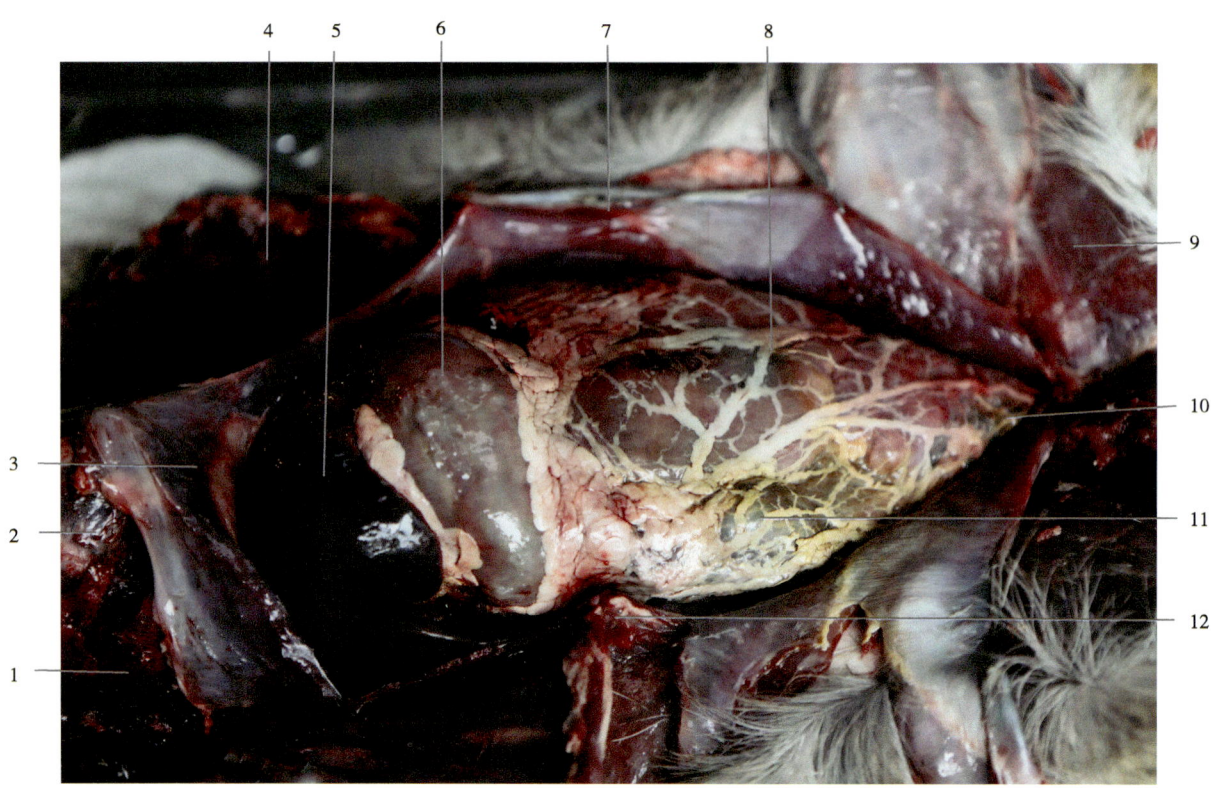

1—肺叶；2—心；3—膈膜；4—肋骨；5—肝；6—瘤胃腹囊；7—腹壁；8—大网膜；
9—臀大肌；10—大肠；11—结肠；12—剑胸软骨。

图3-2　林麝内脏分布仰视图

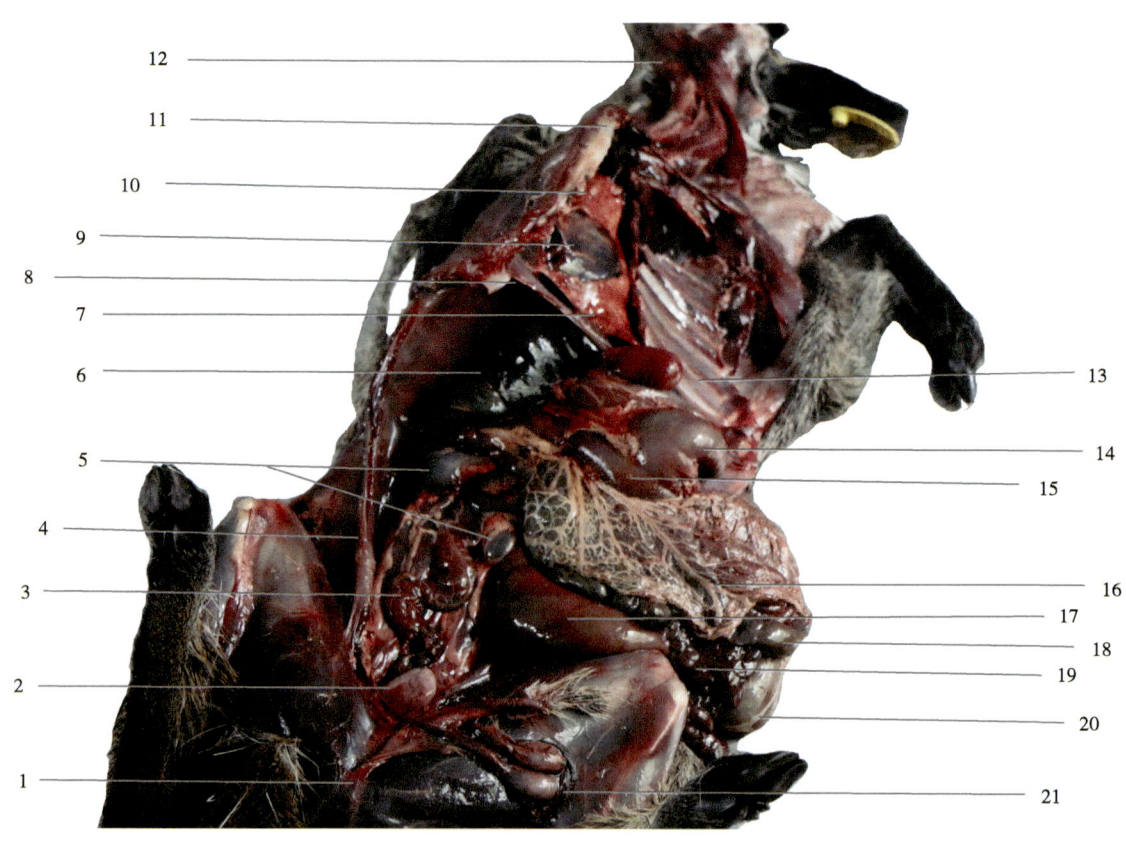

1—阴茎海绵体；2—膀胱；3—直肠；4—腹壁；5—肾；6—脾；7—肺心叶；8—膈膜；9—心；10—肺叶；
11—胸骨；12—气管+食管；13—胸肋；14—瘤胃背囊；15—网胃；16—大网膜；17—瘤胃腹囊；18—降结肠；
19—结肠；20—瘤胃后背囊；21—睾丸。

图3-3　林麝内脏全貌

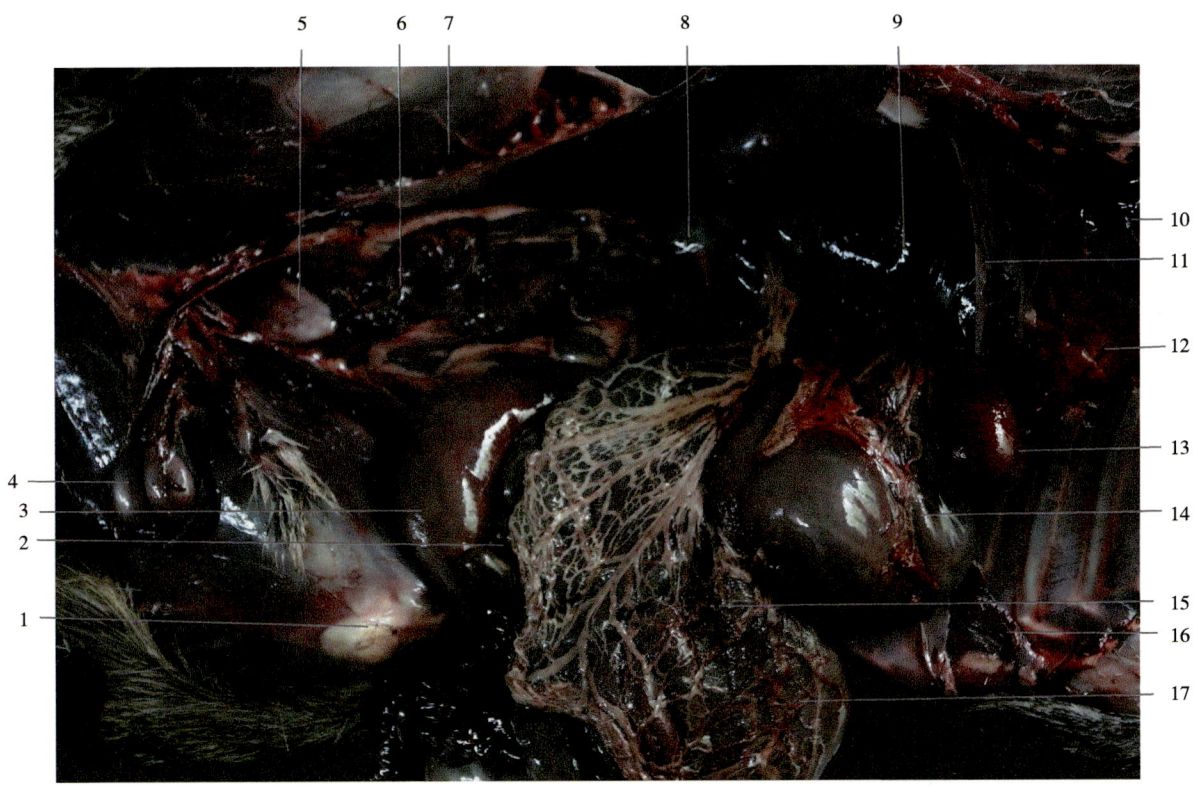

1—膝关节；2—结肠；3—瘤胃腹囊；4—睾丸；5—膀胱；6—直肠；7—腹壁；8—肾；9—脾；10—心；11—隔膜；12—肺叶；13—网胃；14—瘤胃；15—大网膜；16—胸壁；17—回肠。

图3-4　腹腔内脏位置和形态

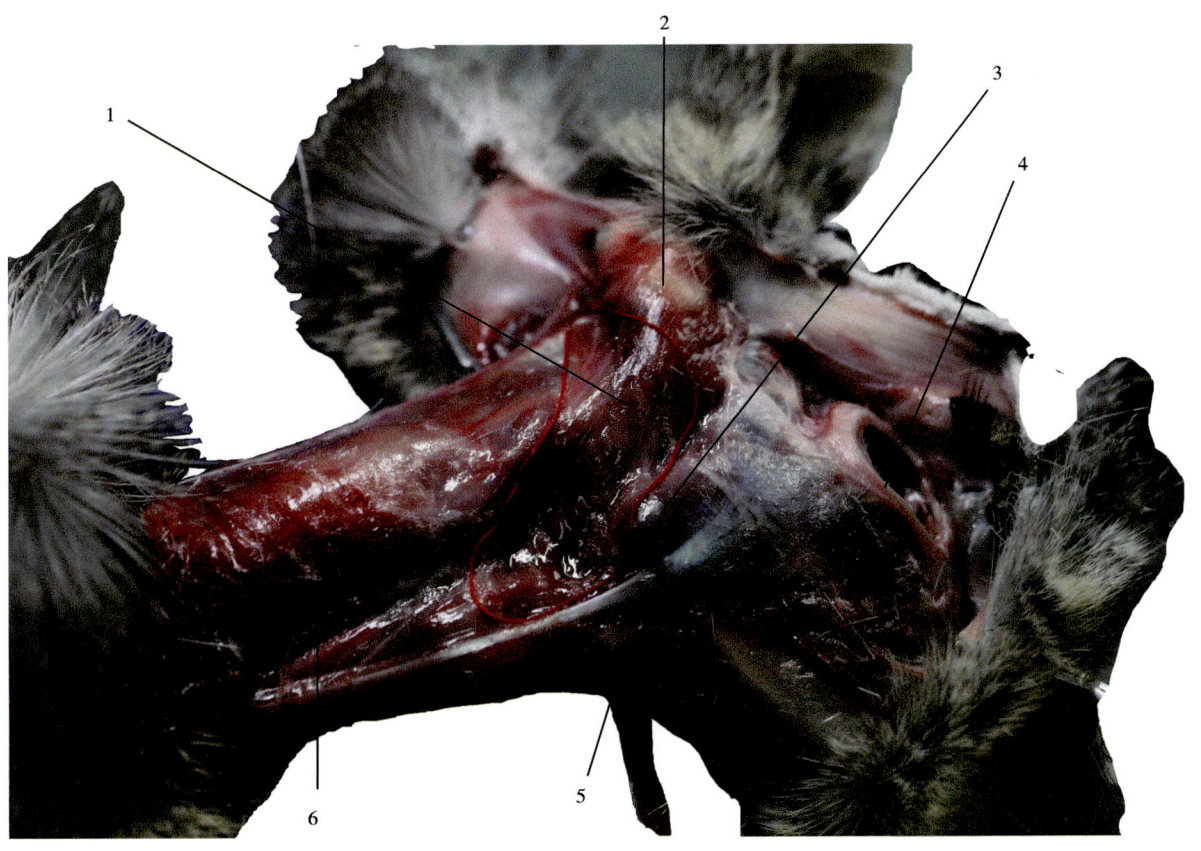

1—腮腺；2—耳软骨；3—下颌角；4—眼眶；5—颌下腺；6—颈静脉。

图3-5　头颈部的消化腺

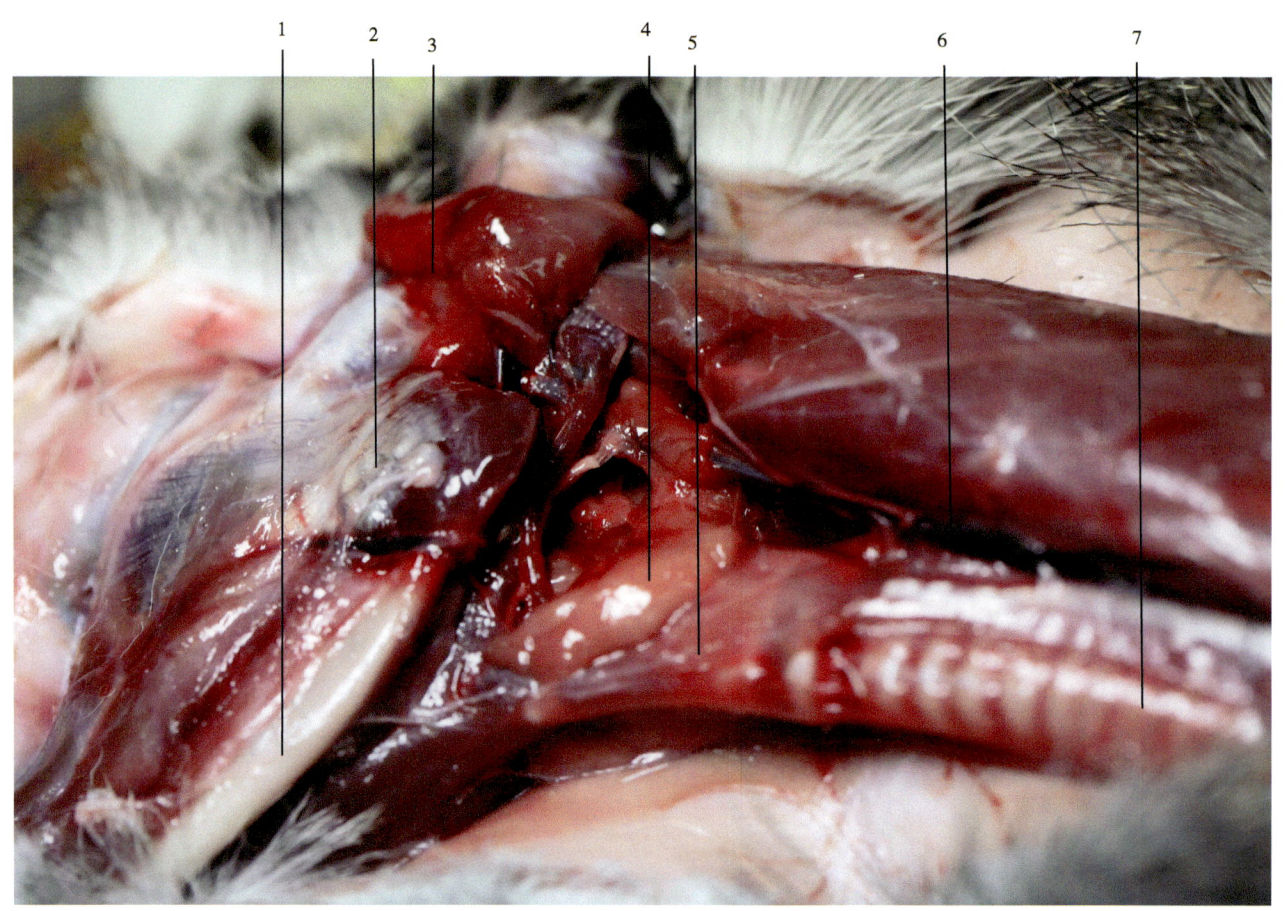

1—下颌骨；2—咬肌；3—腮腺；4—颌下腺；5—甲状腺；6—颈静脉；7—气管。

图3-6　林麝咽部结构

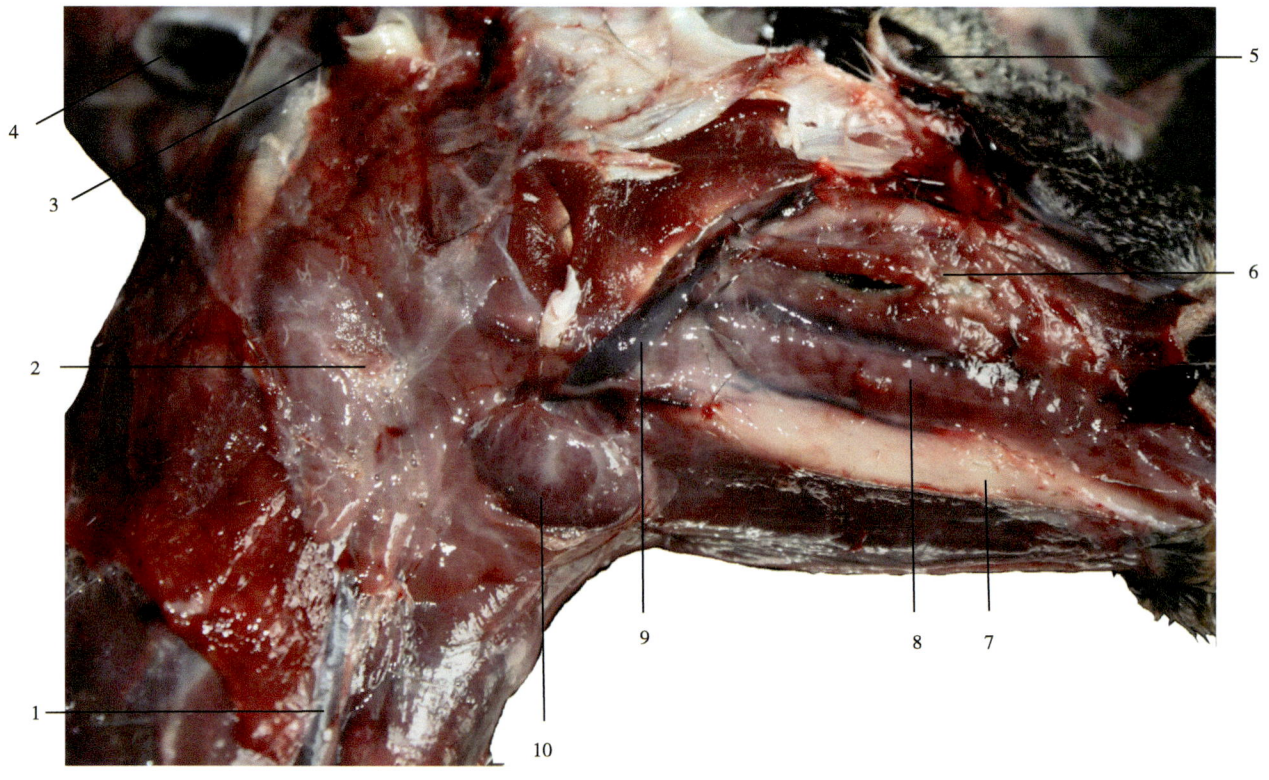

1—颈静脉；2—腮腺；3—外耳道；4—耳廓；5—眼球；6—口腔壁；7—下颌骨；8—下颌硬腭；9—舌面静脉；10—颌下腺。

图3-7　林麝咽部组成（纵剖面）

一、口腔

口腔包括唇、颊、硬腭、软腭、齿、舌、唾液腺和牙龈（图3-8至图3-10）。

（一）唇

林麝的唇分为上唇和下唇，上下唇在左右两侧汇合形成口角。唇由横纹肌、皮肤、黏膜组成。上唇形成鼻镜。鼻镜表面有许多网格状的沟，是由皮肤凹陷形成的，皮肤下有许多触觉小体和牵引鼻快速转动的肌肉。沟将鼻镜分隔成大小形状不同的小叶，每个小叶上有鼻汗毛。林麝的下唇较小，表面小叶亦呈不规则形状。

（二）颊

颊位于口腔左右两侧构成口腔的侧壁。主要由颊肌构成，外层为皮肤和被毛，中间层为肌肉，内层是黏膜。颊黏膜上有发达的锥状乳头（图3-8）。

（三）硬腭、软腭

硬腭、软腭构成口腔上壁。硬腭位于口腔前端，是口腔中厚而坚实的黏膜，有许多横行的硬褶，中间有一条纵行的腭缝。软腭位于口腔后端，由黏膜和肌肉组成。软腭与口腔之间的空隙为咽颊（图3-9、图3-10）。

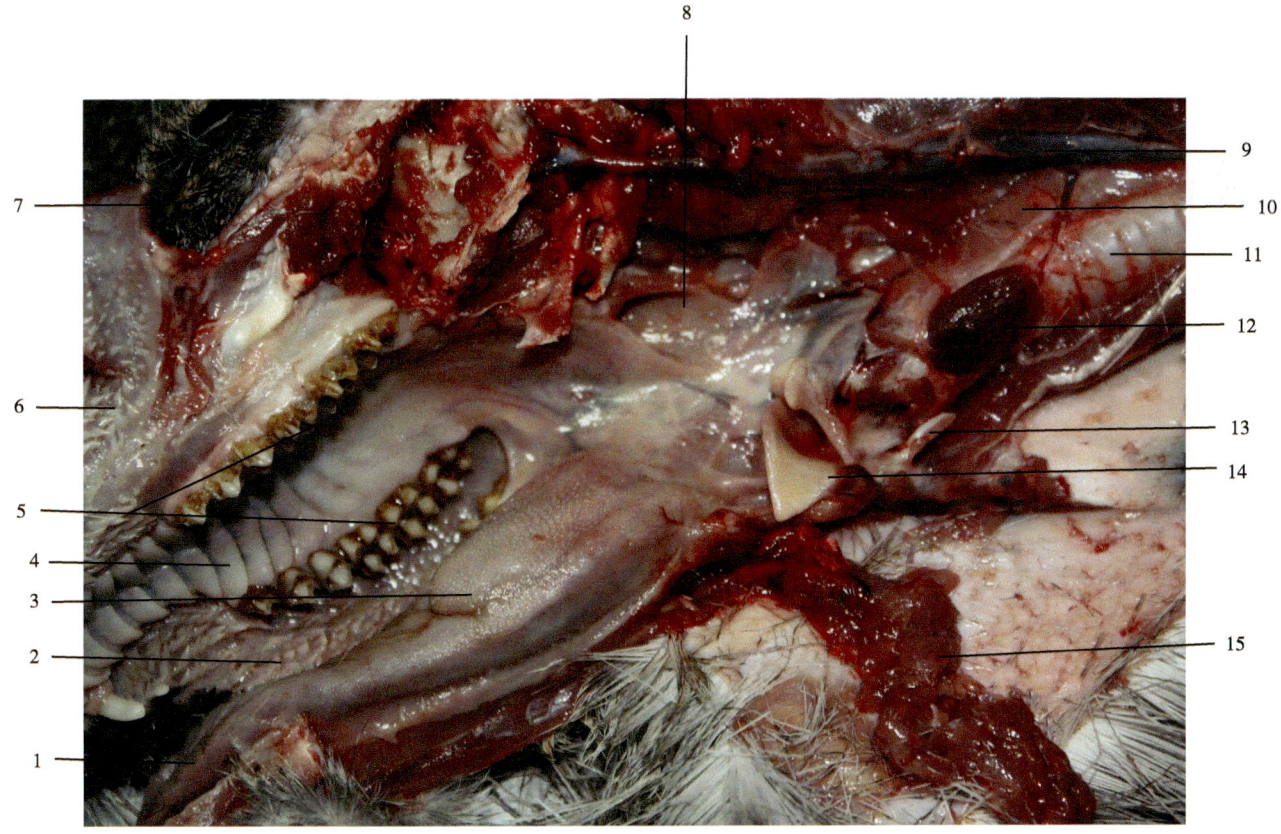

1—舌尖；2—黏膜乳头；3—舌体；4—硬腭；5—上颌臼齿；6—上唇黏膜；7—眼；8—鼻咽管；9—颈静脉；10—食管；11—气管；12—甲状腺；13—舌骨；14—会厌软骨；15—颌下腺。

图3-8　口腔及咽部结构

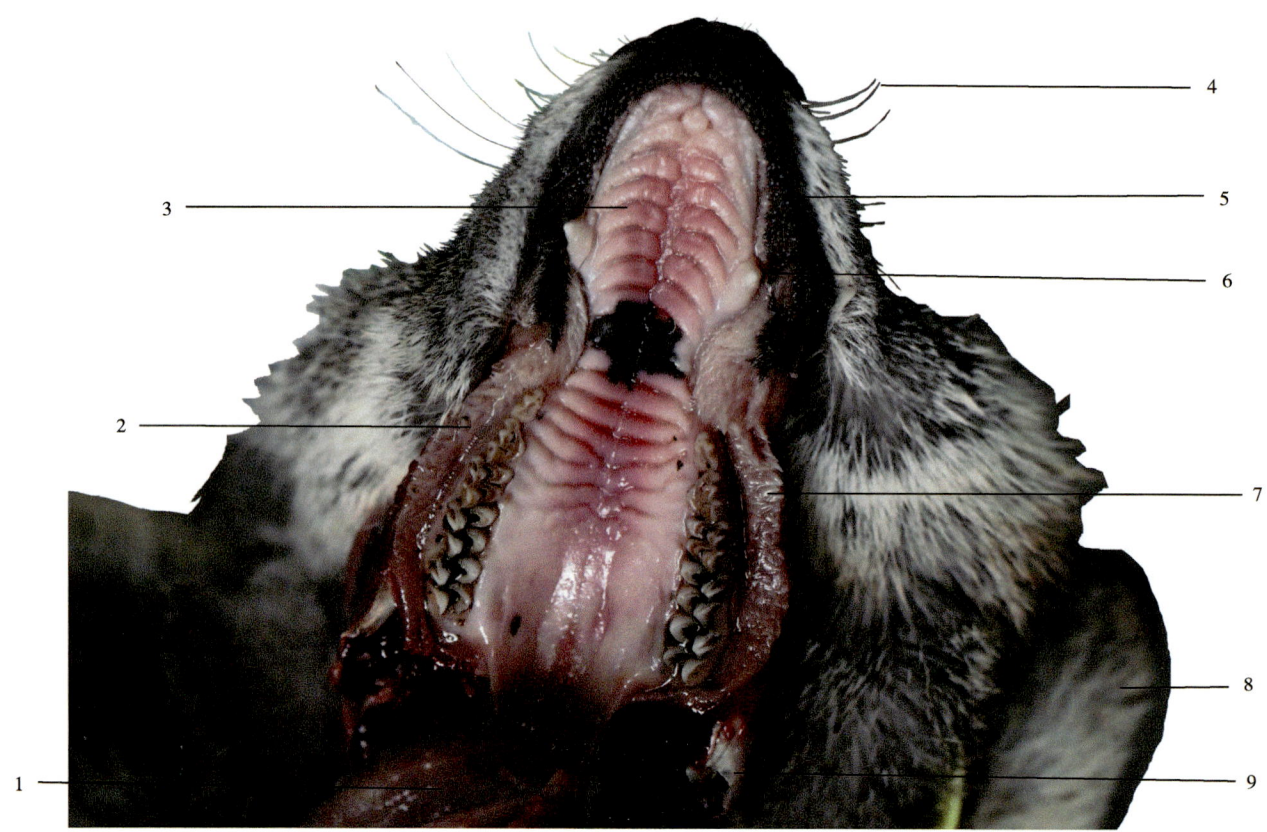

1—舌；2—上颌白齿；3—硬腭；4—触毛；5—上唇；6—犬齿；7—口腔黏膜乳突；8—耳廓；9—颞骨鄂突。

图3-9　口腔结构

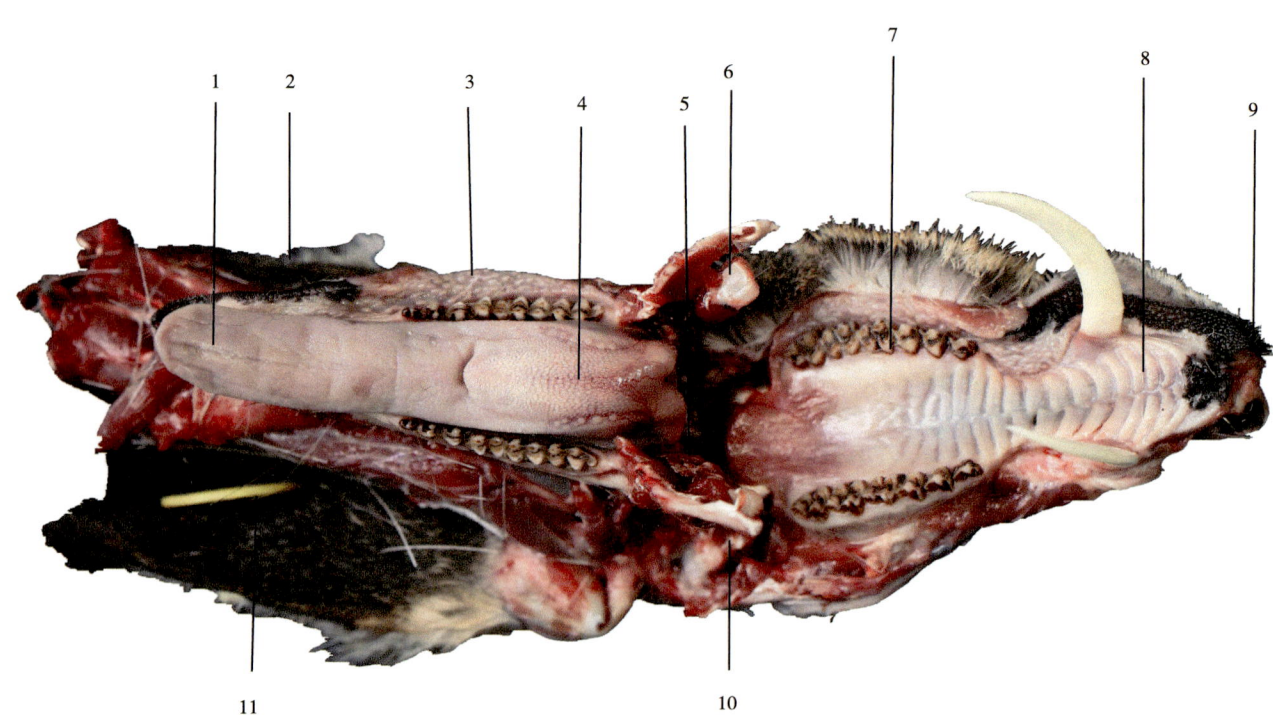

1—舌尖；2—下唇；3—下颌黏膜乳头；4—舌体；5—会咽；6—颌关节面；7—上颌白齿；8—硬腭；9—上唇；10—下颌角；11—耳牌。

图3-10　口腔的解剖

（四）齿

林麝的齿分为切齿、犬齿和臼齿（图3-10至图3-14）齿式：$2\left(\dfrac{0133}{4033}\right)=34$。

1. 切齿

林麝无上切齿，下切齿4对由内向外分别为门齿、内中间齿、外中间齿和龋齿。

2. 犬齿

雄、雌麝都有一对上犬齿，无下犬齿。雄麝有一对发达的上犬齿，露出口腔外，随年龄增长而变长。雌麝上犬齿不发达，随年龄增长其长度变化不大，包于口腔内。

3. 臼齿

林麝上下颌各有前臼齿3对，后臼齿3对。臼齿表面凹凸不平，上臼齿外侧高，内侧低；下臼齿外侧低，内侧高。臼齿压根，上臼齿为两排三个脚，下臼齿为单排两个脚（图3-11至图3-14）。

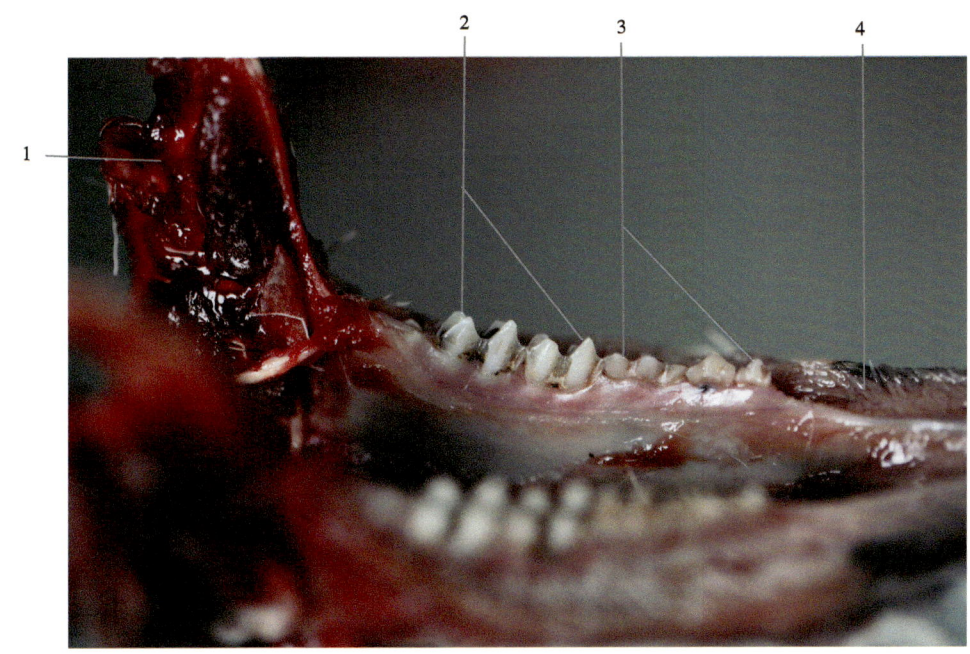

1—下颌骨齿状突；2—后臼齿；3—前臼齿；4—下唇黏膜。

图3-11 下颌臼齿组成

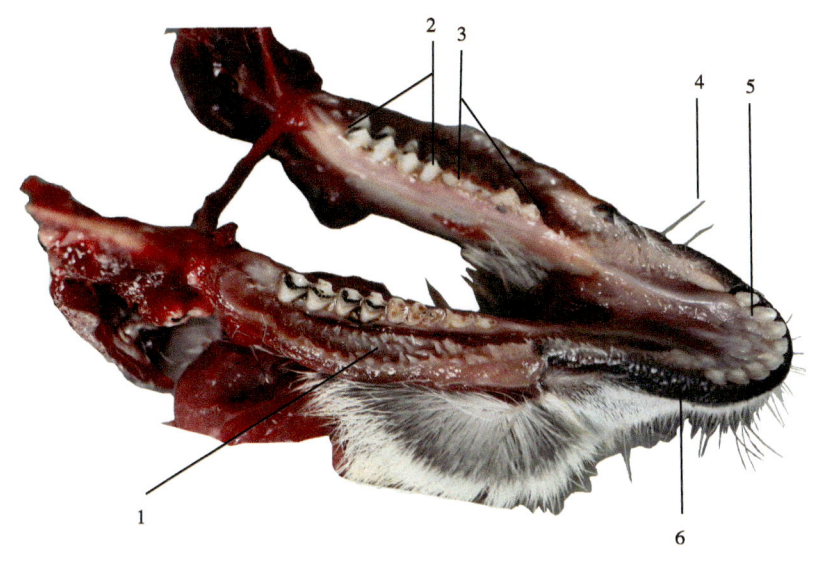

1—下唇黏膜；2—下颌后臼齿；3—下颌前臼齿；4—触毛；5—下颌门齿；6—下唇。

图3-12 下颌结构

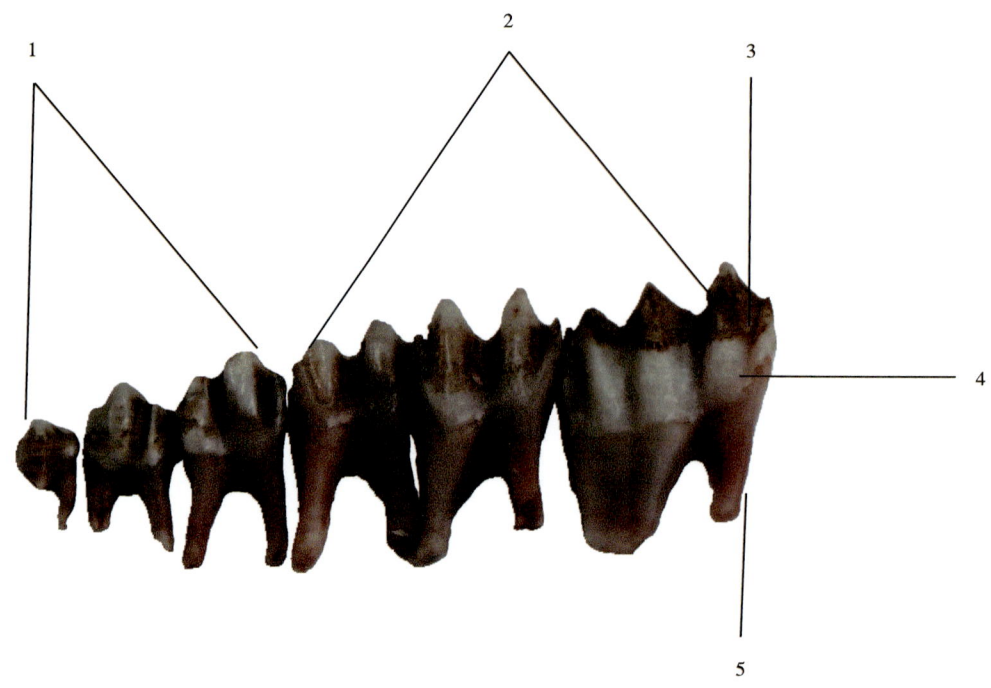

1—下颌前臼齿；2—下颌后臼齿；3—齿冠；4—齿颈；5—齿龈。
图3-13　下颌臼齿形态（1）

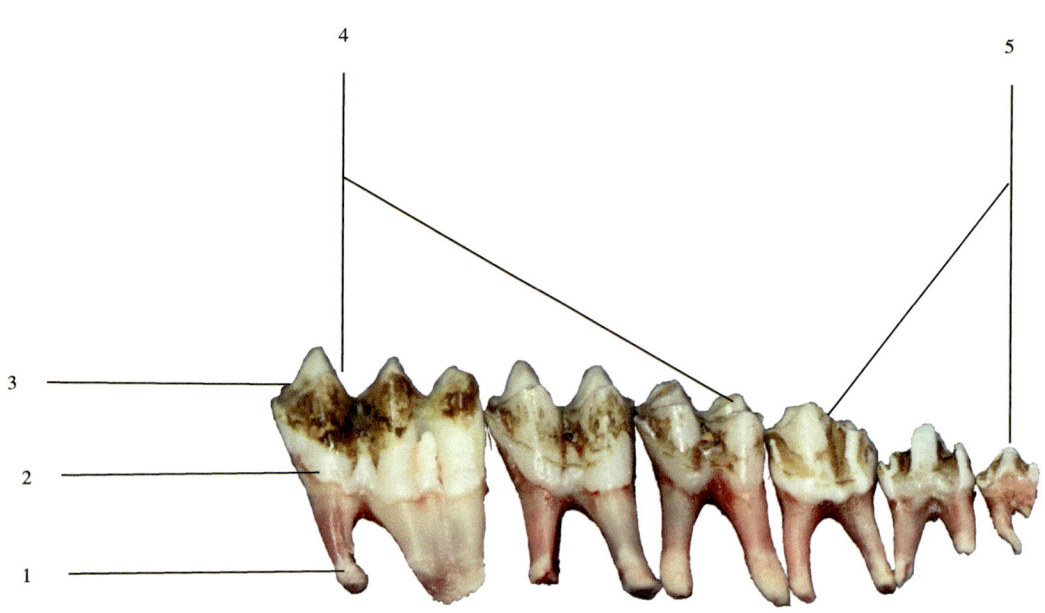

1—齿龈；2—齿颈；3—齿冠；4—下颌后臼齿；5—下颌前臼齿。
图3-14　下颌臼齿形态（2）

（五）舌

林麝的舌是肌肉性和味觉器官，参与吸吮、咀嚼、吞咽及味感觉。舌以舌骨支架，舌尖部游离，舌体部附着于口腔底部，舌根附着于舌骨、喉头骨。舌整体由黏膜、舌下腺和纵、横、垂不同方向交织的骨骼肌肌束组成。分为舌尖、舌体和舌根三部分。舌背后部由舌圆枕。舌背侧表面有多种乳头，体部及基部乳头粗大，尖部细小（图3-15）。

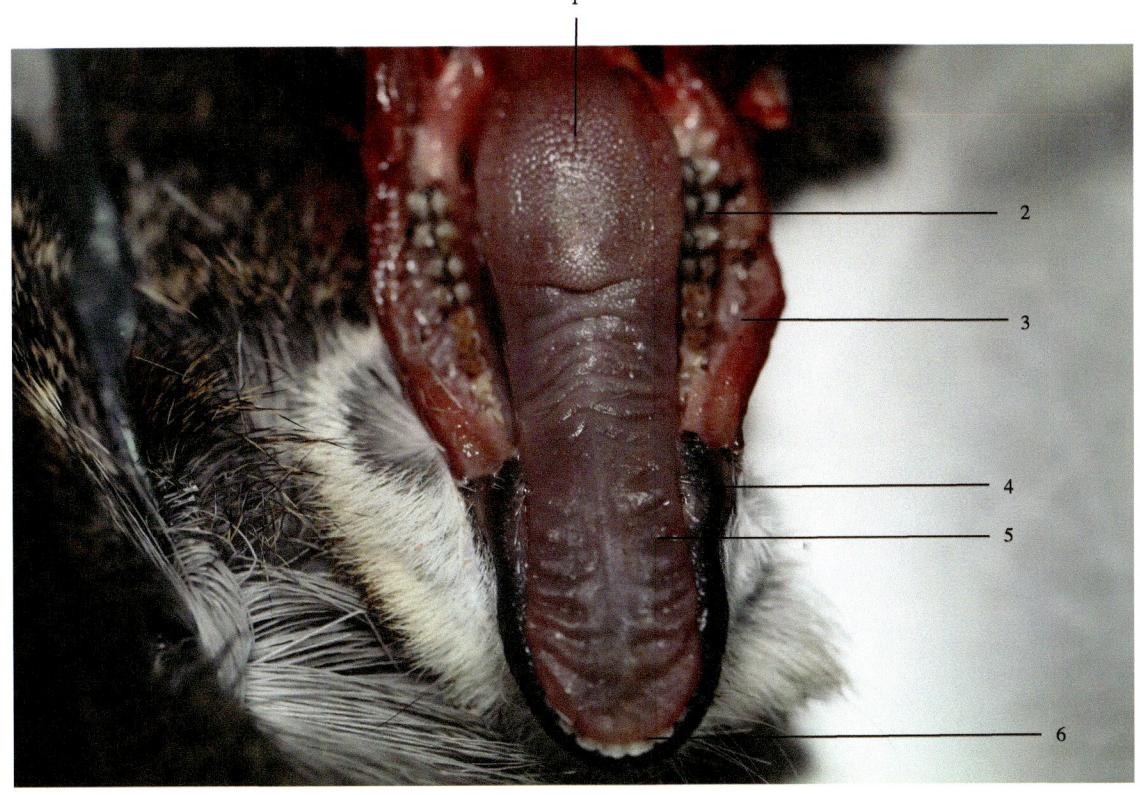

1—舌黏膜乳头；2—下颌后臼齿；3—下唇黏膜；4—下唇；5—舌黏膜；6—下颌门齿。

图3-15 舌的自然形态

（六）唾液腺

唾液腺包括腮腺、颌下腺和舌下腺，是左右对称、独立的三对大的腺体，分泌唾液，腺体导管开口于口腔。

1. 腮腺

位于耳根、下颌骨后缘向颈部延伸的浅表层，薄薄的一层，占位面积较大。腮腺导管经颊黏膜开口于口腔内。呈不规则多边形（图3-6、图3-7）。

2. 颌下腺

位于下颌骨、喉头、耳根之间，腮腺的内侧。腺体导管经下颌骨内侧向前延伸至口腔内，开口于舌下肉阜。紧贴喉头软骨，后与甲状腺相邻（图3-8）。

3. 舌下腺

位于舌体与口腔之间，前起于舌韧带，后至舌根部的黏膜下。腺体导管较多且短，开口于口腔底部黏膜。位于下颌骨内侧，附着于舌体，与舌相伴而行，薄而长，乳头呈锯齿状，突出共有19个，排列长，位于口腔内分泌液体。

二、咽

咽位于口腔、鼻腔的后方，喉和食管的前上方的肌质性囊状器官。是消化管、呼吸管的共同通道。

三、食管

食管是连接咽与胃的一条肌质性管道，分为颈、胸、腹三段。颈段食管的前段位于颈椎腹侧，喉头、气管的背侧。食管中段自第3颈椎起至第4颈椎，从气管的背侧转向气管的左侧。整个颈段中段、后端与气管并行至胸腔。食管胸段前半部分在胸腔中线背侧与气管伴行于左侧；后半部分越过主支气管后，与胸主动脉的右侧伴行，穿过横膈膜进入腹腔。食管腹段与贲门相接，开口于网胃的食管沟（图3-16）。

1—直肠；2—结肠旋袢；3—结肠近袢；4—十二指肠；5—脾；6—瘤胃腹囊；7—食管；
8—瘤胃背囊；9—网胃；10—皱胃；11—肝；12—盲肠。

图3-16 林麝消化器官和组织

四、胃

林麝为多胃动物，和牛等反刍动物类似，共有四个胃，自前至后依次为瘤胃、网胃、瓣胃和皱胃。胃位于腹腔，呈囊状，其体积随食物存留量多少而变化。前端通过贲门与食管相接，后端通过幽门与十二指肠相接。

（一）瘤胃

容积最大，占总容积的80%以上。最大围长38 cm。大部占腹腔左半部，小部越过正中达右侧腹腔，胃一长轴的前端腹侧达第8肋间隙的下部，后端达骨盆腔前口。前后略长，左侧面凸与左侧腹壁和脾相接。右侧面主要接瓣胃皱胃、肠肝胰主动脉和后腔静脉等上邻脾、肾，并固着于腰下，下贴腹壁。瘤胃的前背盲囊比前腹盲囊稍长，后背盲囊比后腹盲囊稍短。前沟和后沟较深（与羊的比较）左纵沟仅向后上方走一段距离即消失，不能与后沟相接，右纵沟有副沟，内部肌囊的部位与表面沟相一致，瘤胃内的黏膜深棕色，形成许多大小不等，较细的锥状乳头，乳头高约0.34 cm，形成粗糙的不光滑质地。锥状乳头面分布有密集的冒状乳头，乳头高约0.08 cm（图3-17至图3-20）。

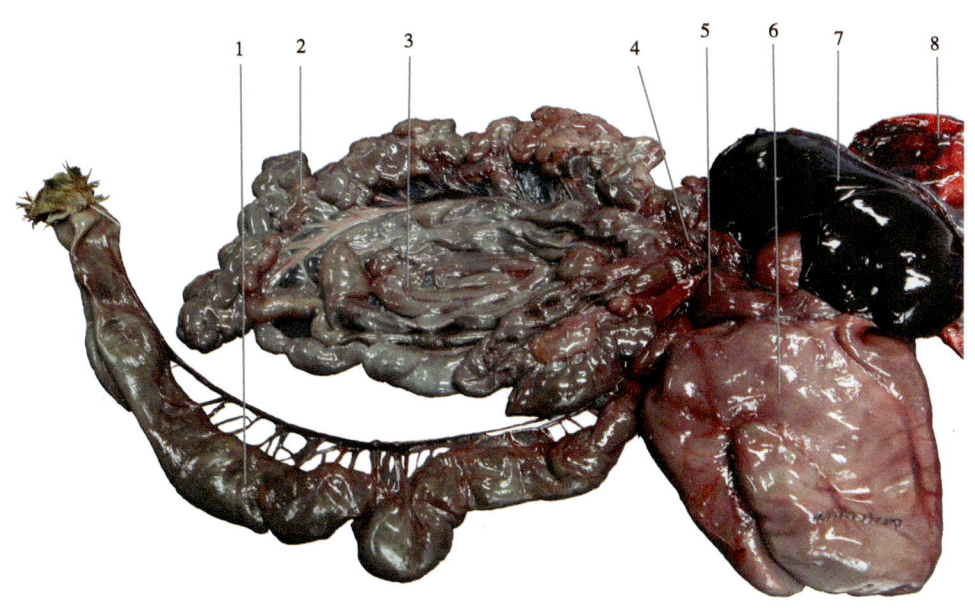

1—直肠；2—结肠近袢；3—结肠旋袢；4—十二指肠；5—皱胃；6—瘤胃；7—肝；8—肺。

图3-17　肝、胃、大肠的自然形态

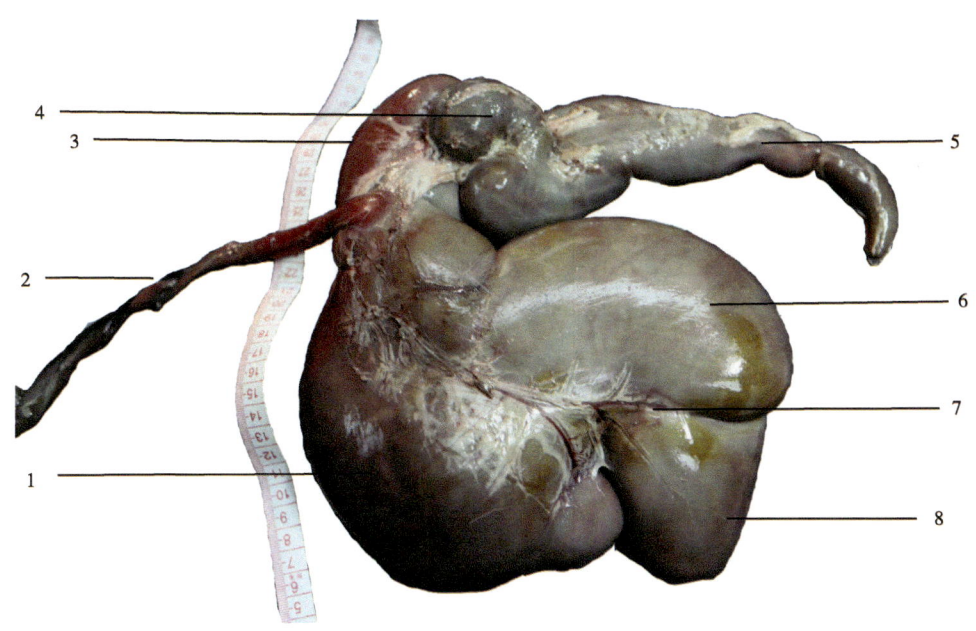

1—瘤胃背囊；2—食管；3—网胃；4—瓣胃；5—皱胃；6—瘤胃腹囊；7—瘤胃静脉；8—瘤胃盲囊。

图3-18　林麝瘤胃、网胃、瓣胃、皱胃形态（腹面观）

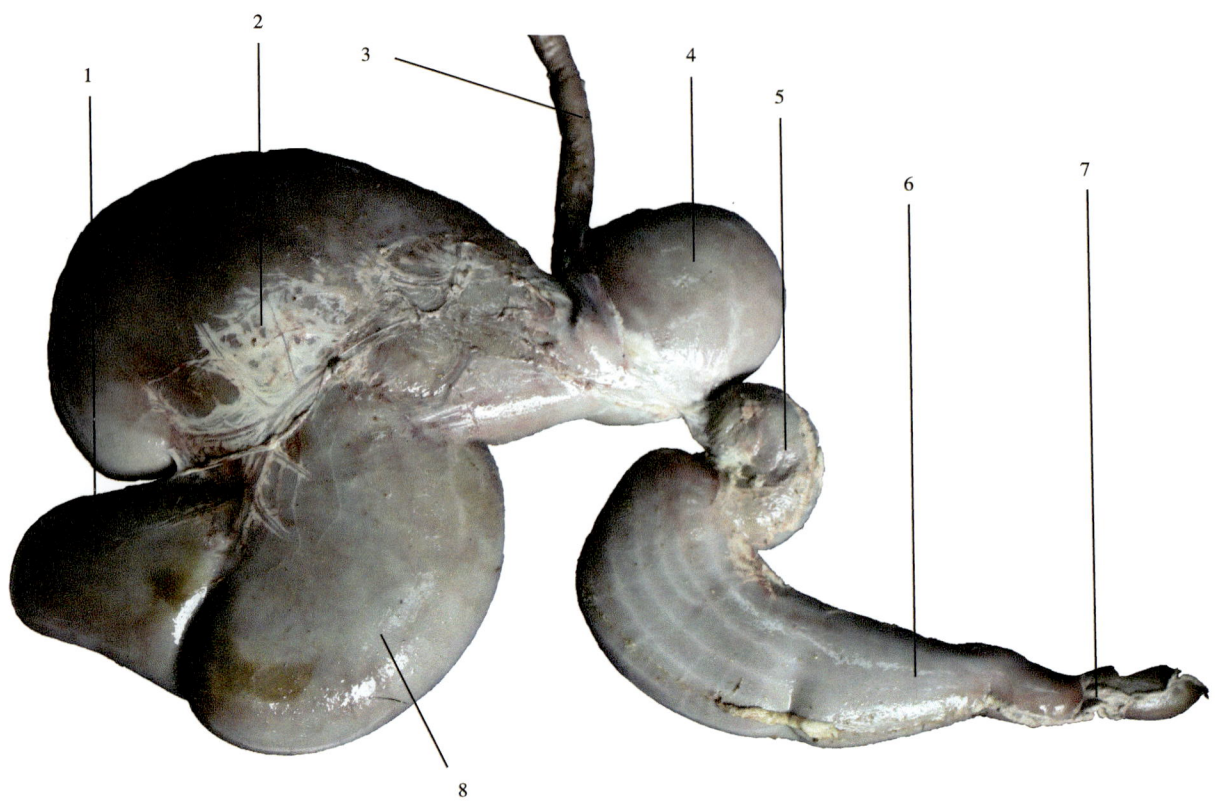

1—盲囊；2—瘤胃背囊；3—食管；4—网胃；5—瓣胃；6—皱胃；7—幽门；8—瘤胃腹囊。

图3-19　林麝四个胃的表面观

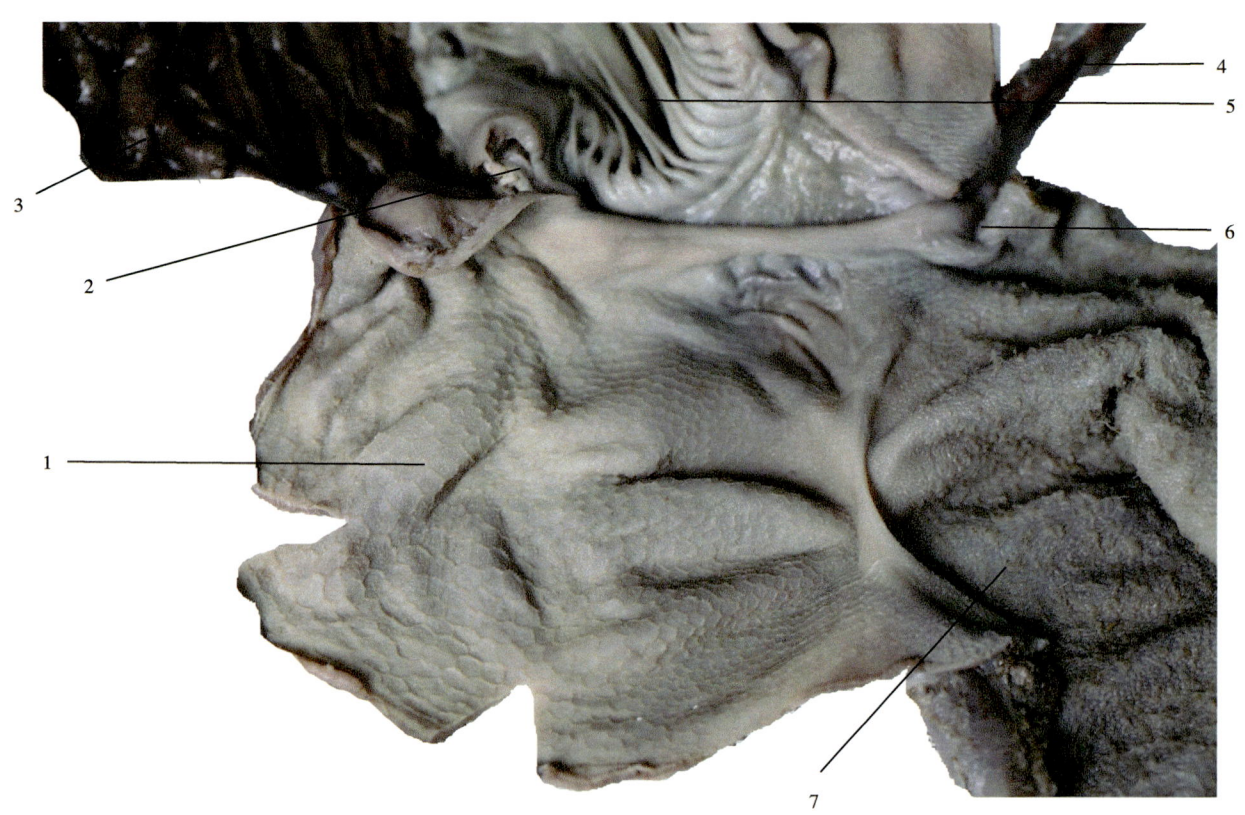

1—网胃内壁；2—瓣皱口；3—皱胃皱褶；4—食管；5—瓣胃叶片；6—食管入胃口；7—瘤胃乳头。

图3-20　瘤胃、网胃、瓣胃、皱胃平面观

(二)网胃

网胃周长20 cm,位于胃的最前方,在体正中矢面上,外形略呈梨形,前后压扁,壁面或隔面朝向正前方为一凸面,与膈及肝相接,脏面平,接瘤胃,胃底在膈的胸骨部,后方与皱胃相接。网胃沟的位置与羊相似,沟底有纵褶,底内宽0.7 cm左右,沟边褶高。网胃黏膜隆起,形成薄板形的褶状,围绕呈四边形、五边形或六边形的网状皱褶,网格极细,每个小格内有小的皱褶形成二次分隔,网格不分极,网格的底面分布有许多细小的圆锥状乳头,靠近网胃沟及瘤网胃边缘处小格逐渐变小直至消失(图3-21至图3-23)。

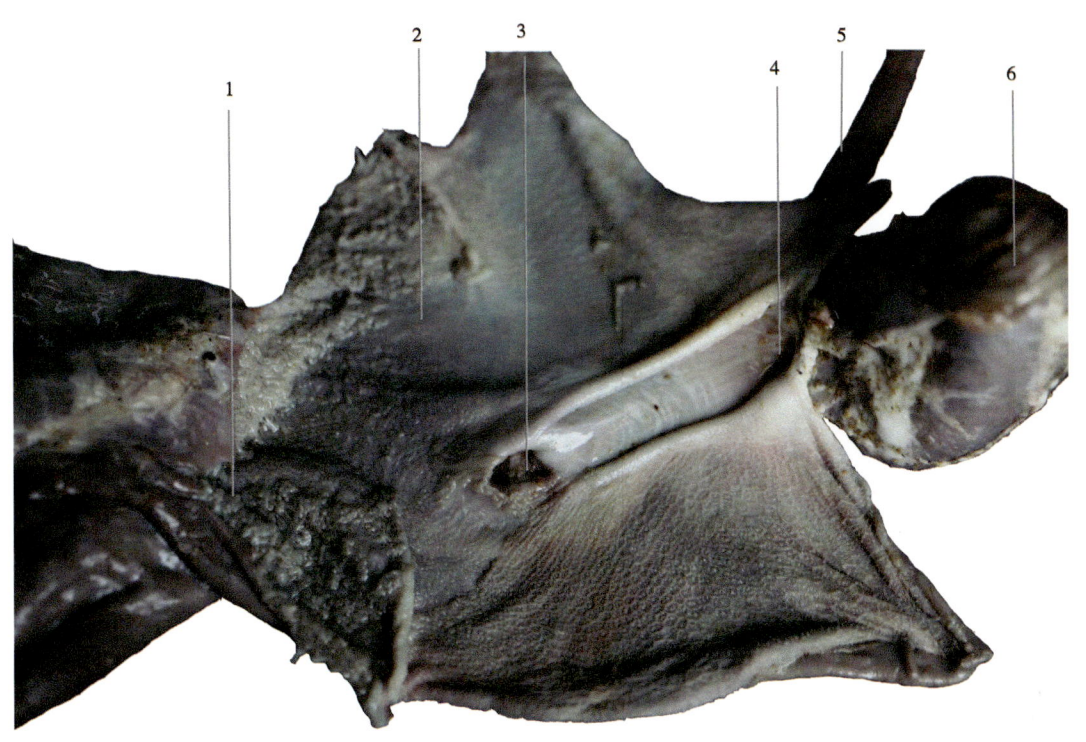

1—瘤、网胃通道;2—网胃内壁;3—食管入胃口;4—网瓣口;5—食管;6—瓣胃。

图3-21 食管、网胃结构

图3-22 瘤胃黏膜乳头

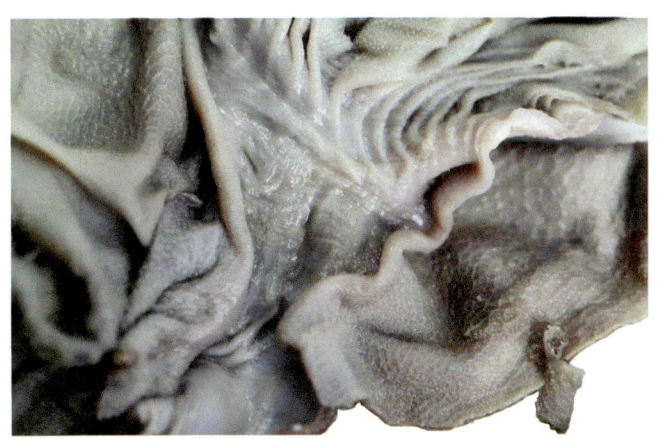

图3-23 网胃、瓣胃内壁

(三)瓣胃

瓣胃外形呈椭圆形,左右侧稍扁,位于正中矢面右侧,相当于右季肋部,右面接肝及膈,左面与瘤胃网胃相接。瓣胃长约4.3 cm，宽约2.3 cm。瓣胃沟小弯处沟宽2 cm（沟两侧黏膜稍隆起）黏膜灰棕色，网瓣口起始部较浅，其余色较深。黏膜形成许多黏膜褶，褶呈瓣状、瓣叶呈新月形，每个瓣叶上布满许多细小的乳头。瓣叶在瓣胃沟两侧依次逐渐增宽，最宽的瓣叶15 cm左右，最小的瓣叶宽约0.4 cm。叶间距离0.1 cm左右，厚约0.05 cm，瓣叶的一侧附着于胃壁上，另一侧为游离缘，瓣叶共约24片，瓣叶不分级，无次级叶片。林麝瓣胃黏膜叶片总数较少，胃内的食糜接触瓣叶的面积减少。因此机械磨碎的作用降低，进入皱胃的食糜颗粒可能较粗，由此可推测这是林麝消化粗纤维能力低于其他反刍兽类的原因之一（图3-24、图3-25）。

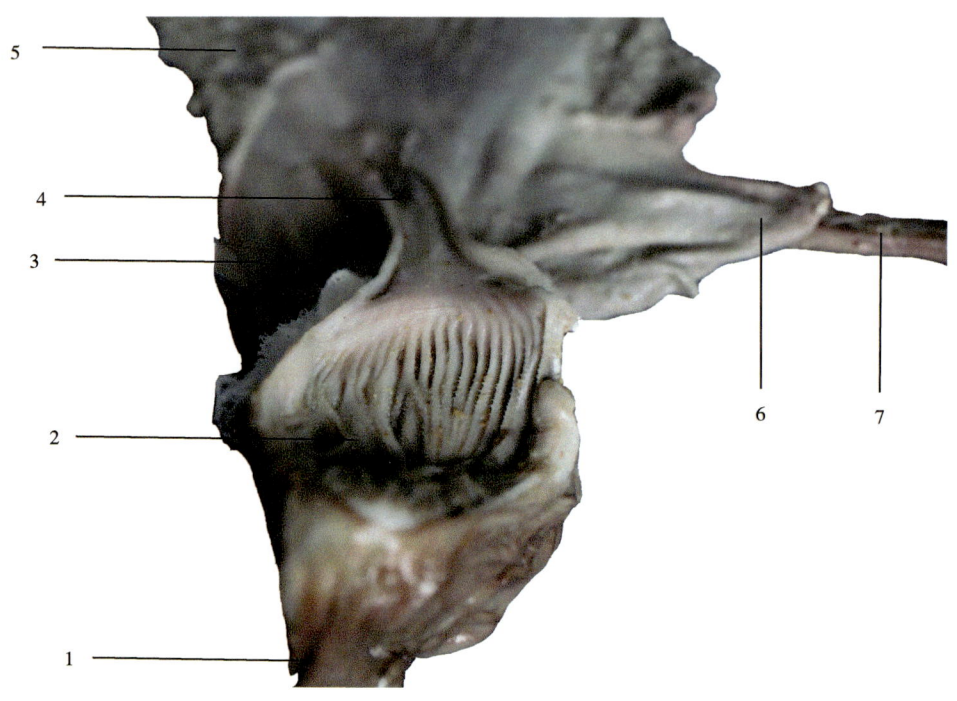

1—瓣皱通道；2—瓣胃叶片；3—网胃壁；4—网瓣通道；5—瘤胃壁；6—食管网胃口；7—食管。

图3-24 消化管通道

1—皱胃皱褶；2—瓣胃叶片；3—瓣皱口；4—网瓣。

图3-25 瓣胃内部结构

(四)皱胃

皱胃为一长颈囊状,位于腹腔底壁,网胃与瘤胃腹面右侧,起始端宽大,与瓣胃相连,后端较窄,与十二指肠相连,皱胃背部凹为小弯部与瓣胃相邻,腹侧缘凸为胃大弯,与腹腔底壁相接。自剑状软骨沿右侧肋弓肋间隙下部。皱胃黏膜颜色,胃底部呈深红色较宽,贲门较窄,围绕瓣皱口部分颜色较浅,呈灰白色,幽门部带黄色黏膜皱襞呈螺旋状排列,螺旋瓣有17片左右,这些螺旋瓣起于瓣皱口,沿皱胃螺旋式地伸到幽门,在幽门底部降低消失。胃小弯处瓣宽约6.3 cm,胃大弯处约0.6 cm,瓣叶从小弯到大弯逐渐增宽(图3-26)。

1—十二指肠;2—幽门口;3—幽门区;4—小弯;5—大小弯界;6—皱胃皱襞;7—瓣皱口;8—大弯。

图3-26 皱胃内部结构

五、肠

肠分为大肠和小肠,成体肠道总长8~11 m,小肠较长。外观大肠较粗,小肠较细,有明显位置和分布。小肠包裹于结肠的周边,中间盘绕数圈部分为结肠。盲肠长17~30 cm(图3-27、图3-28)。

(一)小肠

小肠前接皱胃幽门,后接回盲口,并与盲肠相通,分为十二指肠、空肠、回肠。林麝十二指肠长1.9 m左右,空肠长1.2 m左右,回肠长3.7 m左右。

(二)大肠

大肠分盲肠、结肠、直肠。盲肠较短。结肠2.7~3.5 m,直肠0.2~0.3 m。

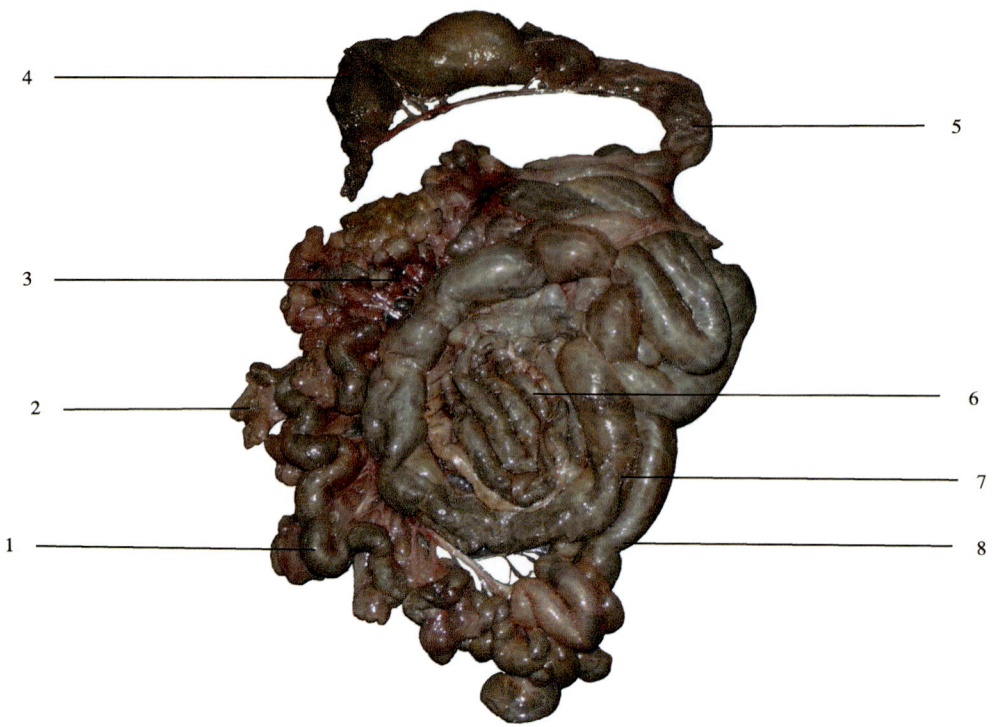

1—回肠；2—空肠；3—十二指肠；4—直肠；5—降结肠；6—结肠旋袢；7—结肠近袢；8—盲肠。

图3-27　林麝肠管离体自然形态

1—直肠；2—结肠；3—回肠；4—空肠；5—十二指肠。

图3-28　林麝肠管长度

六、肛门

肛门是消化管的末段，外为皮肤，内为黏膜，中间为肌肉层。肌层由内层的平滑肌、外层的骨骼肌组成（图3-29）。

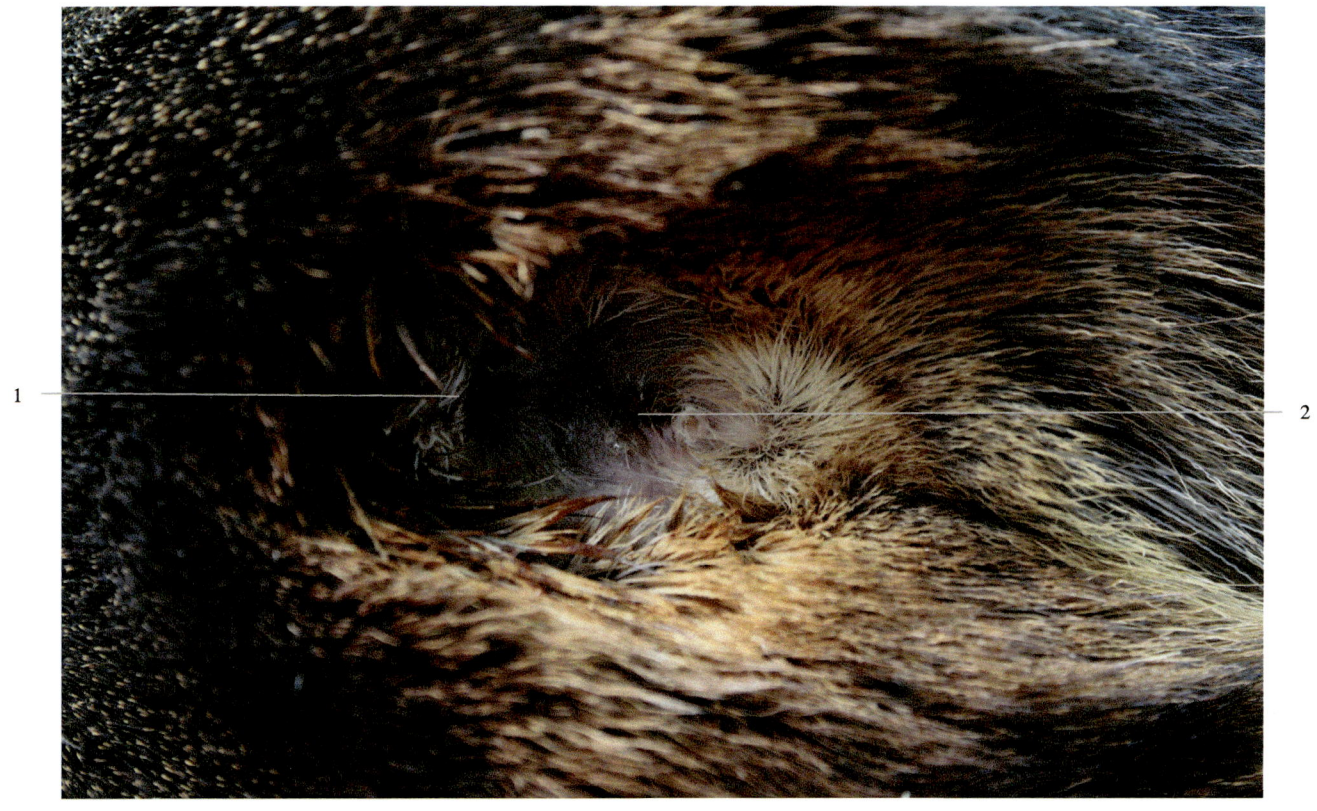

1—肛门；2—阴门。
图3-29 雌麝肛门

七、肝、胆、胰

（一）肝脏、胆囊

肝脏位于林麝腹部右侧，第7至13肋下缘，为实质性脏器。有四个叶，分别是左叶、右叶、方叶、尾叶。每个叶呈中间厚、边缘薄的扁平形，红褐色。左右叶较大，右叶较左叶靠后，尾叶最小，似囊状。肝脏内部结构为许多小叶，密布大小血管网络。是分解、合成、储存营养物质的场所，也具有解毒功能，还分泌胆汁。在胎儿时期还是造血器官（图3-30）。

胆囊位于肝脏右叶的脏面，附着于肝脏上呈囊状结构，远端大近端小（图3-31、图3-32）。

（二）胰脏

胰脏是一个具有外分泌、内分泌功能的复合腺体，外分泌部称胰腺，分泌胰液。胰脏位于十二指肠的弯曲中，分泌的胰液通过一条胰导管汇入胆总管进入十二指肠。胰脏呈不规则多边形，分左叶、中叶和右叶。

1—右叶；2—表面膜破损处；3—筋膜；4—静脉管；5—胆囊管；6—肝动脉；7—左叶。

图3-30　肝脏背侧面观

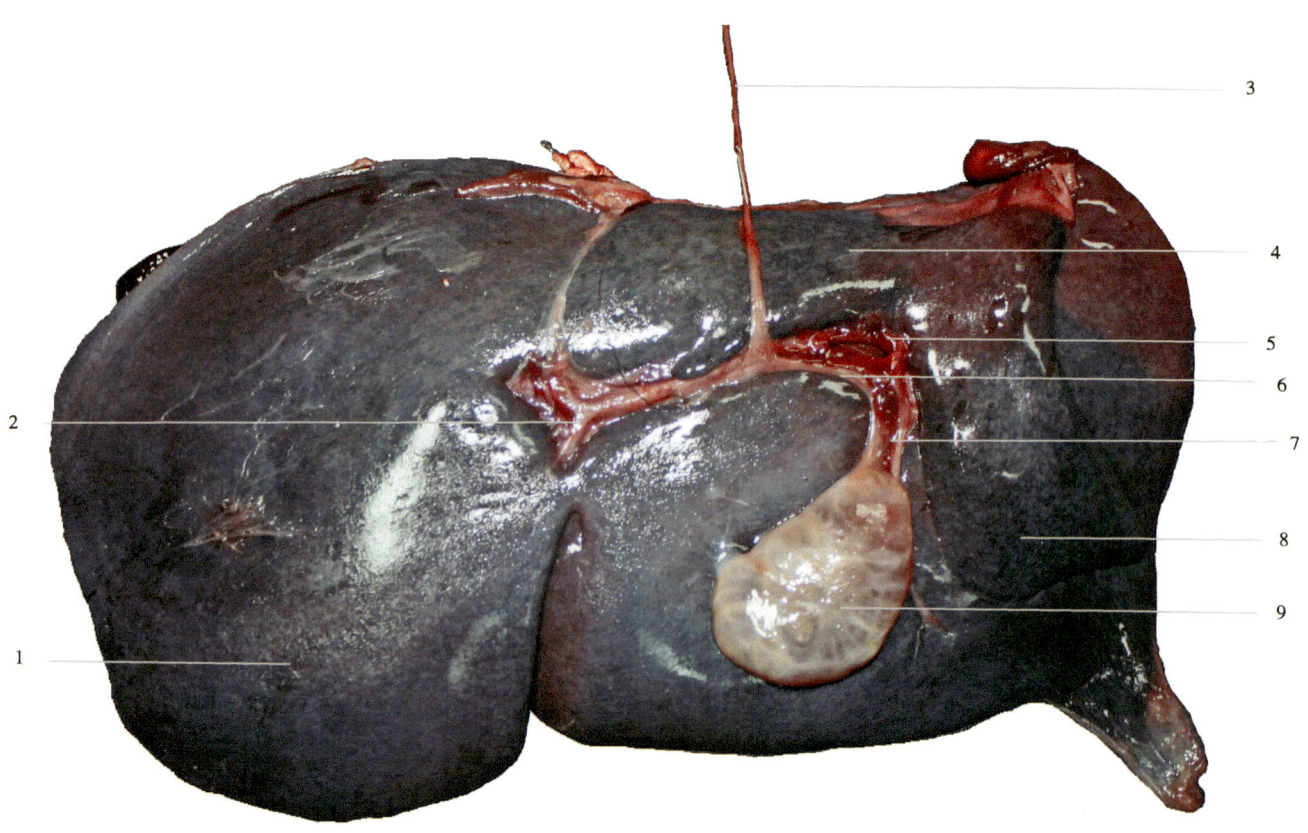

1—左叶；2—左叶动脉；3—肝动脉；4—尾叶；5—肝门静脉；6—右叶动脉；7—胆囊管；8—右叶；9—胆囊。

图3-31　肝脏腹侧面观

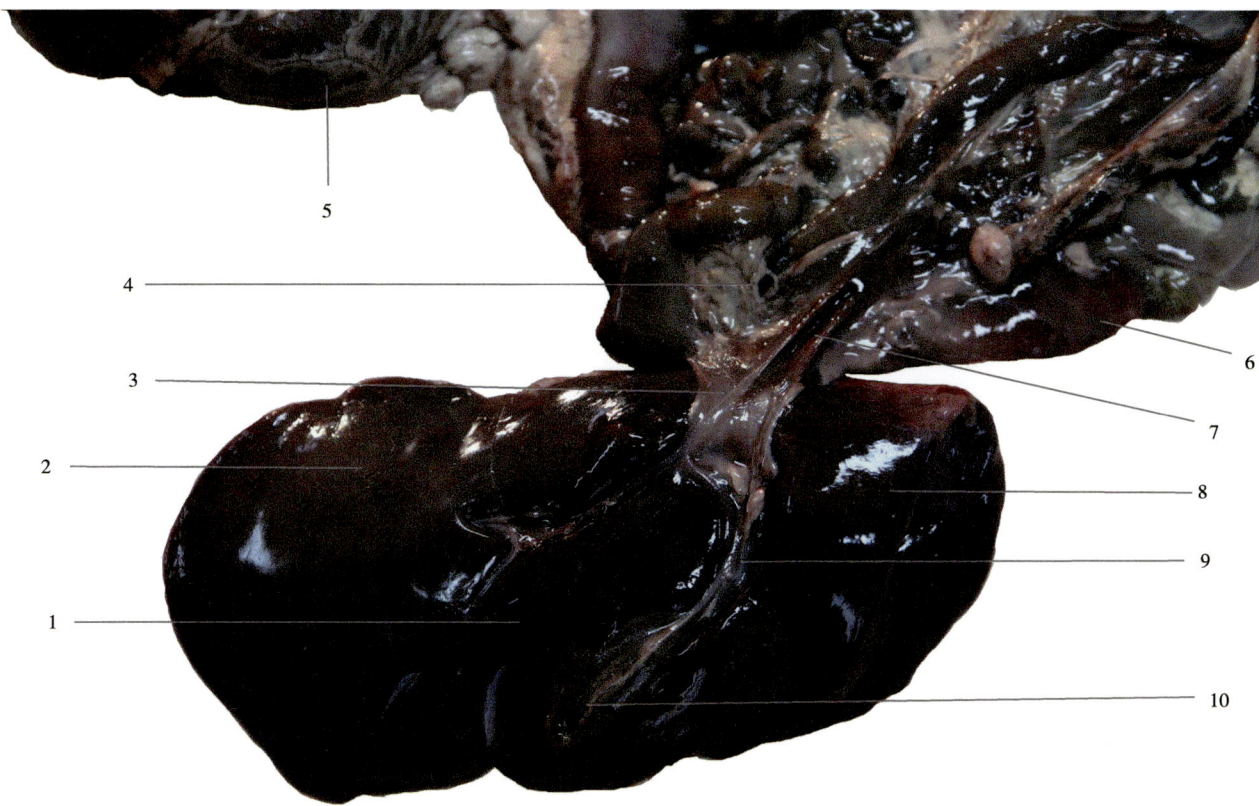

1—肝中叶；2—肝左叶；3—肝动脉；4—食管切迹；5—瘤胃；6—膈肌；7—后腔静脉；8—肝右叶；9—胆管；10—胆囊。

图3-32　肝脏的连接

第四章　呼吸系统

动物体在新陈代谢过程中，要不断地从外界环境中吸进氧气，供组织、细胞利用以氧化体内的营养物质而产生能量，满足各种活动的需要。同时，又要不断地将组织、细胞内在氧化过程中所生成的二氧化碳排出体外，才能维持正常的生命活动。整个气体交换的过程，称为呼吸。它包括三个环节：外呼吸（肺呼吸）、气体运输、内呼吸（组织呼吸）。参与呼吸过程的所有器官及胸膜和胸膜腔等辅助装置组成呼吸系统。

林麝呼吸系统包括鼻、咽、喉、气管、支气管和肺等（图4-1至图4-4）。

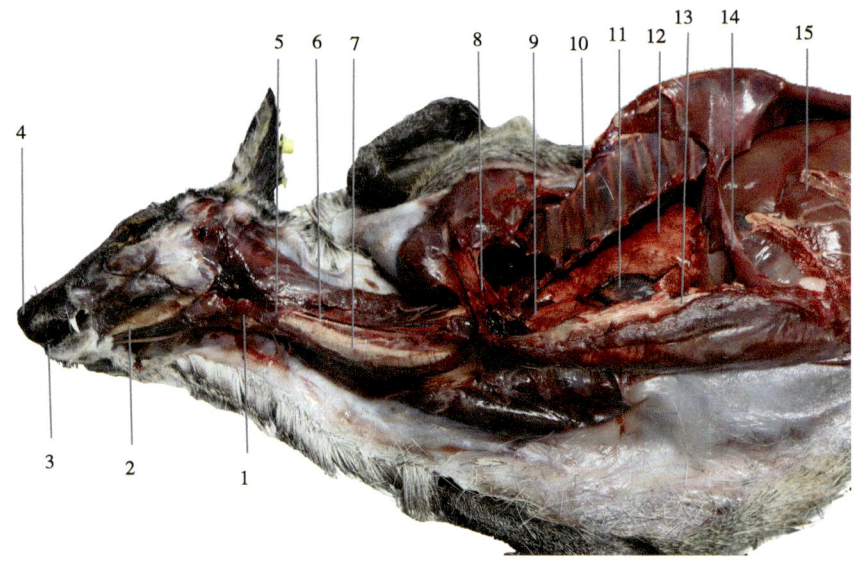

1—会咽；2—下颌骨；3—口腔；4—鼻；5—甲状腺；6—颈动脉；7—气管；8—肩神经丛；9—肺尖叶；10—胸肋；11—心；12—肺隔叶；13—胸骨；14—膈膜；15—瘤。

图4-1　林麝呼吸系统位置及结构（左侧面）

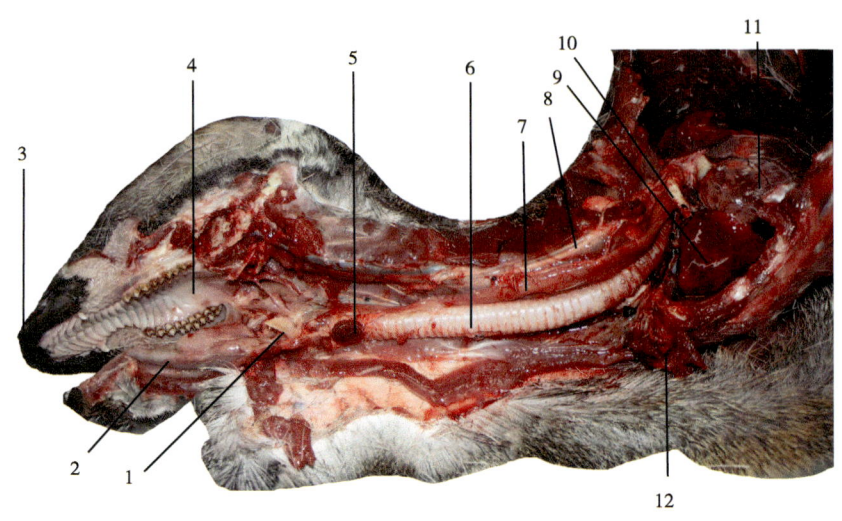

1—会厌软骨；2—舌尖；3—鼻；4—口腔顶鄂；5—甲状腺；6—气管；7—食管；8—颈静脉窦；9—肺心叶；10—臂头动脉干；11—心；12—肺尖叶切迹。

图4-2　林麝呼吸系统形态结构（纵剖面）

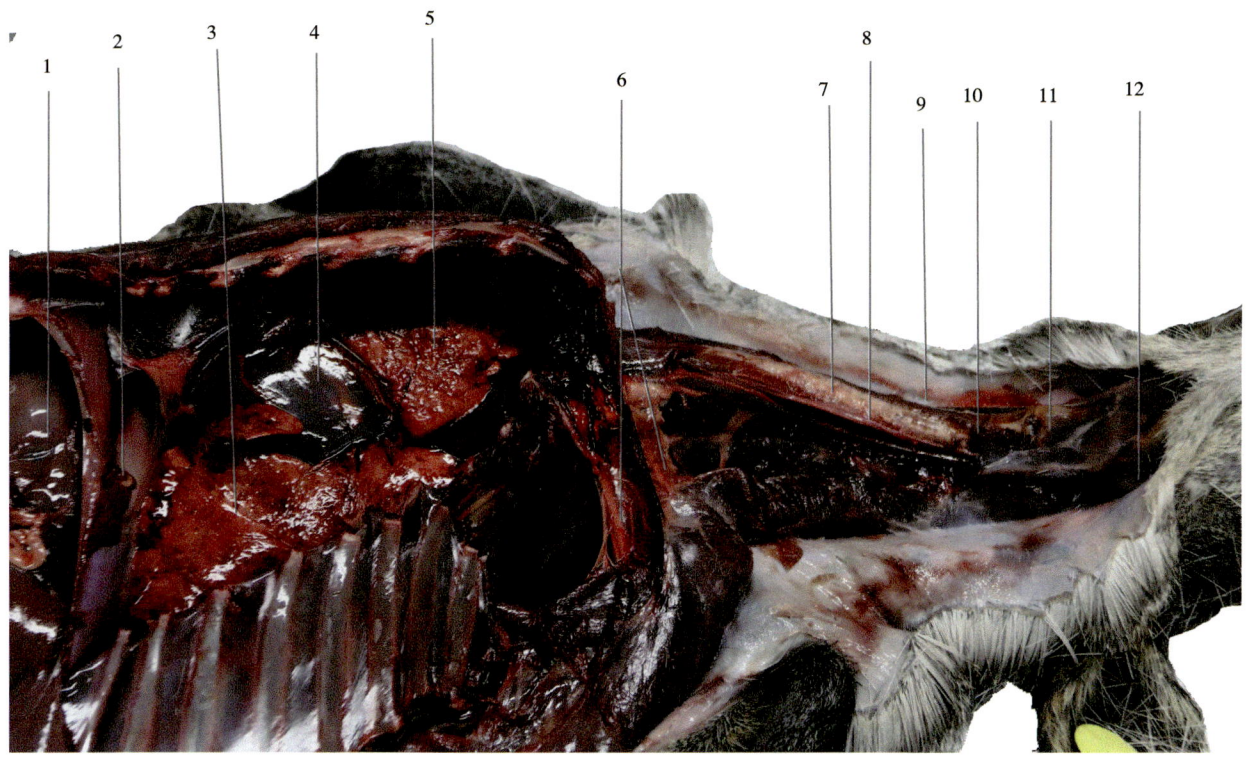

1—瘤胃；2—膈肌；3—肺膈叶；4—心；5—肺心叶；6—肩神经丛；7—气管；8—颈动脉；9—颈静脉；10—甲状腺；11—会咽；12—下颌角。

图4-3 林麝呼吸系统仰视观

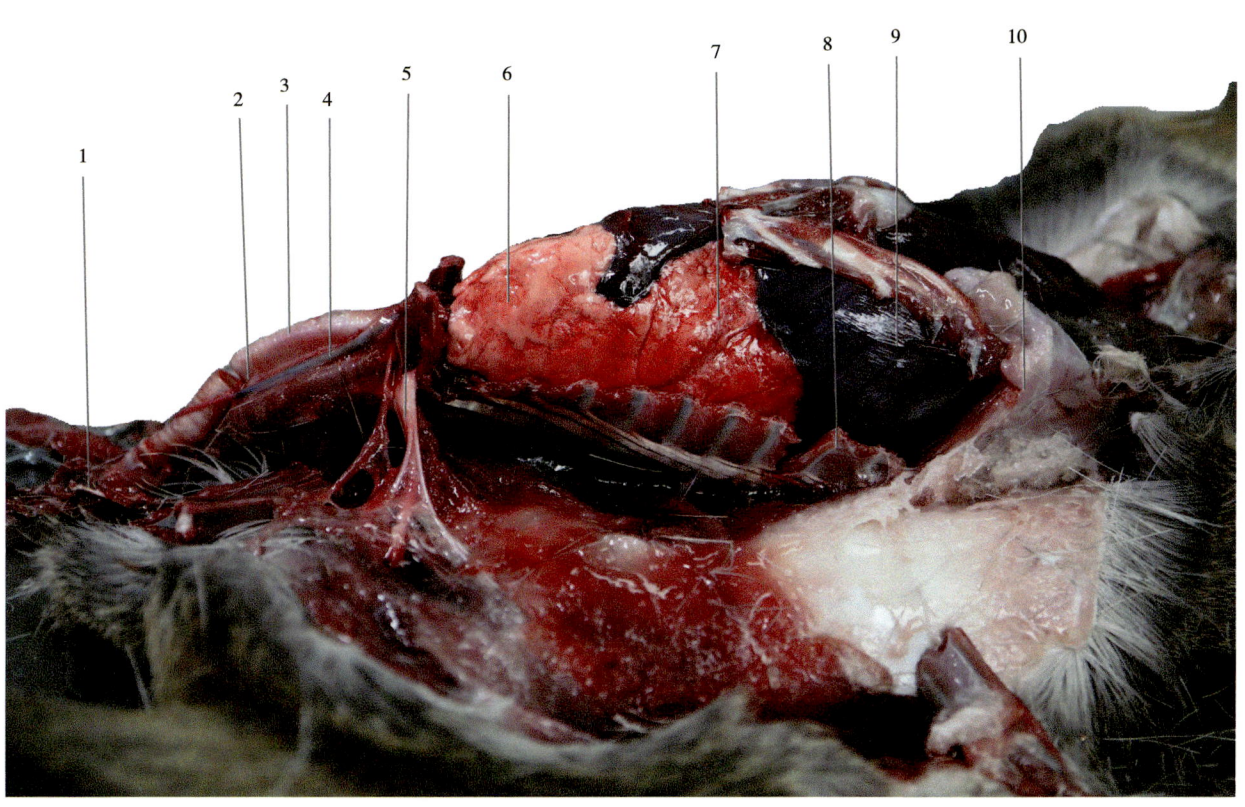

1—会咽；2—颈动脉；3—气管；4—颈静脉；5—肩神经丛；6—肺尖叶；7—肺心叶；8—第9肋骨；9—心；10—膈膜。

图4-4 林麝呼吸系统右侧面观

一、鼻腔

林麝的鼻腔可分为鼻背、鼻尖、鼻孔区和鼻侧区（图4-5），通常鼻尖部分较湿润，有上呼吸道疾病时则发绀。皮肤较薄，皮下主要为结缔组织和软骨。

1—犬牙；2—人中；3—鼻镜；4—鼻孔；5—勃须。

图4-5 雄麝鼻镜

二、咽

位于口腔和鼻腔的后方、喉的前上方。咽是呼吸道中联系鼻腔和喉腔的要道，也是消化管从口腔到食管之间的必经之路。因此，咽是呼吸道和消化管相交叉的部分（图4-6至图4-8）。

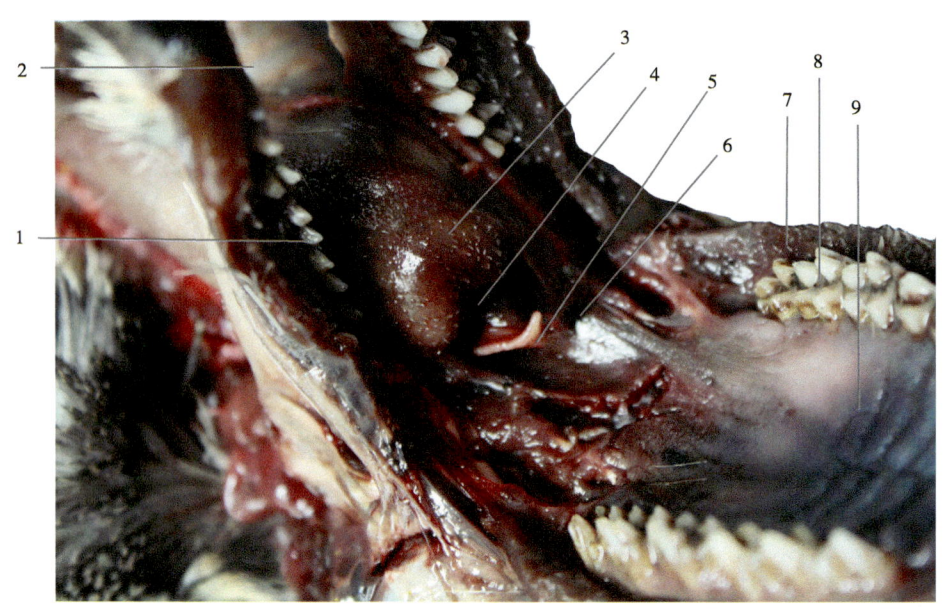

1—下颌白齿；2—气管；3—舌黏膜乳突；4—会咽腔；5—会厌软骨；6—鼻咽管口；
7—上唇黏膜乳突；8—上颌白齿；9—软腭。

图4-6 咽部的结构

三、喉和气管

喉位于咽和气管之间，由咽开始而终于气管，为漏斗状，由软骨性骨骼构成。喉由环状软骨、甲状软骨、勺状软骨和会厌软骨所构成。气管分为颈部和胸部，颈部延伸于紧贴颈椎的颈长肌之腹面，胸部位于胸腔内之纵膈中，背面为食道和颈长肌，腹面为前腔静脉（图4-7至图4-9）。

林麝的气管较长，为18～25 cm，呈扁圆筒状。由43个半环状软骨构成，较薄，软骨环背侧未封闭，内壁较光滑。雌雄气管有差异，主支气管3支，与牛羊相似，组织结构层次与其他哺乳动物相似，但外膜层的透明软骨环却较早地变化为多个软骨碎片（图4-9）。

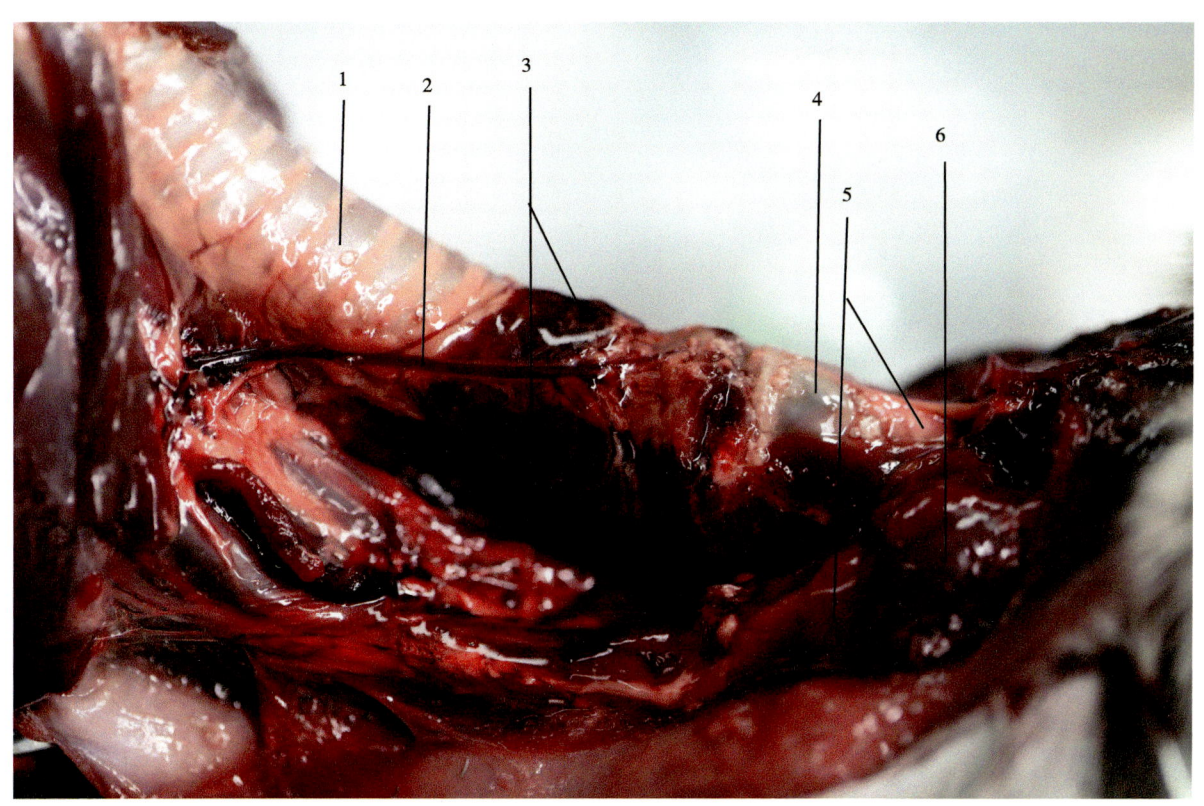

1—气管环；2—甲状腺静脉；3—甲状腺；4—喉头软骨；5—胸腺；6—颌下腺。

图4-7 气管及喉部结构

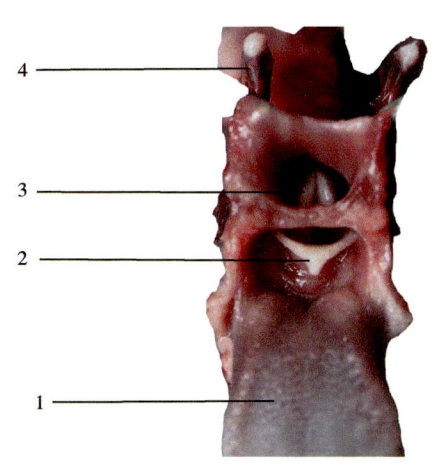

1—舌黏膜乳头；2—会厌软骨；
3—勺状软骨；4—舌骨。

图4-8 舌咽部形状

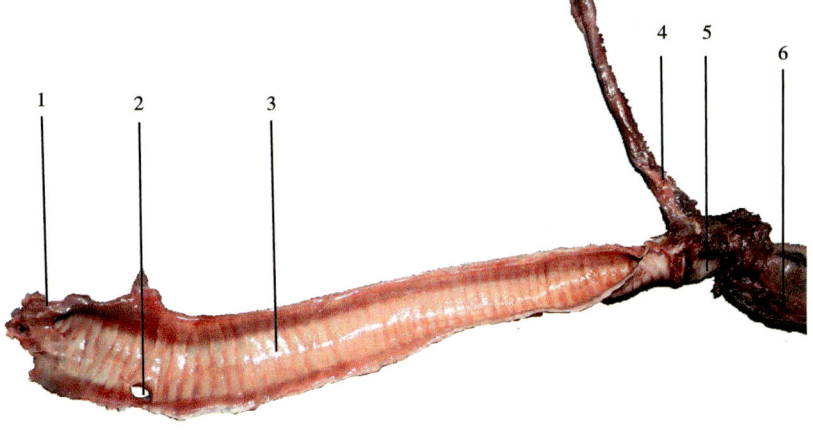

1—肺叶切迹；2—支气管口；3—软骨环；4—食管；5—喉头；6—舌体。

图4-9 气管内部结构

四、支气管

林麝的支气管较粗大且分支较多，呈树状（图4-10、图4-11）。

图4-10　林麝气管和支气管形态（支气管树铸型）

图4-11　林麝气管和支气管铸型（病变形态）

五、肺脏

林麝肺位于第2～12肋间隙，正常色泽呈粉色，占据胸腔的大部，左右肺的分叶状态都十分明显，各叶间的叶间切迹均很深，左肺分为尖叶、心叶和膈叶，尖叶和心叶很小，左侧心切迹较大，心脏左侧部分露在肺外。右肺除尖叶，心叶和膈叶外，还有副叶，尖叶和心叶均较发达，右侧心切迹较小，右肺对心脏右侧覆盖度大。肺内的弹性纤维丰富，伸缩性较大。左右肺的大小差异较大，右肺大于左肺。肺的实质部分仍由导管部和呼吸部组成。呼吸器官总的结构特征适应肺大活量呼吸运动（图4-12至图4-15）。

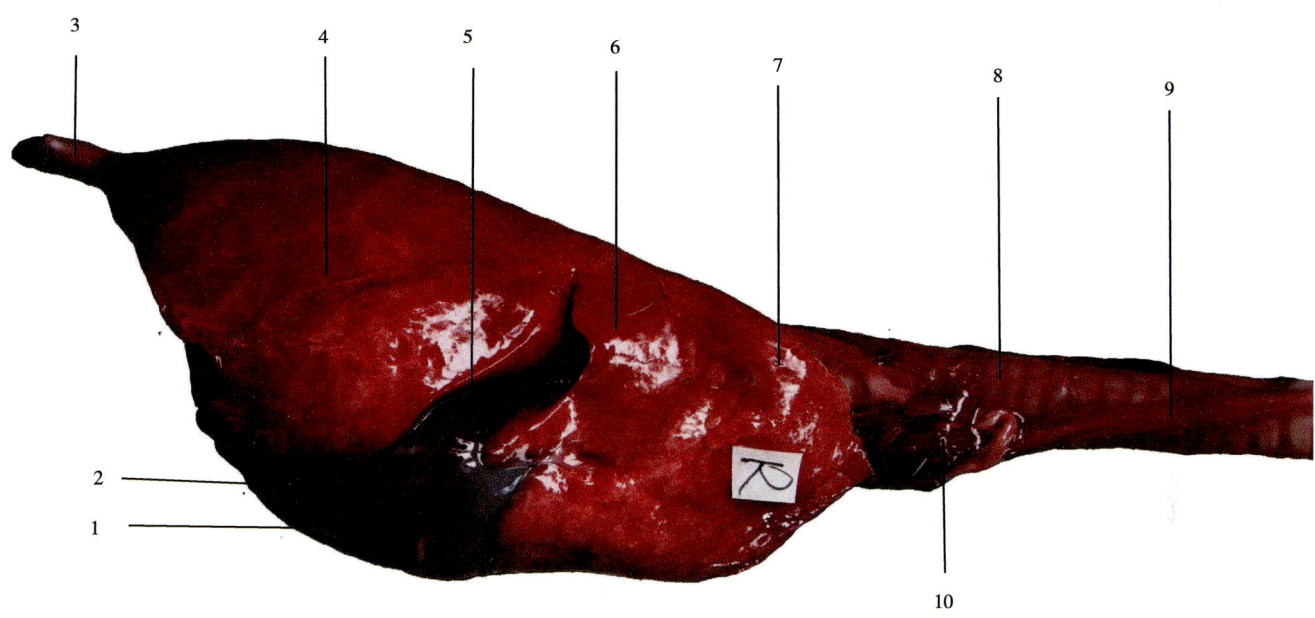

1—右心室；2—右心房；3—食管；4—肺膈叶；5—心包膜；6—肺心叶；7—肺尖叶；8—气管；9—食管；10—颈静脉窦。

图4-12　林麝肺离体自然形态

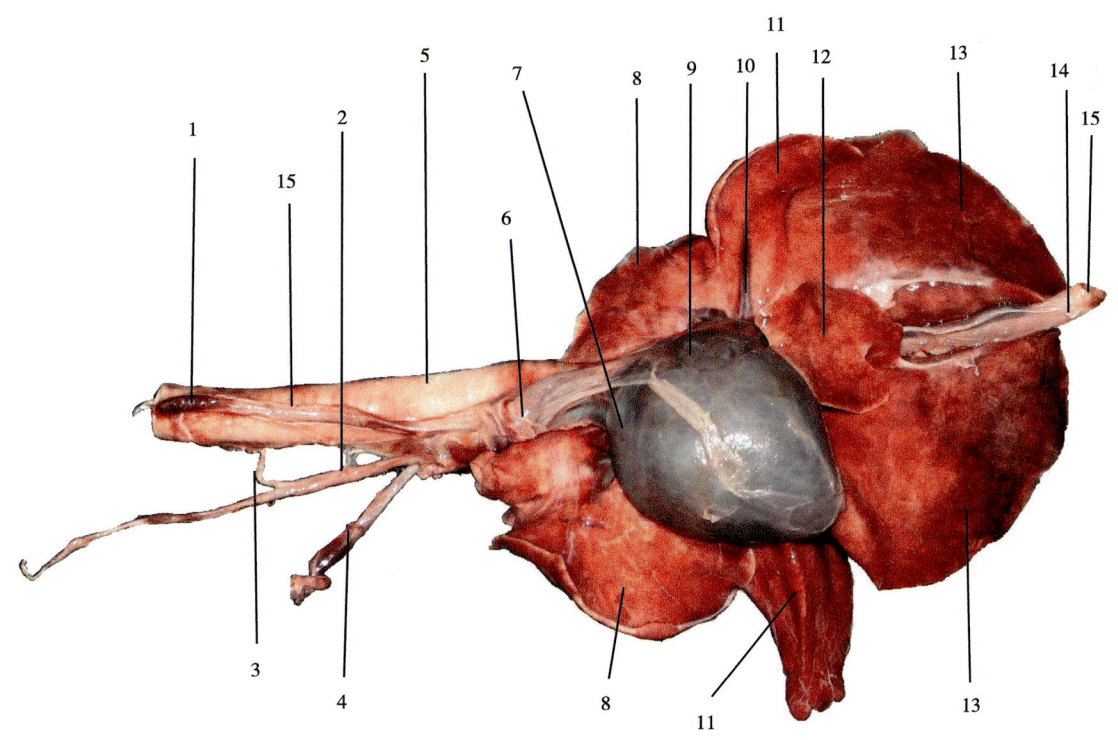

1—甲状腺；2—颈动脉；3—迷走神经；4—臂神经干；5—气管；6—臂头神经总干；7—右心耳；8—肺尖叶；9—左心耳；10—肺动脉；11—肺心叶；12—副叶；13—肺尖叶；14—后腔静脉；15—食管。

图4-13　林麝心肺腹面观

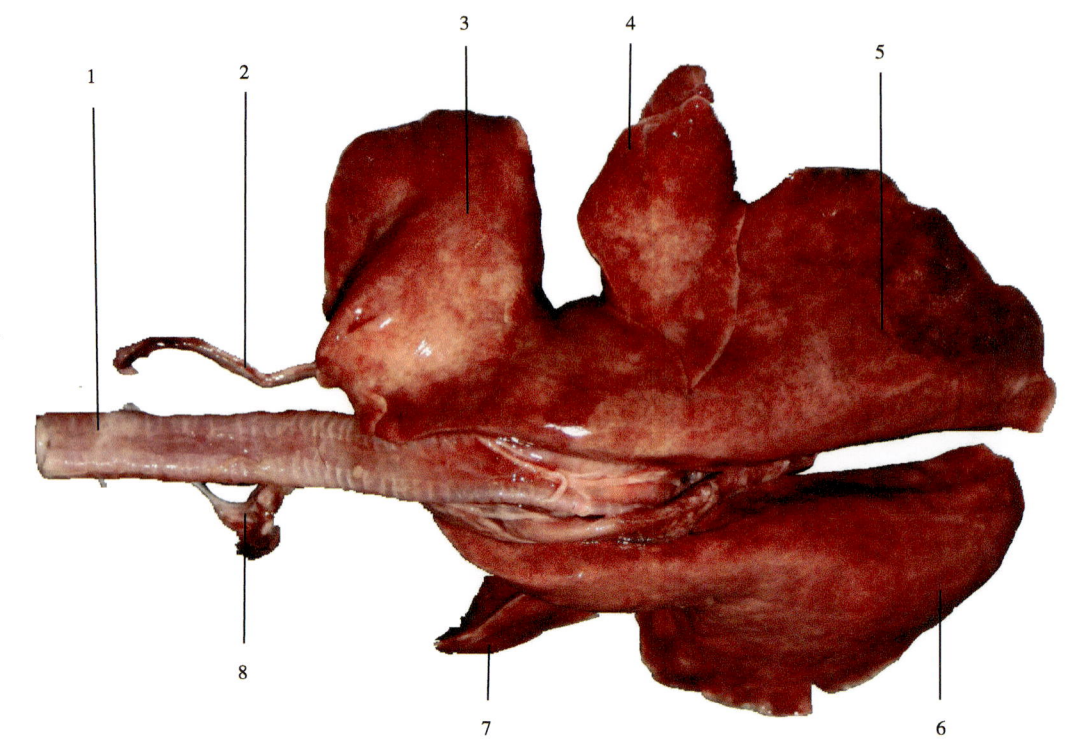

1—气管；2—迷走神经；3—肺尖叶；4—肺心叶；5、6—膈叶；7—尖叶；8—甲状腺。

图4-14 气管、肺背面观

图4-15 林麝心肺血管系统（铸型标本）

林麝初级解剖学 2

第五章　泌尿系统

林麝机体在新陈代谢过程中，会不断地产生各种代谢最终产物和多余的水分。这些代谢产物（尿素、尿酸、无机盐和水分）需要通过一定的途径排出体外，以维持其正常的生命活动。林麝身体构造中完成这一功能的器官和组织组成泌尿系统，它是林麝进行新陈代谢的重要排泄系统。

一、泌尿系统的组成

林麝泌尿系统由肾、输尿管、膀胱和尿道组成（图5-1至图5-3）。肾脏位于腹腔腰部顶壁脊柱的两侧。输尿管粗大，由肾门发出直通膀胱。膀胱通常较小，发生尿路结石时，体积发生很大改变，为原来的数十倍。雄性林麝的尿生殖道开口于下腹部，雌性则开口于尾部下缘。

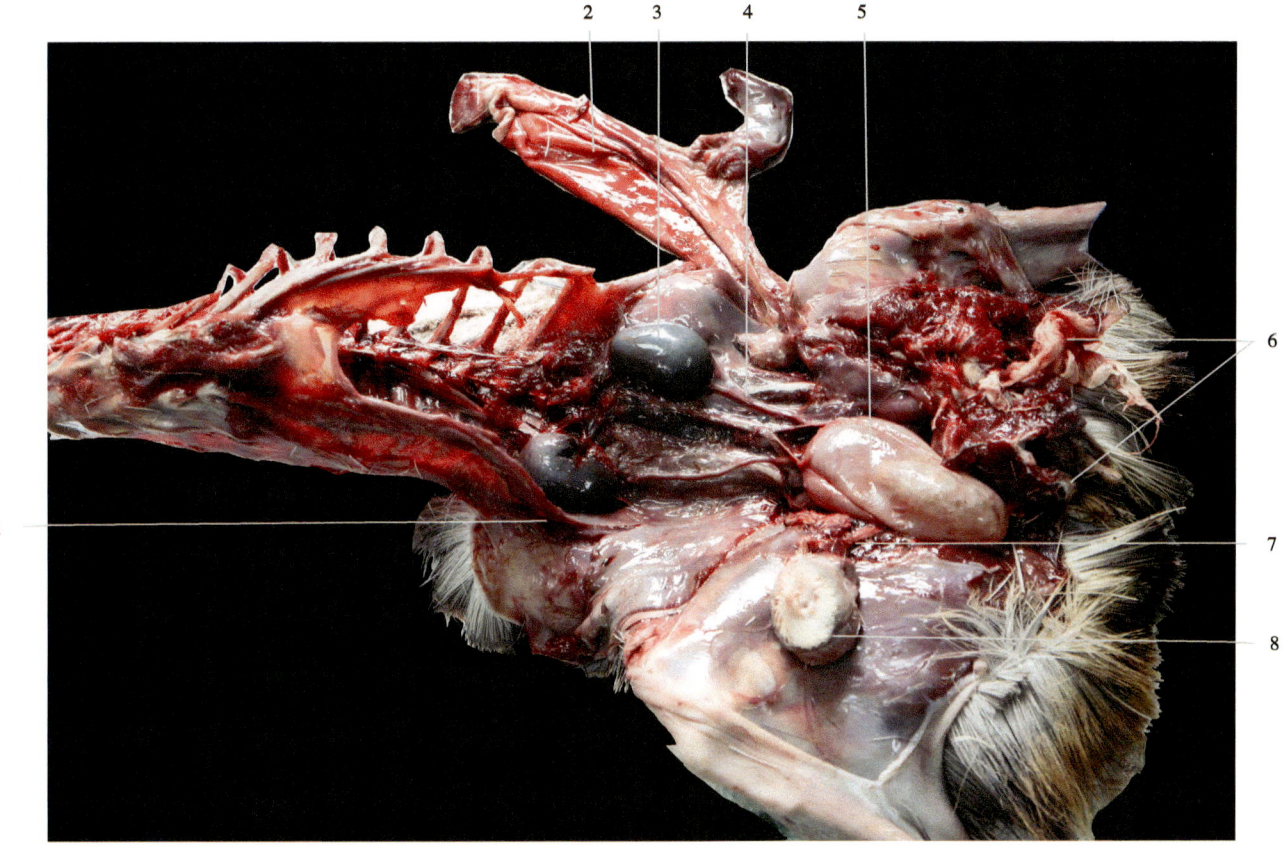

1—腹壁；2—阴部血管；3—左肾；4—输尿管；5—膀胱；6—睾丸；7—尿生殖道；8—香囊。

图5-1　雄麝泌尿系统解剖

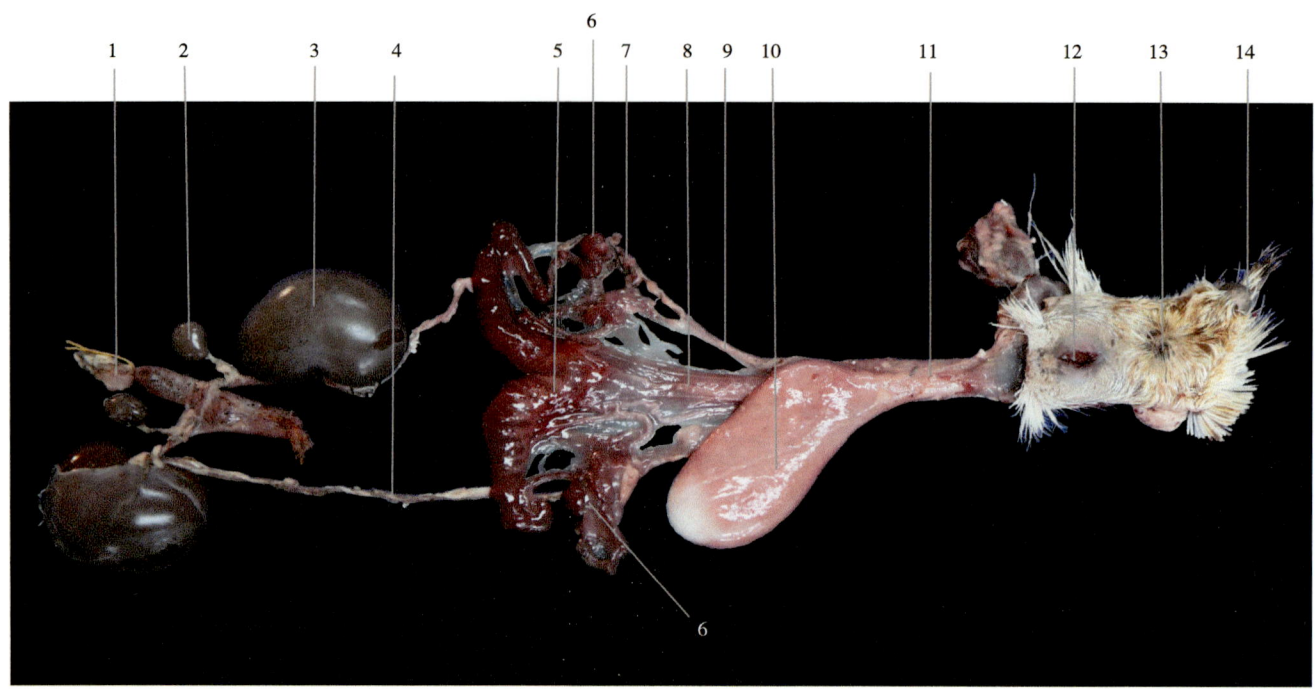

1—血管；2—肾上腺；3—左肾；4—输尿管；5—子宫；6—卵巢；7—输卵管；8—子宫颈；9—卵巢系膜；10—膀胱；11—尿生殖道；12—阴门；13—肛门；14—尾。

图5-2　雌麝泌尿生殖系统解剖

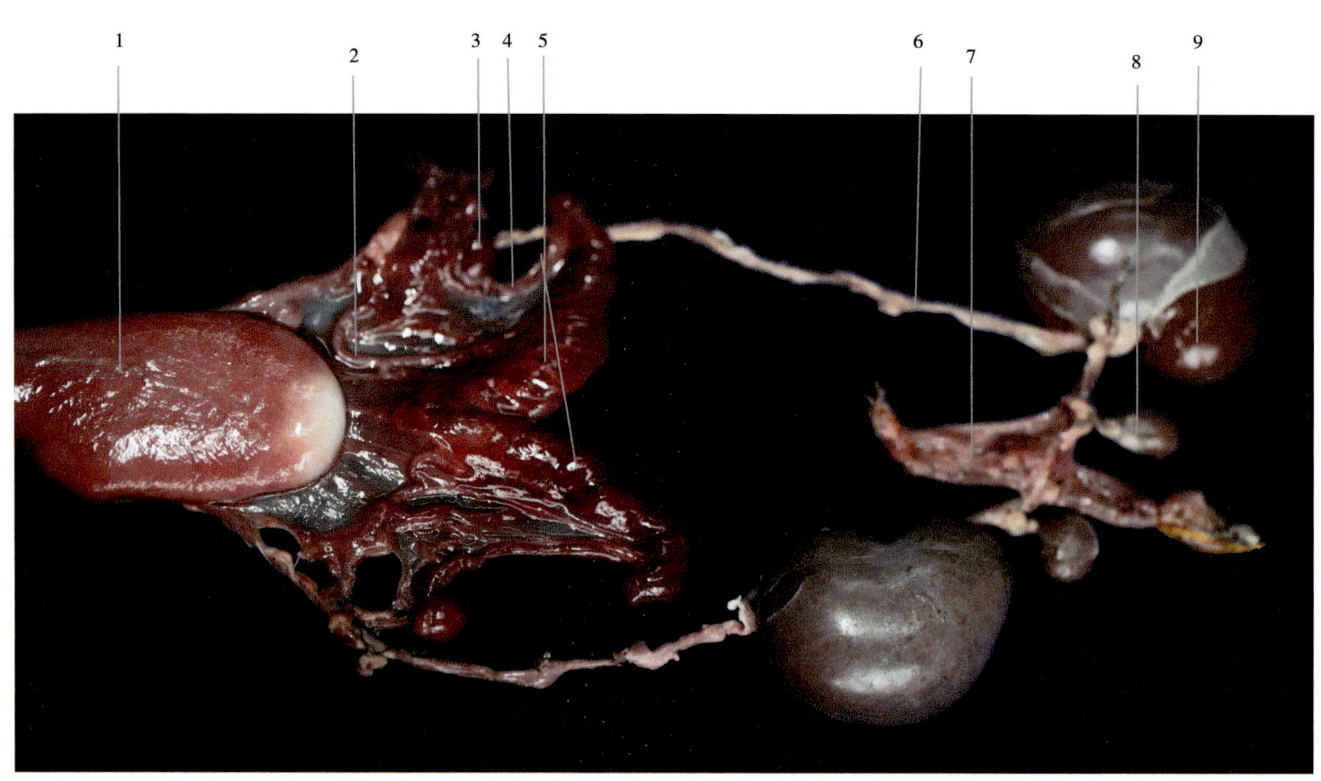

1—膀胱；2—系膜；3—卵巢；4—输卵管；5—子宫；6—输尿管；7—血管；8—肾上腺；9—右肾。

图5-3　雌麝泌尿生殖器官

二、肾

林麝的肾为实质性器官，由肾门、肾窦、被膜、实质等部分组成。呈蚕豆形，红褐色。位于腰部腹腔顶壁，借结缔组织附着于胸椎后缘和腰椎的腹侧。右肾较左肾靠身体的前面。成体肾重25～45 g，左肾长4.0～4.3 cm，宽2.5～3.5 cm，厚1.9～2.3 cm，右肾长3.6～4.3 cm，宽3.0～3.5 cm，厚2.2～2.52 cm。肾上腺长约1.17 cm、宽0.74 cm、厚0.56 cm（图5-4至图5-6）。

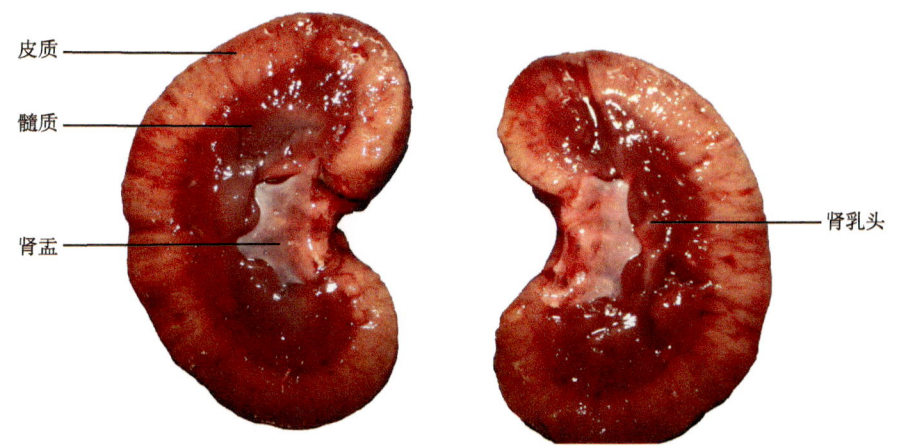

图5-4　肾脏纵剖面结构

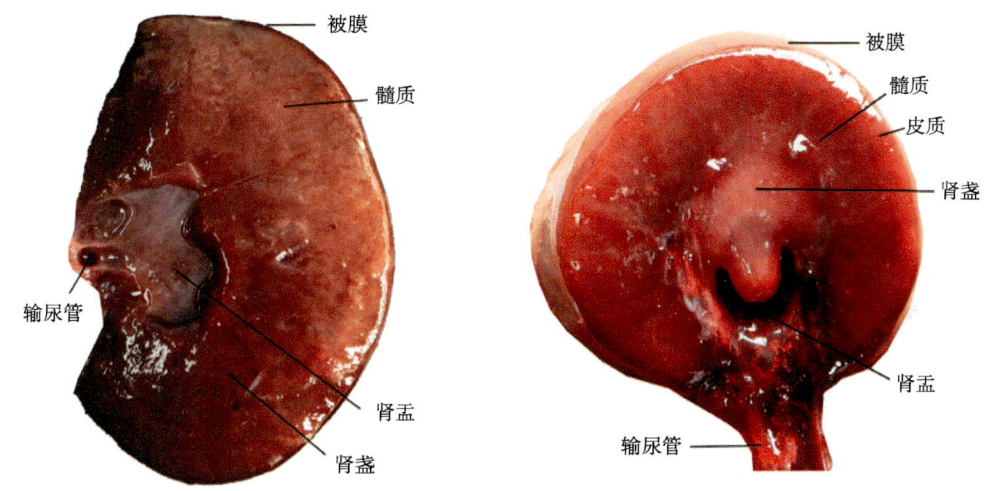

图5-5　肾的内部结构（横纵剖面）

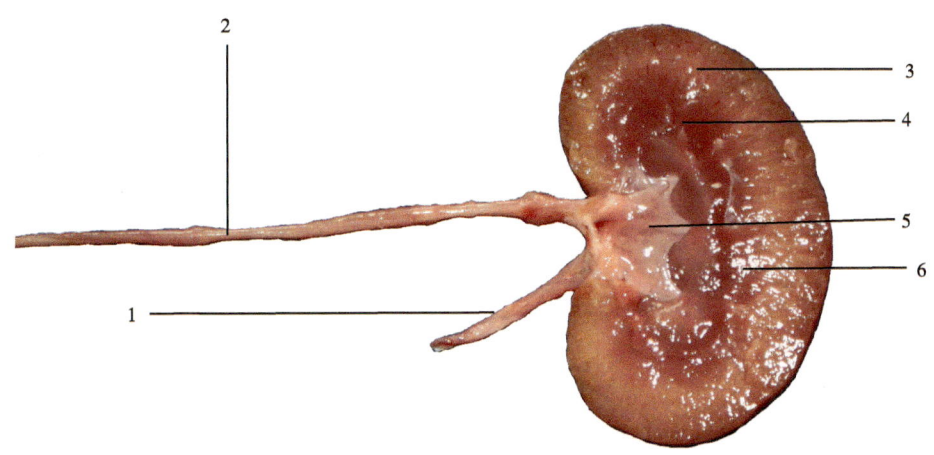

1—血管神经；2—输尿管；3—皮质；4—髓质；5—肾盂；6—肾乳头。

图5-6　肾脏主要结构

三、输尿管

林麝的输尿管较粗大。自肾门发出,紧贴腹部背侧壁纵行至盆腔接入膀胱内。输尿管长度左10~18 cm,右15~23 cm(图5-7)。

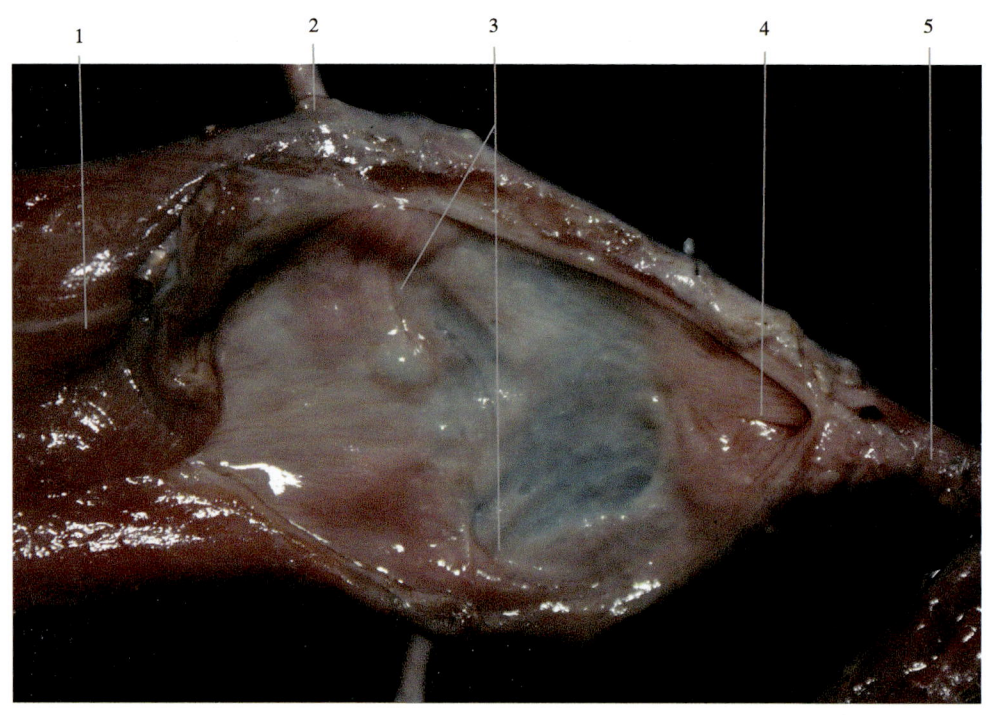

1—膀胱壁;2—输尿管;3—输尿管膀胱结合部;4—膀胱三角区;5—尿生殖道。

图5-7 雌麝膀胱的解剖

四、膀胱

林麝的膀胱位于盆腔内,由耻骨联合包裹。呈袋状,是储尿的结构。体积大小差别很大,正常状态一般最多储存50~100 mL即以尿的形式排出体外。当尿路结石时体积可达200 mL以上(图5-8)。

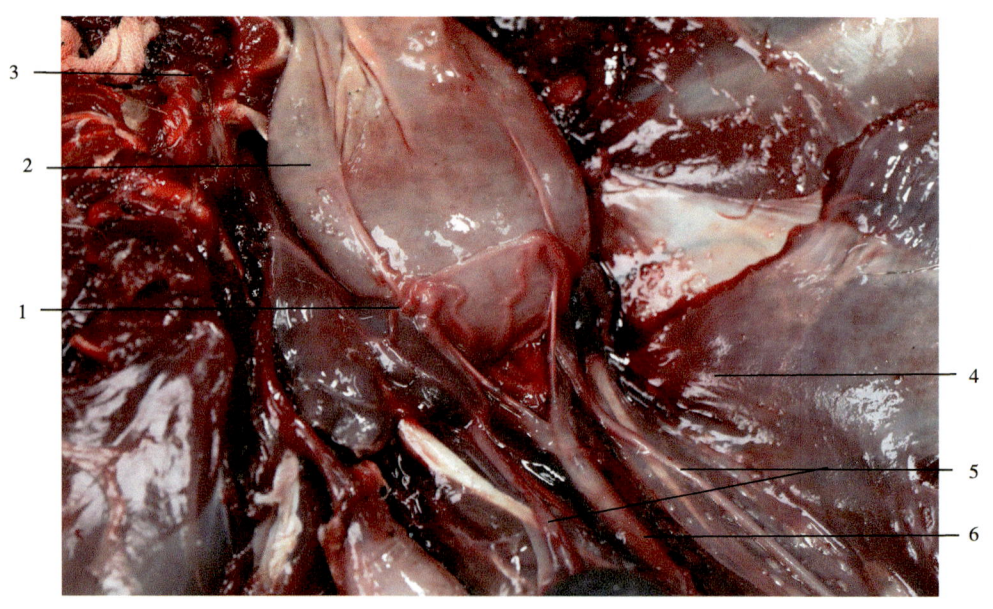

1—输精管;2—膀胱;3—耻骨联合;4—腹股沟;5—输尿管;6—主动脉。

图5-8 膀胱在盆腔毗邻关系

第六章 生殖系统

一、雄性生殖系统

林麝雄性生殖系统主要由睾丸、附睾、输精管、阴囊、精索、副性腺、阴茎、包皮和尿生殖道构成。

(一) 睾丸

睾丸及附睾都位于阴囊腔内，左右各一，呈垂直位，为淡棕色，体积较小，外形呈两侧稍扁的椭圆形。睾丸的后缘与附睾相邻，称为附睾缘，前缘为游离缘。睾丸头朝向上方，有血管、神经出入睾丸，并以睾丸输出管与附睾头相连。睾丸尾钝圆，朝向下方，以睾丸固有韧带与附睾尾相连（图6-1至图6-3）。

成体睾丸的长度为3～5 cm，宽度为1.3～2.5 cm，厚度为0.9～1.2 cm。右侧睾丸的重量为0.7～0.9 g，左侧为0.5～0.7 g，右侧略大于左侧。从纵断面观，睾丸的实质呈淡黄色。

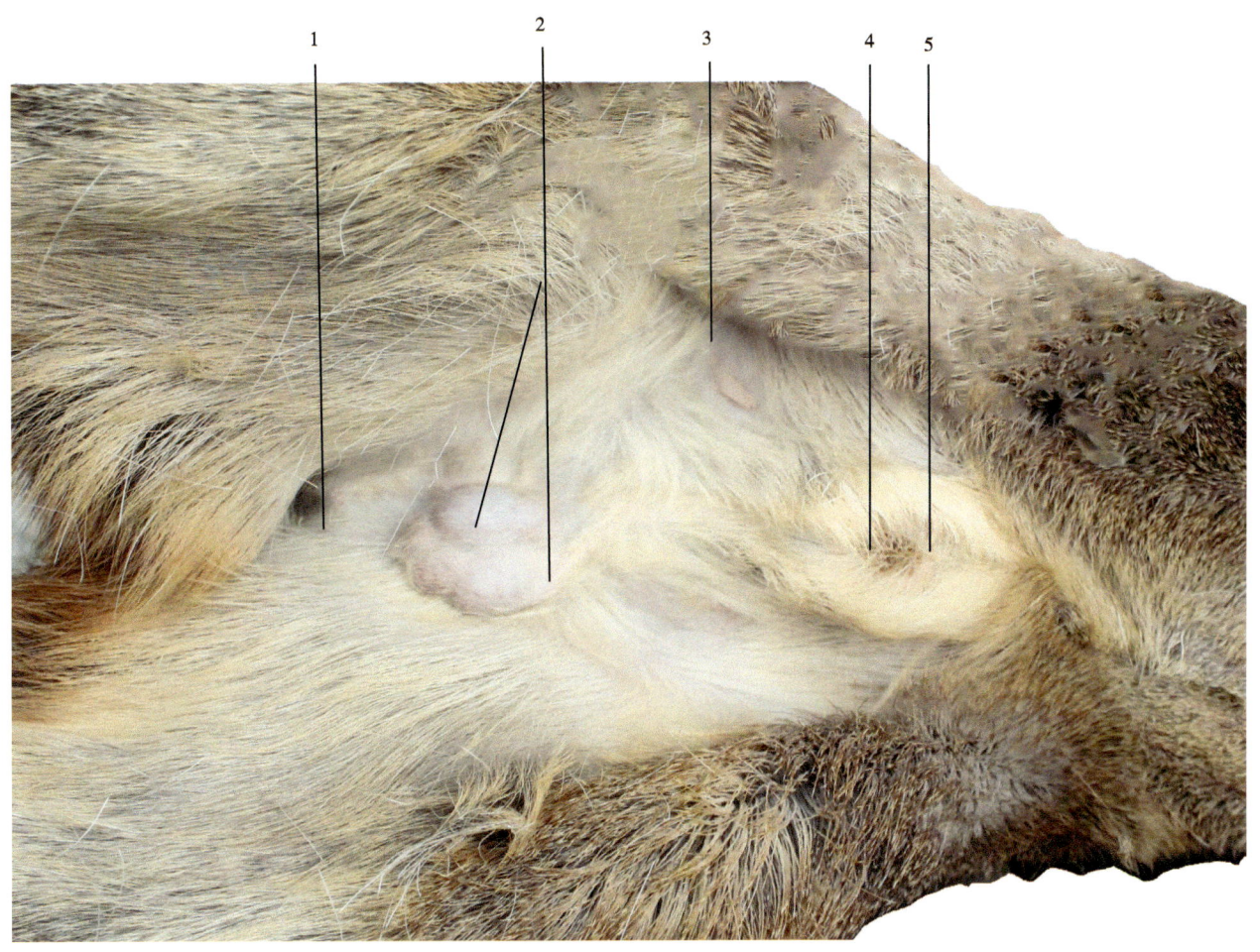

1—鼠蹊部；2—睾丸；3—腹股沟；4—尿生殖口；5—香囊口。

图6-1　雄麝生殖器官体表形态

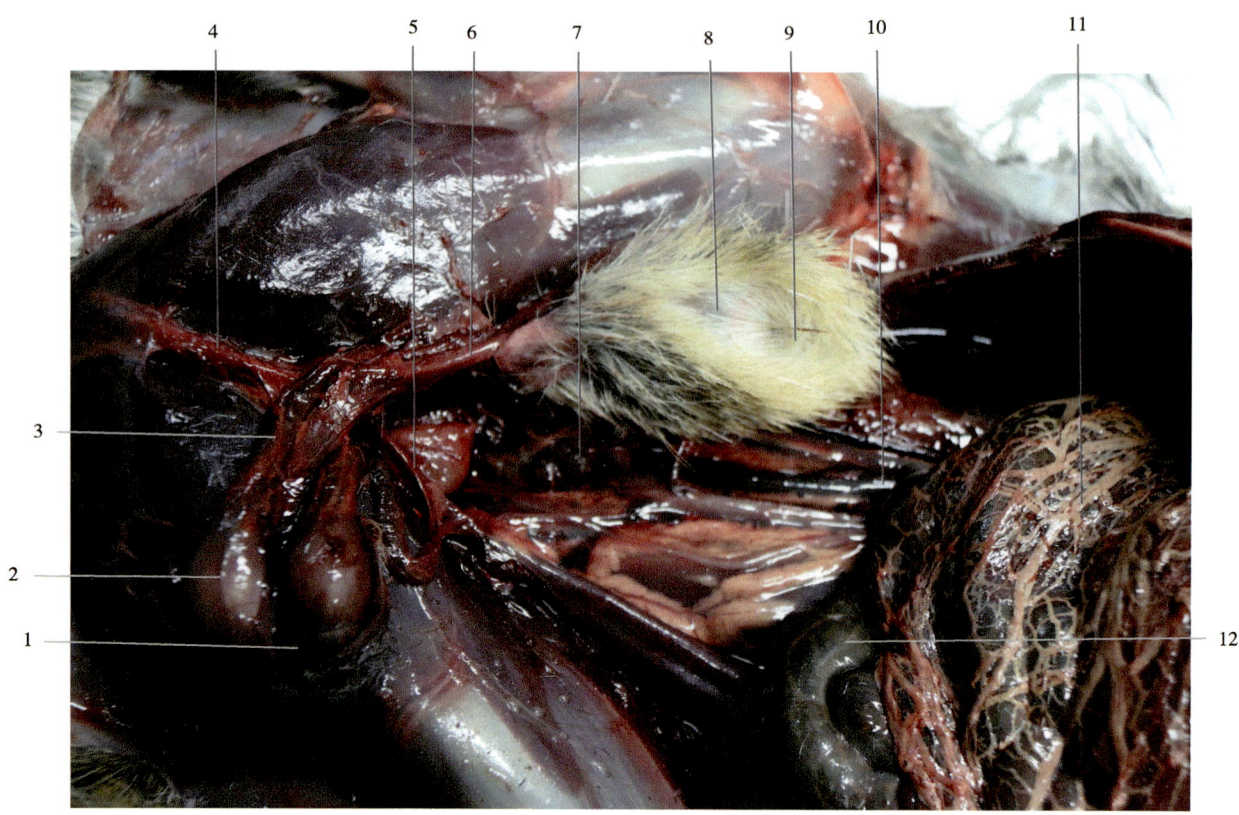

1—附睾；2—睾丸；3—阴部静脉；4—尿生殖道；5—输精管；6—精索；7—直肠；8—尿生殖口；9—香囊口；10—后主静脉；11—大网膜；12—结肠。

图6-2 雄麝生殖系统解剖

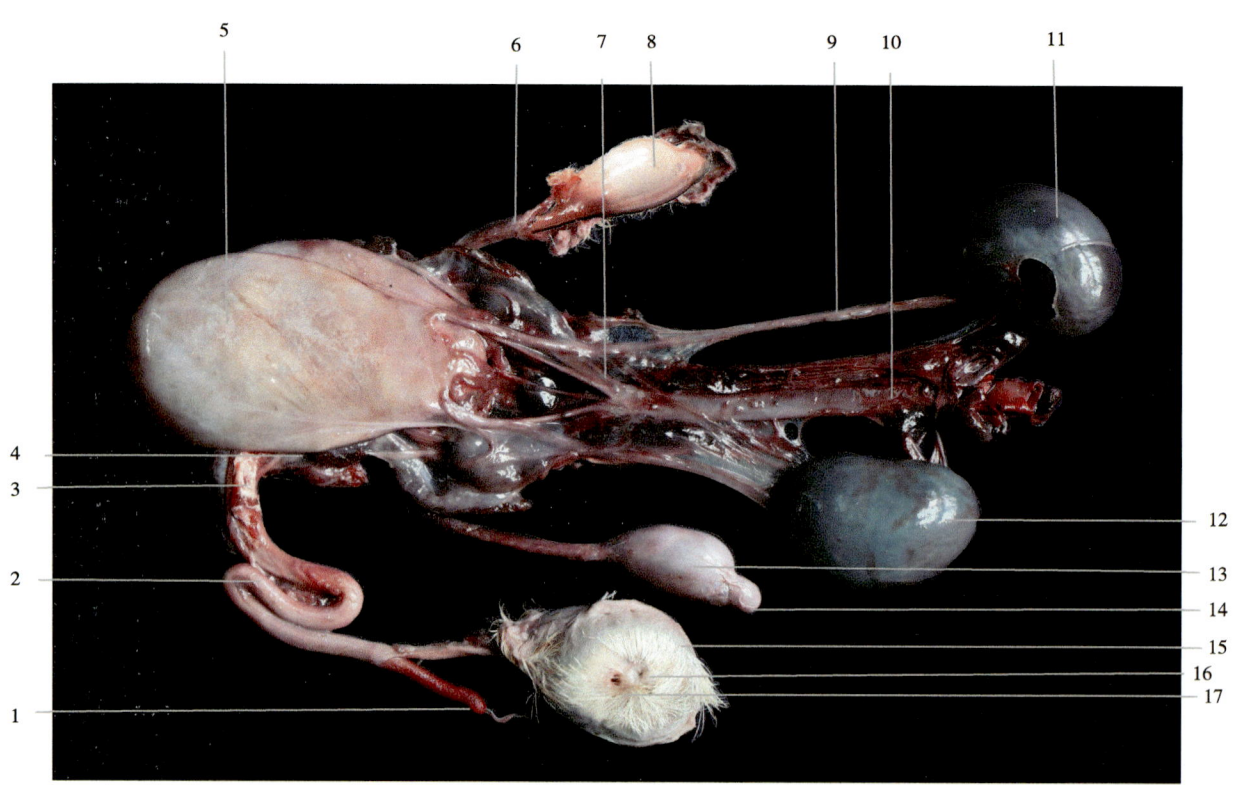

1—阴茎探头；2—阴茎S弯曲；3—海绵体肌；4—尿生殖道壶腹部；5—膀胱；6—精索；7—髂外动脉；8—睾丸；9—输尿管；10—主动脉；11—右肾；12—左肾；13—睾丸；14—附睾；15—香囊；16—香囊口；17—尿生殖口。

图6-3 雄麝泌尿生殖器官离体形态

（二）附 睾

麝的附睾较发达，是贮存精子和精子进一步成熟的器官，可分为附睾头、附睾体和附睾尾三部分。与睾丸头相连的膨大部分为附睾头，是由睾丸输出管穿通睾丸头的白膜形成的。睾丸输出管最后汇合成一条又粗又长的附睾管，弯弯曲曲盘曲成附睾体和附睾尾。以固有鞘膜与睾丸相连。附睾尾膨大朝向下方，以睾丸固有韧带与睾丸尾相连。附睾管在附睾尾处管径增大，向后延续为输精管（图6-4）。

1—附睾；2—睾丸；3—附睾头。

图6-4 睾丸形态

（三）输精管

输精管为运送精子的管道。在附睾尾处起自于附睾管，沿精索后缘内侧的输精管褶伸延，经腹股沟管上行进入腹腔，再向后转入骨盆腔，在膀胱背侧的尿生殖褶中继续向后伸延，其末段与精囊腺管相合形成射精管，开口于尿生殖道起始部背侧壁的精阜。输精管的长度为18.0~21.5 cm，管径粗细约0.1 cm。输精管壶腹明显，长度约4 cm，最粗部分管径可达0.35 cm。

（四）精 索

精索细而长，为上窄向下逐渐变宽，呈扁圆锥形索状物。其基部附着在睾丸及附睾上，上端可达腹股沟管腹环。精索内含有睾丸动脉、静脉、神经、淋巴管、睾内提肌和输精管，外面包有固有鞘膜，并以睾丸系膜与阴囊后壁的总鞘膜相连。

（五）阴 囊

阴囊为腹壁下陷所形成的囊状器官，里面容纳睾丸、附睾和部分精索，位于耻骨前方，两侧股部之间，阴囊颈不明显。其前部与香囊相邻。

（六）副性腺

副性腺包括精囊腺、前列腺和尿道球腺。副性腺的分泌物可冲淡精液，增加射精量，有利于精子的生存和运动。麝的副性腺特别发达。精囊腺呈椭圆形，位于膀胱颈背侧的尿生殖褶中，输精管壶腹的两侧。精囊腺管与输精管末段相合形成射精管，开口于尿生殖道起始部背侧壁的精阜。精囊腺外观呈上下压扁的椭圆形，长轴斜向外前方，长约1 cm，宽约0.7 cm，厚约0.4 cm。每侧腺体的排泄管汇合成一条，开口于尿生殖道骨盆部末段的背侧壁（图6-5）。

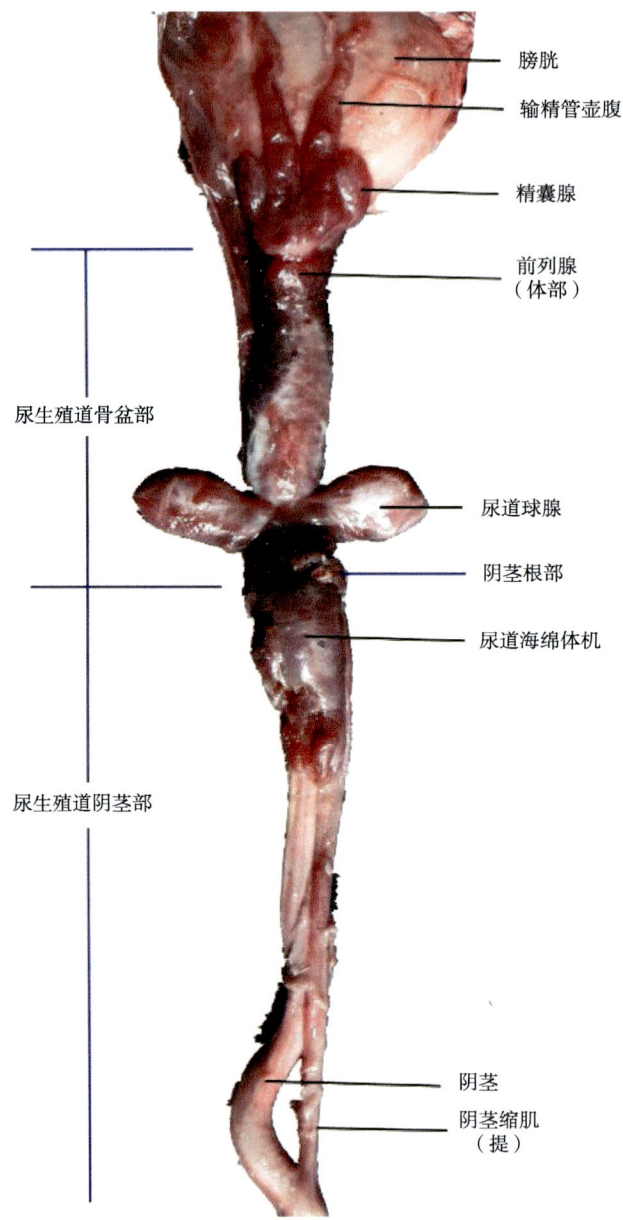

图6-5 阴茎、副性腺形态结构

前列腺的体部非常发达，由左右两个侧叶和中间的腺峡构成。位于膀胱颈和尿生殖前列腺的体部，非常发达，由左右两个侧叶和中间的腺峡构成。位于膀胱颈和尿生殖道起始部的背侧，精囊腺的后方。侧叶呈弯曲的囊状，分叶明显，长约1.6 cm，宽约0.95 cm。腺峡长约0.4 cm，宽约0.35 cm。排泄管多条，开口于尿生殖道起始部的背侧壁。

麝的尿道球腺较发达，位于尿生殖道骨盆部末段的背侧，被球海绵体肌覆盖。外观呈上下压扁的椭圆形，长轴斜向外前方。每侧腺体的排泄管汇合成一条，开口于尿生殖道骨盆部末段的背侧壁。长约1 cm，宽约0.7 cm，厚约0.4 cm（图6-6）。

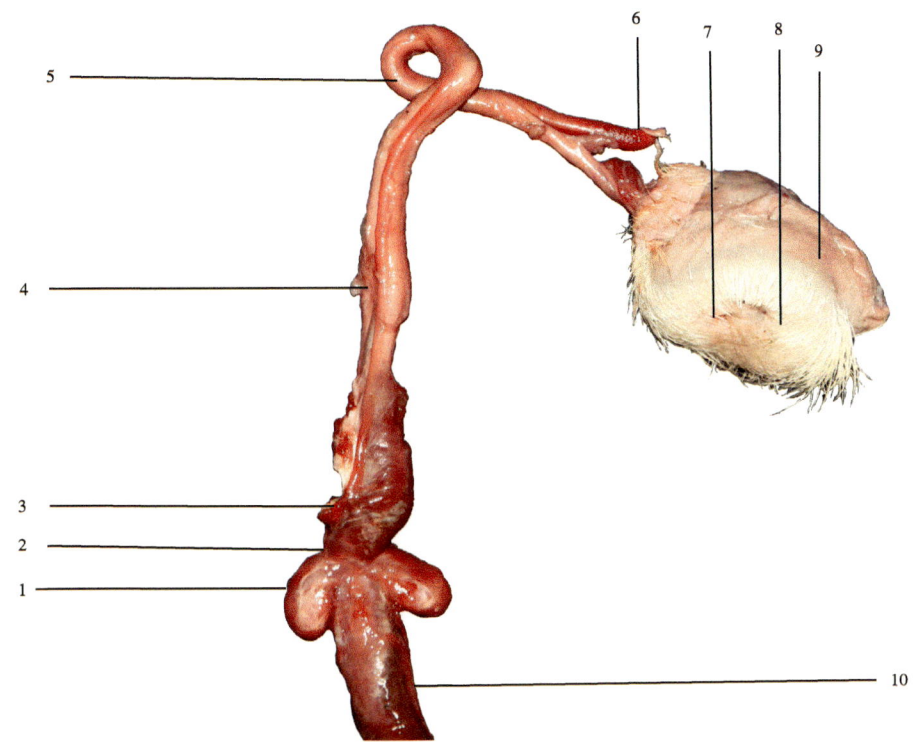

1—尿道球腺；2—球海绵体肌；3—阴茎跟；4—阴茎缩肌；5—阴茎"S"状弯曲；6—阴茎探头；7—尿生殖口；8—香囊口；9—香囊；10—尿生殖道骨盆部。

图6-6　雄麝尿生殖道及附属结构

（七）阴茎

阴茎以两侧阴茎脚起，止于坐骨弓和坐骨结节，阴茎脚的表面被覆有薄层的坐骨海绵体肌。两侧阴茎脚向前相合，形成圆柱形的阴茎体。阴茎体沿腹后部底壁的正中向前下方伸延，在阴囊的后方形成"S"状弯曲，阴茎勃起时伸直。阴茎向前逐渐变细，阴茎头呈左右扭转的圆锥形，尿道外口开口于阴茎头腹侧的螺旋沟内。尿道突细而长，长1.5～2.2 cm，呈螺旋状弯曲（图6-7）。

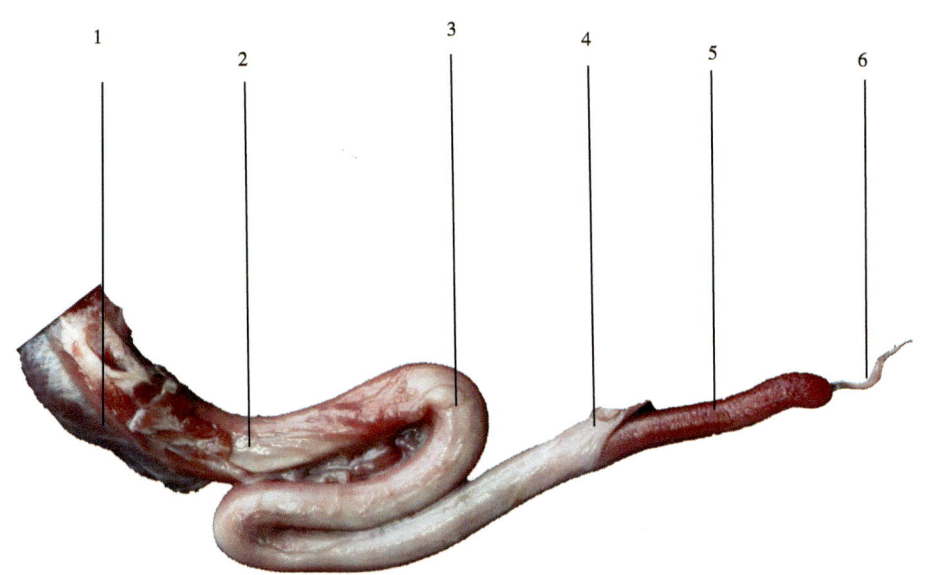

1—球海绵体肌；2—阴茎缩肌；3—阴茎"S"状弯曲；4—包皮；5—阴茎；6—探头。

图6-7　阴茎形态结构

（八）包　皮

包皮为由皮肤折转而形成细长管状皮肤套，容纳和保护阴茎。阴茎勃起伸长时，包皮展平。麝的包皮呈细长的管状，与香囊的皮肤直接相连。包皮口位于香囊底壁的后方，在包皮口的周围环生一束特殊的长毛。包皮腔为前宽后窄的腔隙，长约2.5 cm，最大直径约0.4 cm。

（九）尿生殖道

尿生殖道起自于膀胱颈，沿骨盆腔底壁正中向后方伸延，绕过坐骨弓，再沿阴茎腹侧的尿道沟前行，开口于阴茎头。可分为尿生殖道骨盆部、尿道峡和尿生殖道阴茎部三部分。骨盆部位于骨盆腔底壁的正中，背侧与直肠相邻，长约3.5 cm，管径约0.5 cm。精阜呈椭圆形，位于尿生殖道起始部背侧壁，较明显。尿道峡部管径较细，约0.3 cm（图6-6）。

二、雌性生殖系统

林麝雌性生殖系统主要由卵巢、输卵管、子宫、阴道、外生殖器构成。大部分位于盆腔内，生殖道穿过耻骨联合开口于尾部肛门下方。子宫非繁殖期体积较小，繁殖期则膨大数倍（图6-9、图6-10）。

（一）卵巢

卵巢呈大豆形，稍扁平，长约0.5 cm，宽约0.4 cm，厚约0.3 cm，黄体期则增加为长0.95 cm，宽0.7 cm。未成熟的雌体卵巢小，系膜短，且位置较高，卵巢表面光滑。输卵管为细长而曲折的管道，漏斗宽大（图6-8至图6-14）。

（二）输卵管

较细且弯曲度较大。输卵管长20 cm左右。输卵管伞部有一很薄而细长的系膜与腹壁相连，边缘不整齐。漏斗中央腹壁口紧缩，壶腹部稍粗，峡部系以子宫口开口于子宫角。输卵管与子宫角之间无明显界限（图6-14）。

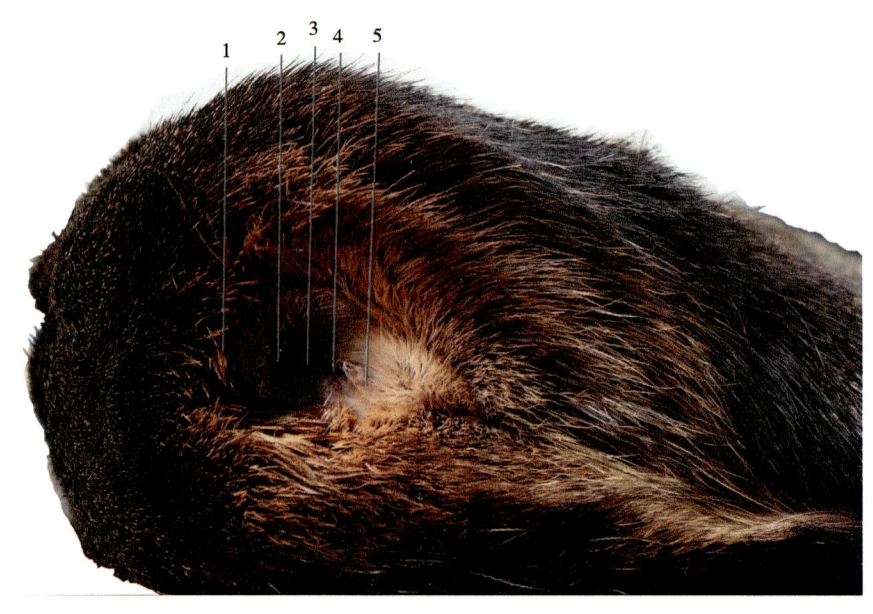

1—尾；2—肛门；3—会阴；4—阴门；5—阴蒂。

图6-8　雌麝外生殖器

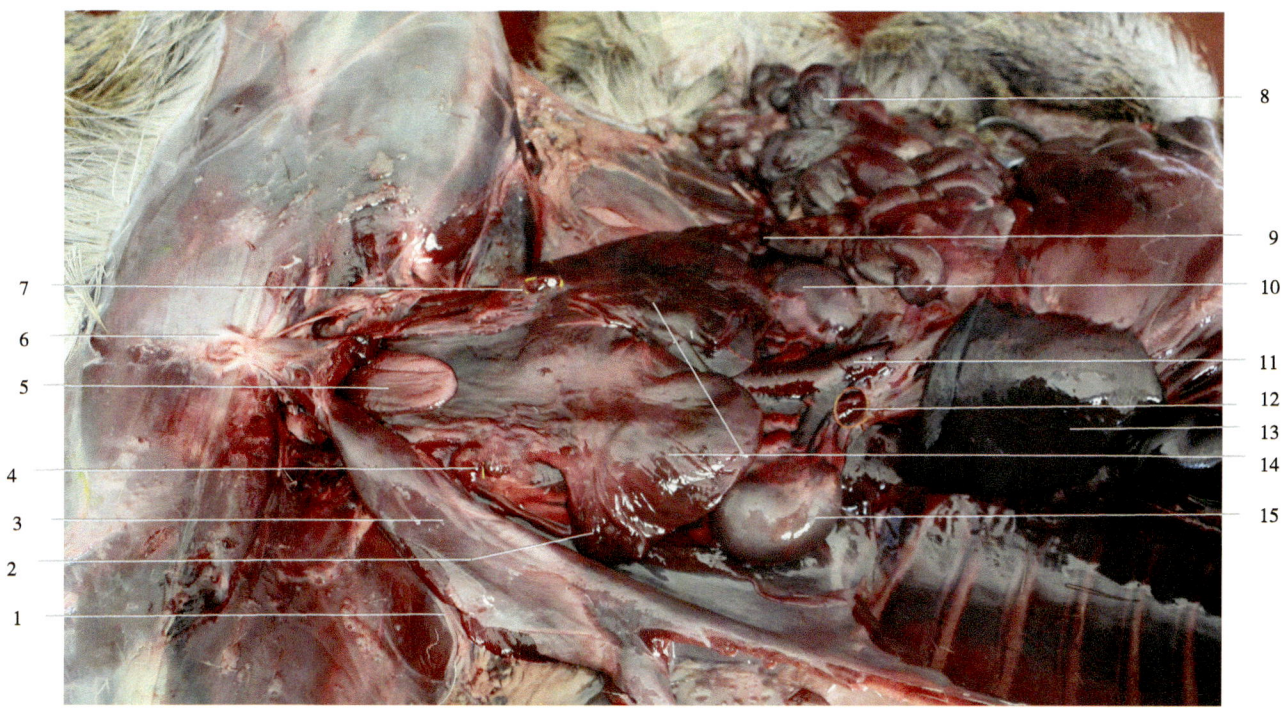

1—腹股沟；2—卵巢；3—腹壁；4—子宫阔韧带；5—膀胱；6—耻骨联合；7—卵巢；8—结肠；9—直肠；10—右肾；11—主动脉；12—淋巴结；13—脾脏；14—子宫体；15—左肾。

图6-9 雌麝生殖系统解剖图（产后）

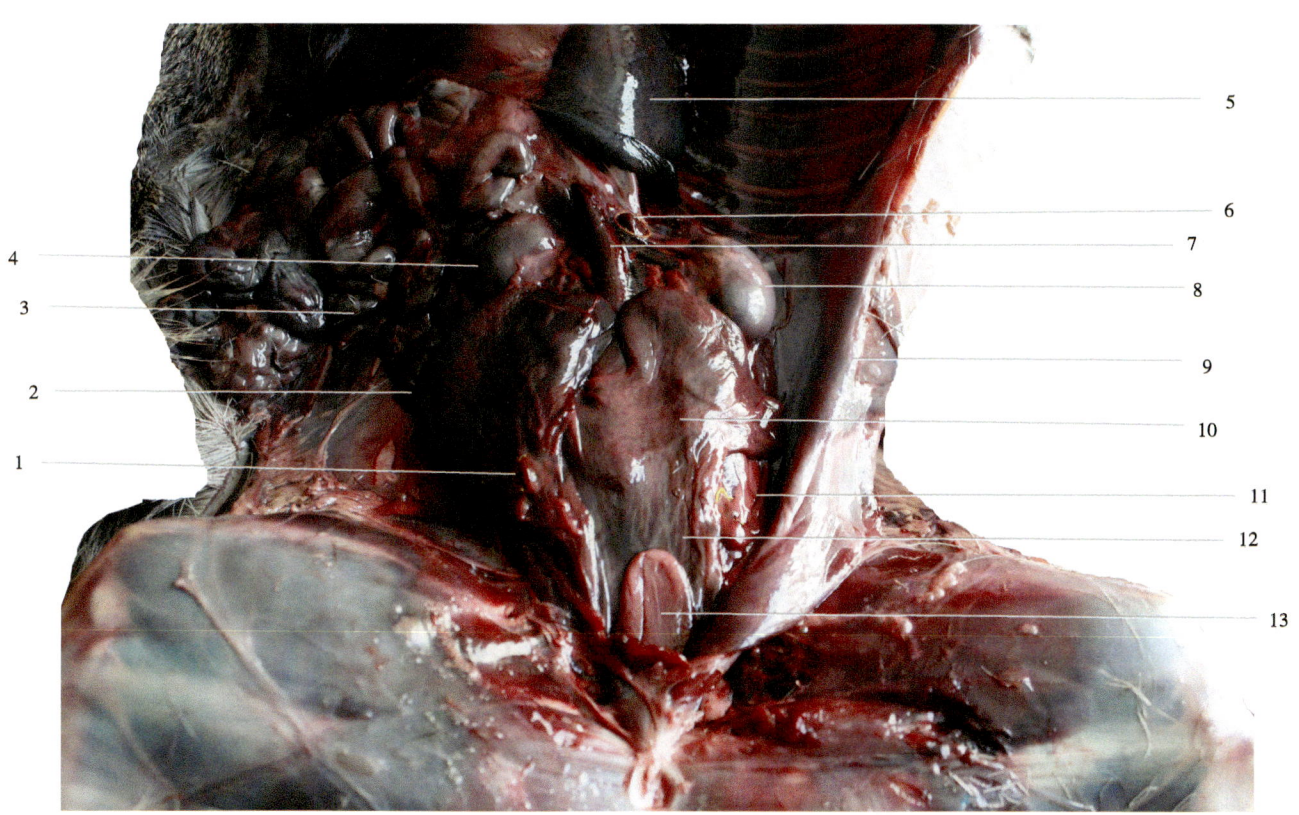

1—卵巢；2—直肠；3—结肠；4—右肾；5—脾脏；6—淋巴结；7—主动脉；8—左肾；9—腹壁；10—子宫体；11—子宫阔韧带；12—子宫颈；13—膀胱。

图6-10 产后雌麝子宫形态及位置

(三) 子宫

林麝的子宫为双角子宫。产后子宫体长12 cm，子宫角展开宽27 cm。在非繁殖期，基本上都位于骨盆腔内。子宫角前部靠近骨盆前口附近，后段子宫体完全在骨盆内。背侧为直肠，腹侧为膀胱。子宫阔韧带很薄。繁殖期子宫扩大3倍以上。

子宫黏膜上有子宫阜排成4纵列共20个，成体子宫大小在不同季节变化很大。位置较高，位于骨盆腔前口，荐骨岬后下方，左右子宫角尖端的内侧。一端由卵巢系膜悬吊在骨盆前口的两侧壁上，子宫端由卵巢固有韧带连于子宫角端部。卵巢大小在1 cm以内。

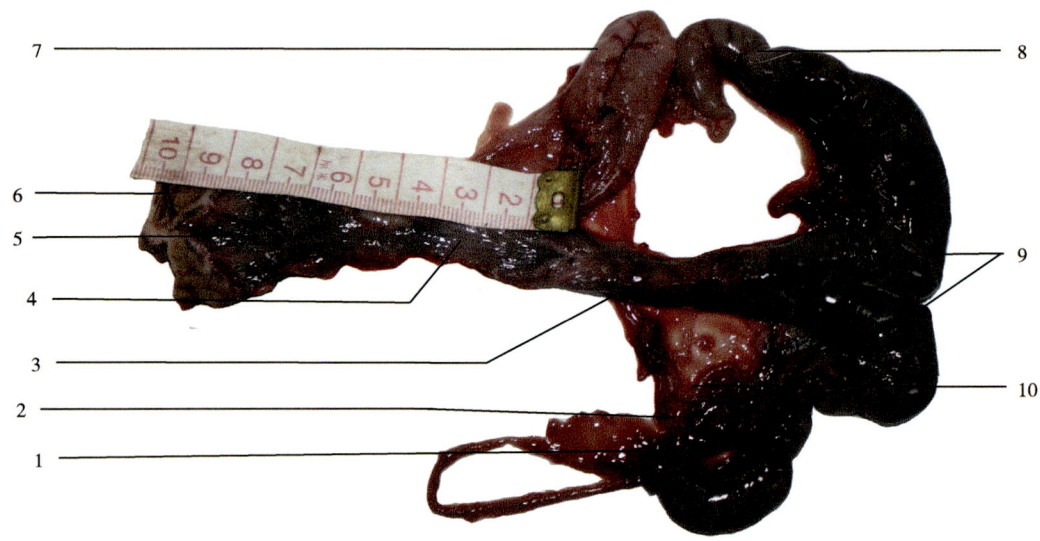

1—子宫阔韧带；2—卵巢；3—子宫颈；4—阴道；5—尿生殖前庭；6—阴蒂；7—膀胱；8—子宫角；9—子宫体；10—输卵管。

图6-11　雌麝生殖器官组成及形态（产后）

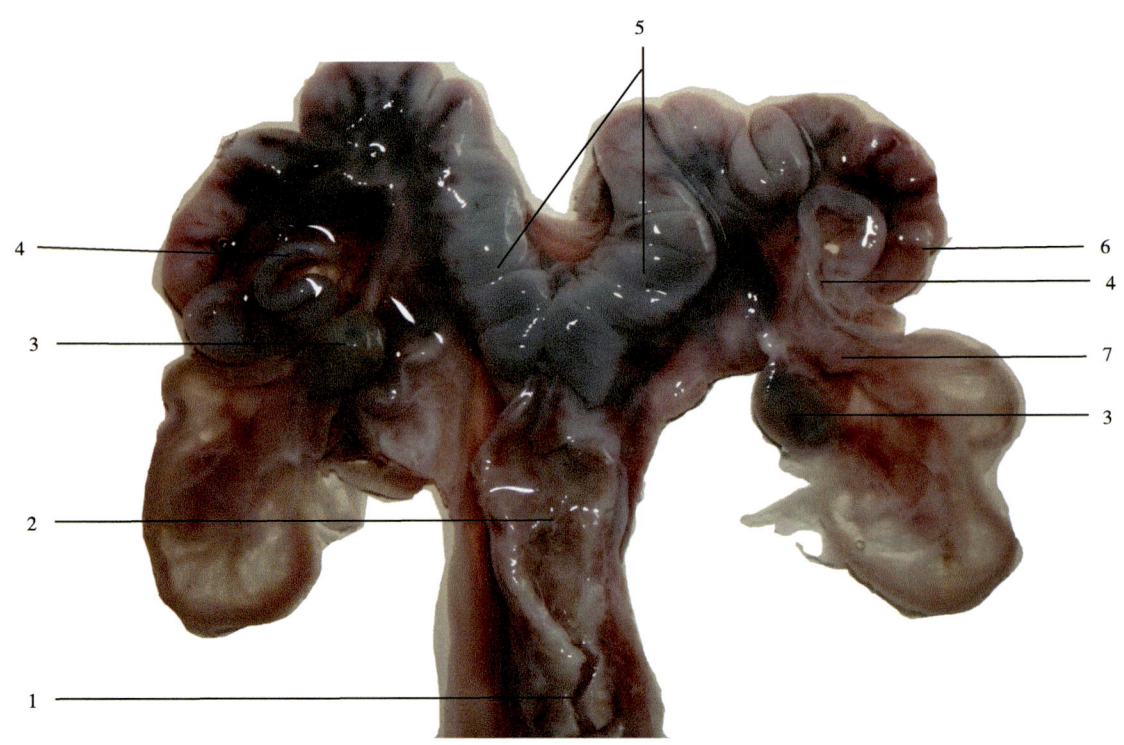

1—阴道；2—子宫颈；3—卵巢；4—输卵管；5—子宫体；6—子宫角；7—子宫阔韧带。

图6-12　孕期子宫

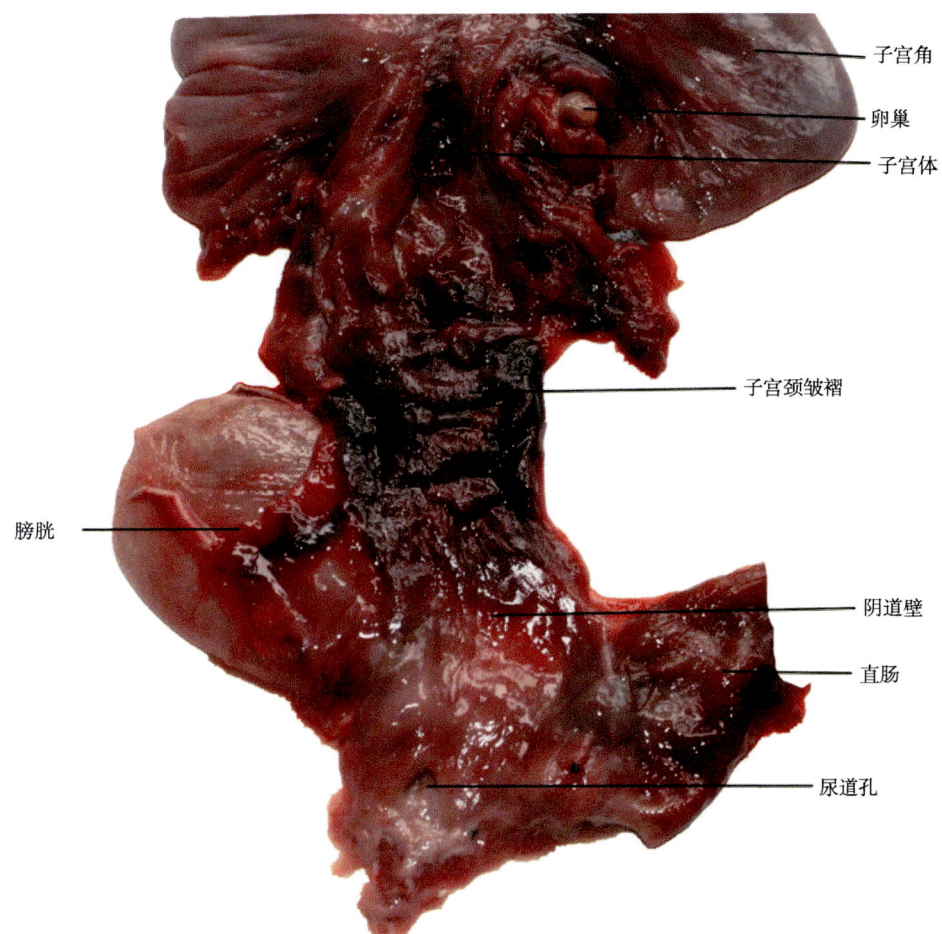

图6-13 产后雌麝生殖器官剖面结构

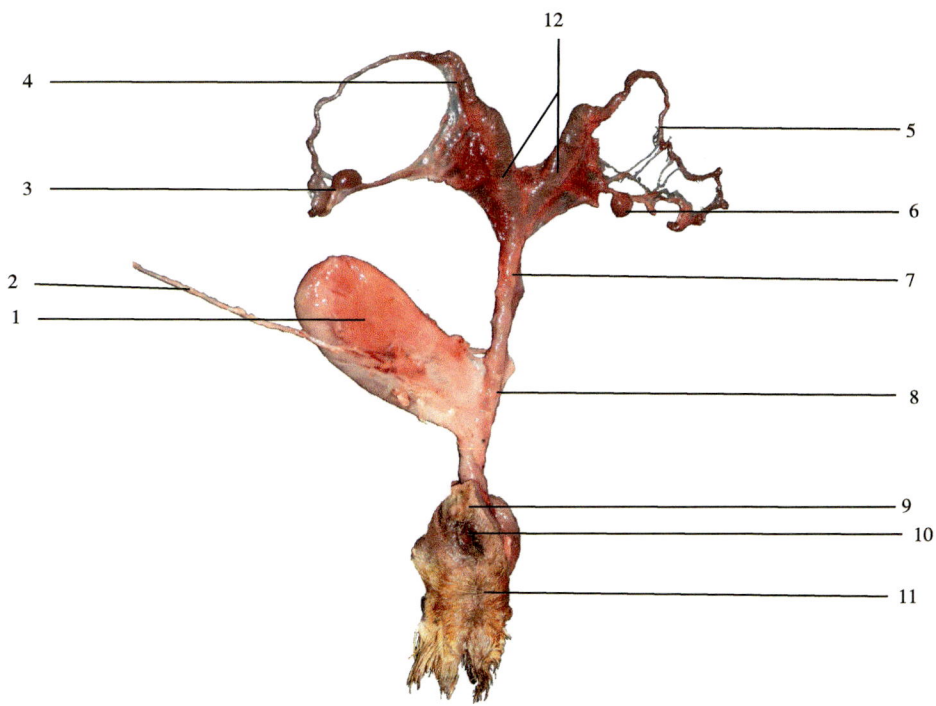

1—膀胱；2—输尿管；3—卵巢；4—子宫角；5—输卵管；6—卵巢；7—子宫颈；8—阴道；9—尿生殖前庭；10—阴门；11—肛门；12—子宫体。

图6-14 非繁殖期雌麝生殖系统形态

（四）阴道、尿生殖前庭与阴门

雌麝成体阴道长9～11 cm。前接子宫，后延续为尿生殖道前庭。子宫颈阴道部周围有不太大的环形阴道穹窿，阴道黏膜为浅粉红色，有一些小皱褶。雌麝发育成熟到1.5岁以后，尿生殖前庭部位的结构如前庭大腺、阴瓣等才明显可见。阴门由左右两片阴唇组成（图6-15至图6-17）。

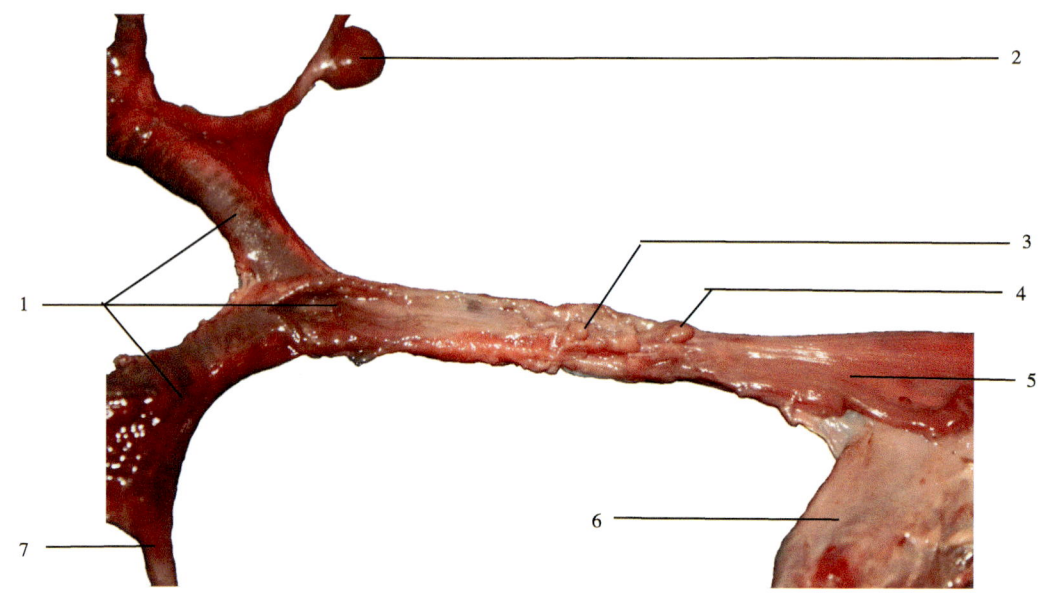

1—子宫体；2—卵巢；3—子宫颈；4—黏膜圆形隆起；5—阴道黏膜；6—膀胱；7—子宫角。

图6-15　雌麝阴道结构

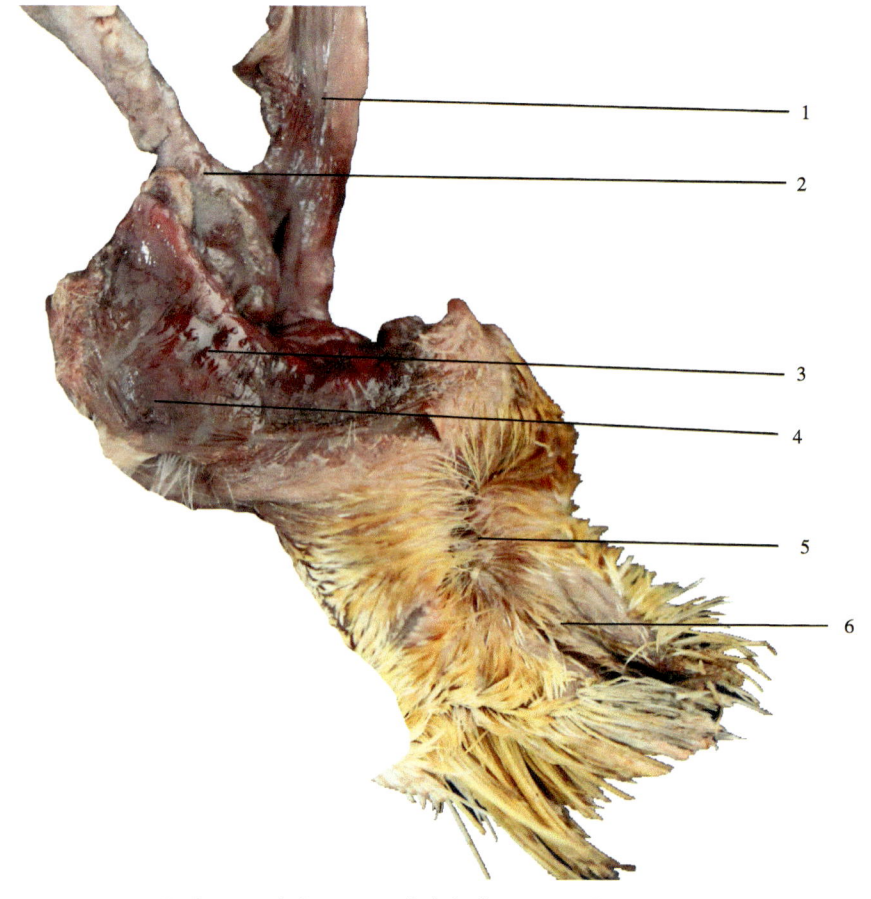

1—阴道；2—膀胱颈；3—前庭大腺；4—阴瓣；5—肛门；6—尾。

图6-16　雌麝外生殖道结构

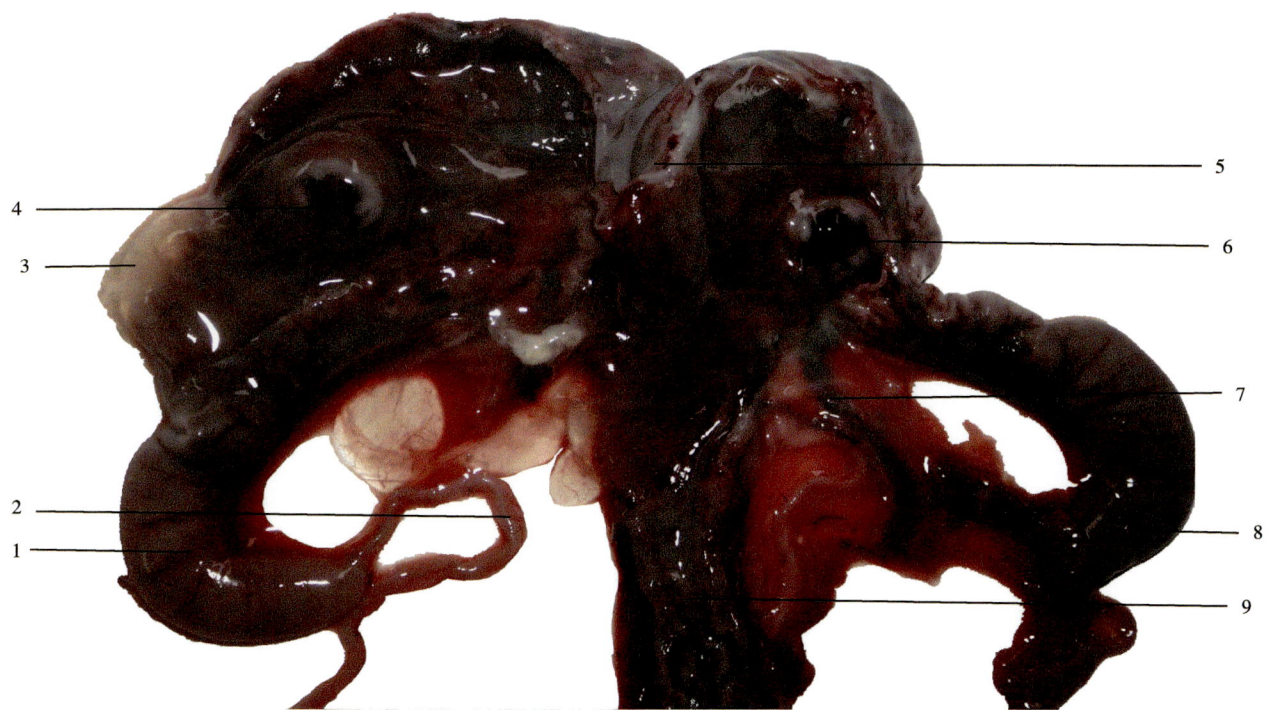

1—子宫角；2—输卵管；3—子宫阔韧带；4—胎儿；5—子宫体；6—胎儿；7—血管；8—子宫角；9—子宫颈。

图6-17　孕期雌麝子宫形态

第七章 心血管系统

心血管系统是一个闭锁的管道系统，包括心、血管（动脉、静脉、毛细血管）和充满其中的血液。心是血液循环的动力器官，动脉是导血液出心的血管，静脉是输血液回心的血管，毛细血管是动脉和静脉之间的微细血管。

通过血液循环，将消化系统和呼吸系统摄取的营养物质和氧输送到机体各器官，并将各器官的代谢产物输送至肺和肾而排出体外，以保证新陈代谢的正常进行。此外，血液循环还有输送激素以调节各器官的正常生理活动，以及调节体温等作用（图7-1）。

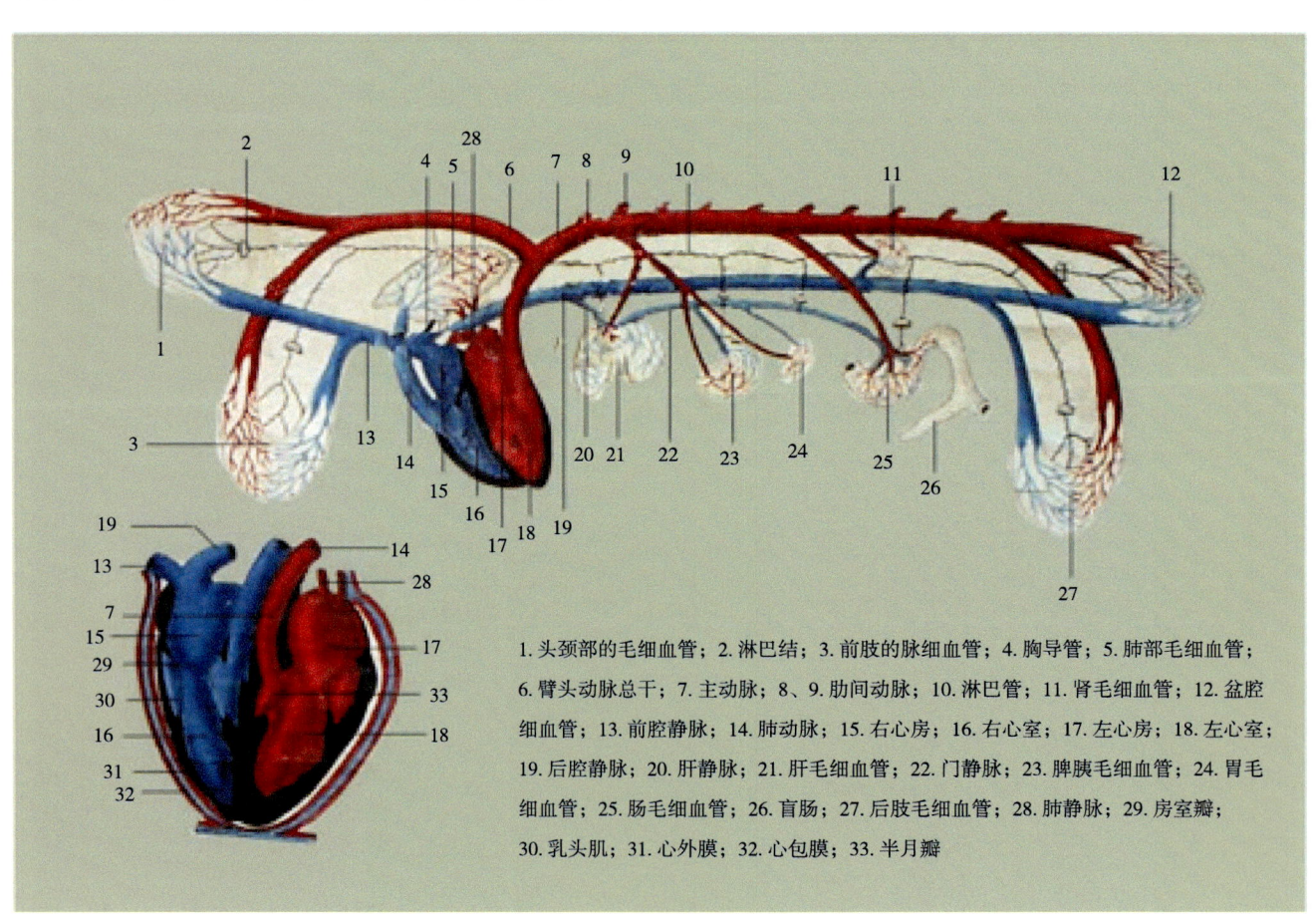

1.头颈部的毛细血管；2.淋巴结；3.前肢的脉细血管；4.胸导管；5.肺部毛细血管；6.臂头动脉总干；7.主动脉；8、9.肋间动脉；10.淋巴管；11.肾毛细血管；12.盆腔细血管；13.前腔静脉；14.肺动脉；15.右心房；16.右心室；17.左心房；18.左心室；19.后腔静脉；20.肝静脉；21.肝毛细血管；22.门静脉；23.脾胰毛细血管；24.胃毛细血管；25.肠毛细血管；26.盲肠；27.后肢毛细血管；28.肺静脉；29.房室瓣；30.乳头肌；31.心外膜；32.心包膜；33.半月瓣

图7-1　血液循环及心脏

一、心

（一）心的位置和形态

林麝的心脏位于胸腔纵膈内，约在胸腔下2/3部，或第3对肋骨与第6对肋骨之间，夹在左、右两肺间，略偏左。心脏是一中空的肌质器官，外有心包膜包裹。心脏呈左、右稍扁的倒立圆锥形，其前

缘凸，后缘短而直；上部大称心基，有进出心脏的大血管；下部小且游离，称为心尖。心脏表面有一环状的冠状沟和两条纵沟，冠状沟靠近心基，是心房和心室的外表分界，上部为心房，下部为心室（图7-2至图7-5）。

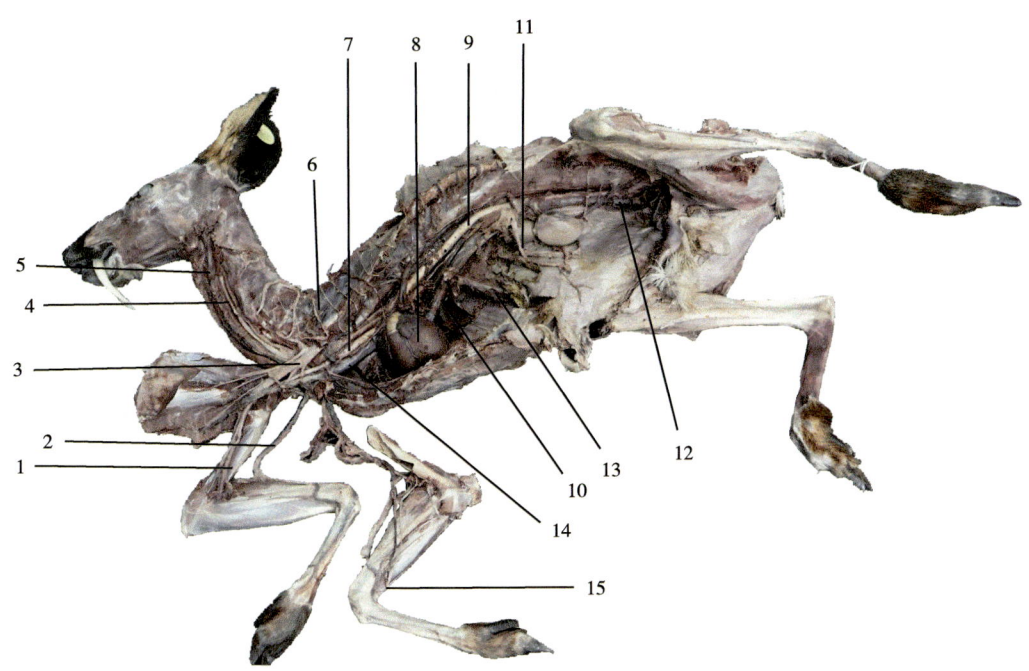

1—正中静脉；2—桡侧副静脉；3—肩神经丛；4—颈动脉；5—颈静脉；6—脊神经纤维；7—臂头动脉总干；8—心脏；9—胸主动脉；10—后腔静脉；11—肠动脉；12—阴部静脉干；13—肠静脉；14—前腔静脉；15—正中静脉。

图7-2　雄麝心血管系统

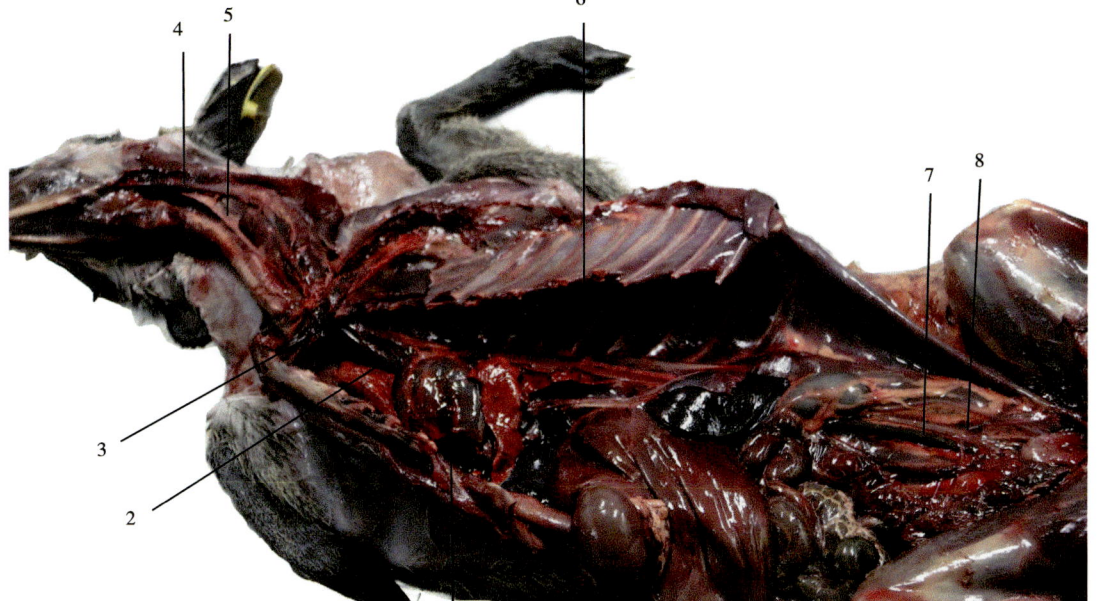

1—心；2—前腔静脉；3—锁骨血管枢纽；4—左颈静脉；5—左颈动脉；6—主动脉弓；7—后腔静脉；8—降主动脉。

图7-3　林麝心血管系统解剖

1—左锁骨下动脉；2—左锁骨下静脉；3—臂皮下静脉；4—前臂骨；5—右肺叶；6—前腔静脉；7—右心房；8—心大静脉；9—臂头动脉总干；10—食管；11—第8肋神经支；12—肺尖叶；13—主动脉；14—臂神经干。

图7-4　林麝心脏在胸腔的位置

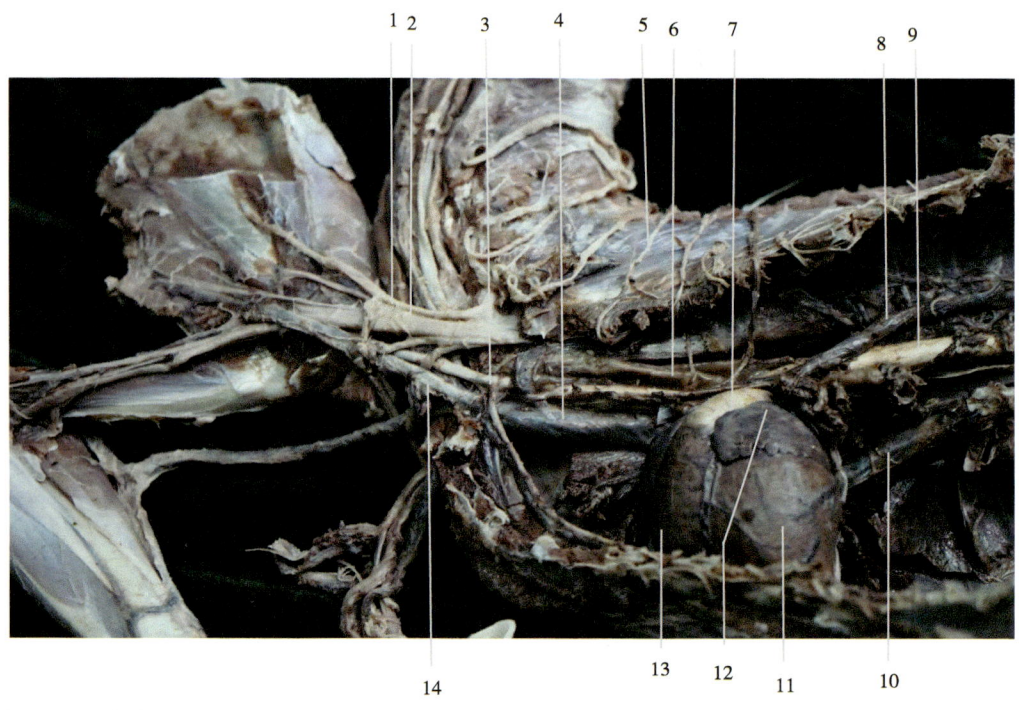

1—肩胛下神经；2—臂神经干；3—左锁骨下动脉；4—前腔静脉；5—脊神经；6—肺动脉；7—升主动脉；8—奇静脉；9—主动脉弓；10—后腔静脉；11—心脏；12—右心耳；13—左心室；14—腋静脉。

图7-5　林麝心血管解剖

（二）心腔的构造

心腔以纵走的房间隔和室间隔分为左右互不相通的两半。每半又分为上部的心房和下部的心室，同侧的心房和心室各以房室口相通。右心房占据心基的右前部。右心耳呈圆锥形盲囊，尖端向左向后至肺动脉前方，内壁有许多方向不同的肉嵴，称梳状肌。右心室位于心的右前部，顶端向下，不达心尖。其入口为右房室口，出口为肺动脉口。左心房构成心基的左后部，左心耳也呈圆锥状盲囊，向左向前突出，内壁也有梳状肌。在左心房背侧壁的后部，有6~8个肺静脉入口。左心房下方有一左房室口与左心室相通。左心室构成心室的左后部，室腔伸达心尖，室腔的上方有左房室口和主动脉口。左心室内也有心横肌（图7-6至图7-10）。

（三）心的血管

心脏本身的血液循环称为冠状循环，由冠状动脉、毛细血管和心静脉组成。

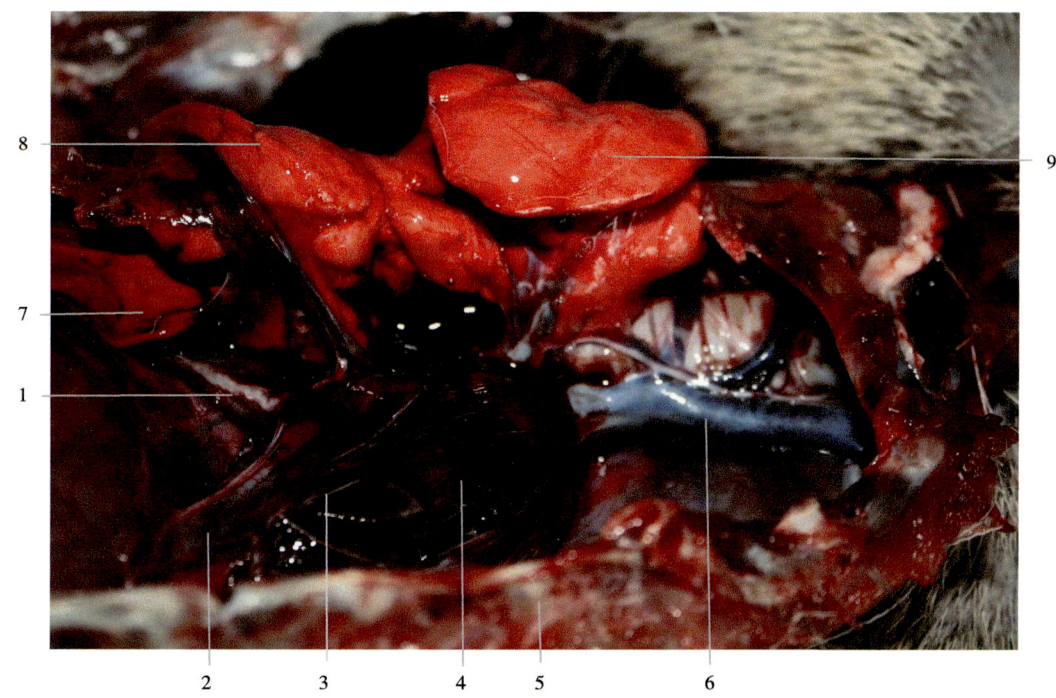

1—后腔静脉；2—右心室；3—三尖瓣；4—右心房；5—第四肋骨；6—前腔静脉；7—肺膈叶；8—肺心叶；9—肺尖叶。

图7-6 心脏及周围主要血管纵剖面

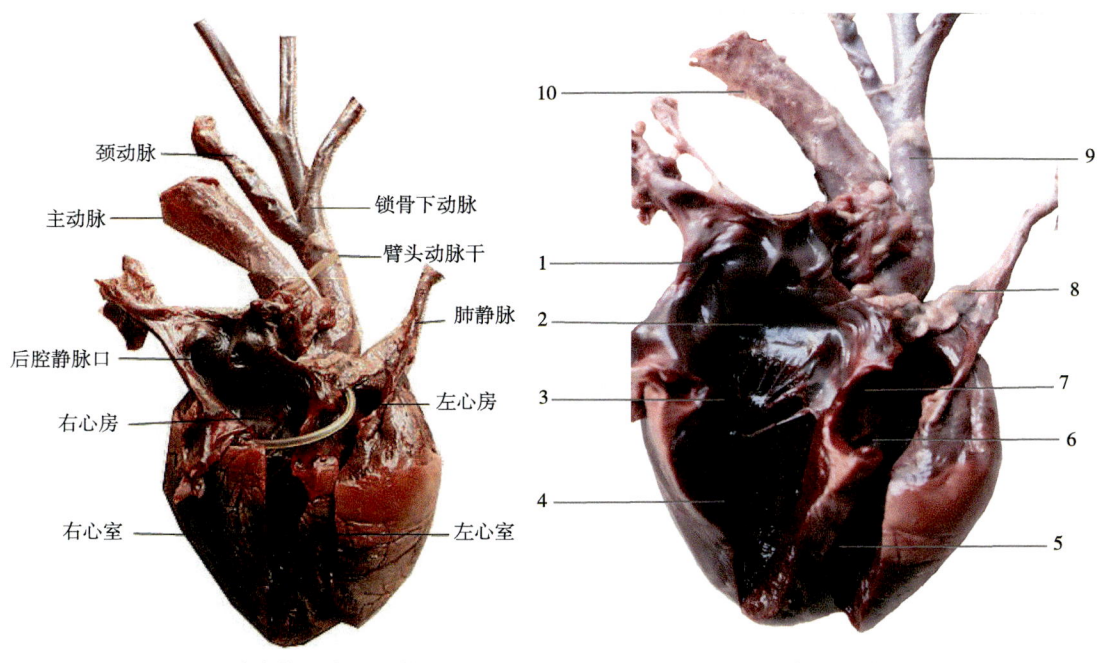

图7-7 心脏离体形态及结构　　　　图7-8 离体心脏剖面

1—后腔静脉口；2—右心房；3—三尖瓣梳状肌；4—右心室；5—左心室；6—二尖瓣；7—左心房；8—肺静脉；9—臂头动脉总干；10—主动脉。

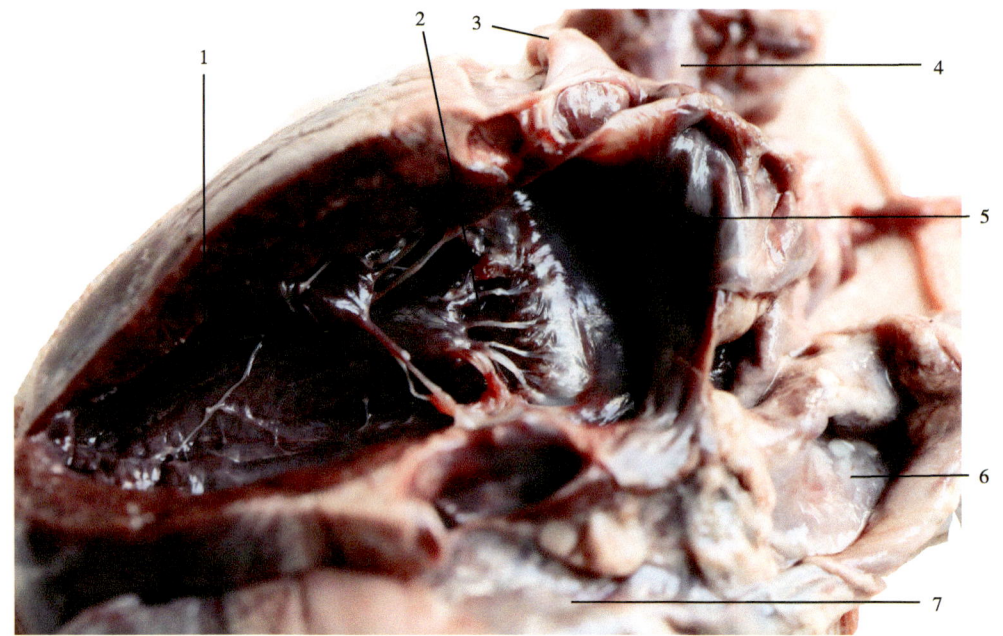

1—右心室；2—梳状肌；3—后腔静脉；4—臂头动脉总干；5—右心房；6—左心房；7—左心室。

图7-9　右心房、右心室内部结构

红色：动脉
灰白色：毛细血管
蓝黑色：静脉

1—右心室；2—尖叶；3—臂头动脉干；4—肺静脉；5—右心耳；6—左心室；7—左心房；8—后腔静脉；9—膈叶；10—心叶；11—冠状静脉。

图7-10　心肺血管铸型

二、血管

（一）主要动脉

林麝动脉血管主要由弹性纤维构建，富有弹性且不易折断。多隐于组织深层，常与神经干伴行（图7-11至图7-24）。实质性器官血管分布密集且发达，毛细血管丰富。

1. 主动脉

起于左心室，分为升主动脉、主动脉弓和降主动脉。降主动脉分为胸主动脉和腹主动脉。

2. 升主动脉

在起始部分分出左右冠状动脉，主干移行为主动脉弓。

3. 主动脉弓

向前分出臂头动脉干，主干移行为降主动脉。

4. 臂头动脉干

分出左锁骨下动脉后，主干移行为臂头动脉。

5. 臂头动脉

分出双颈动脉干后，主干移行为右锁骨下动脉。

6. 双颈动脉干

在胸前口分为左右颈动脉。

7. 颈总动脉

在颈静脉沟深部，在寰枕关节处分出枕动脉、颈内动脉，主干移行为颈外动脉。

8. 颈外动脉

是左右锁骨下动脉延续，主干分为腋动脉、臂动脉。

9. 正中动脉

指掌侧第3总动脉、第3、4指掌轴侧固有动脉。

10. 降主动脉

（1）胸主动脉。分支有肋间背侧动脉和支气管食管动脉。

（2）腹主动脉。分支有腹腔动脉、肠系膜前动脉、肾动脉、肠系膜后动脉、睾丸动脉（子宫卵巢动脉）、腰动脉、髂外动脉和髂内动脉。

（3）后肢动脉。是左右髂外动脉的延续，主干分为股动脉、腘动脉、胫前动脉、跖背侧第3动脉和趾背侧固有动脉。

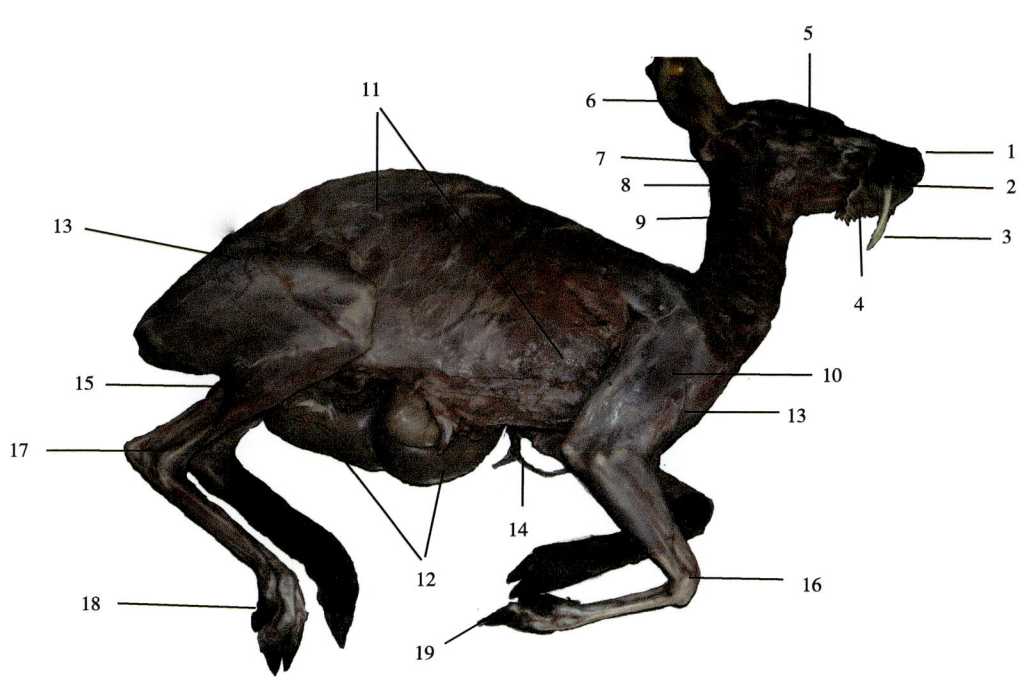

1—鼻镜；2—唇；3—犬牙；4—下颌皮肤；5—眼球；6—右耳；7—咬肌；8—腮腺；9—颈皮肌；
10—肩臂皮肌；11—躯干皮肌；12—瘤胃；13—皮下血管网；14—左前肢静脉；15—小腿外侧皮下静脉；
16—肘关节；17—跗关节；18—后蹄；19—前蹄。

图7-11 雄麝皮下血管

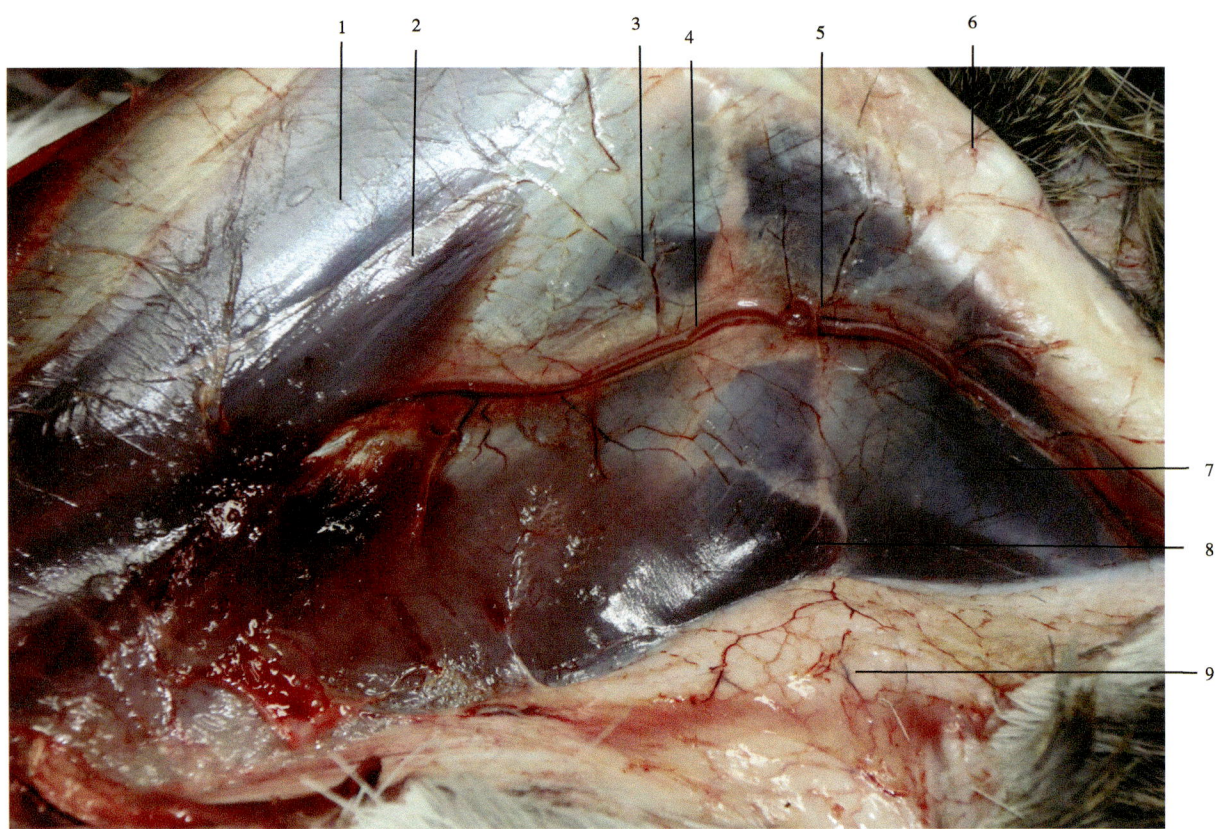

1—股外侧肌；2—股二头肌；3—无名血管；4—小腿外侧皮下静脉；5—皮下动脉；
6—胫骨；7—腓骨长肌；8—半腱肌；9—皮下血管网。

图7-12 林麝后肢皮下血管

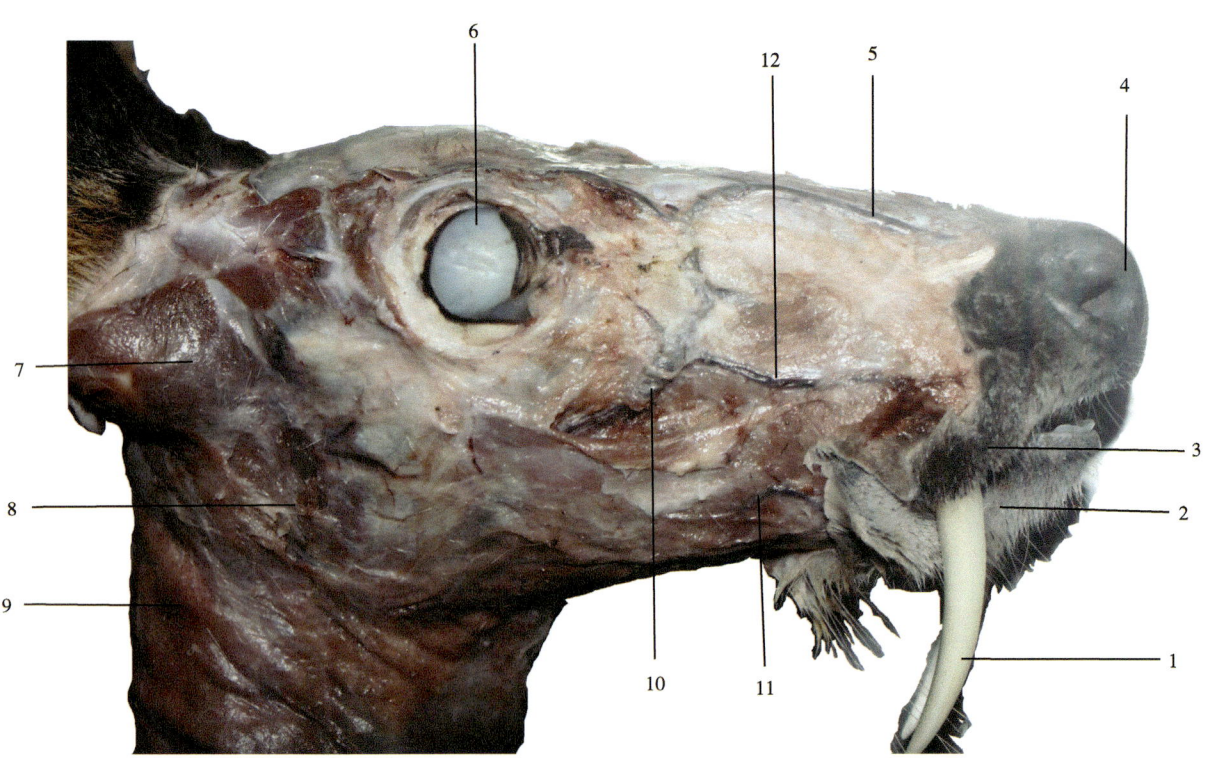

1—犬牙；2—下唇；3—上唇；4—鼻镜；5—鼻背侧静脉；6—眼球；7—耳轮匝肌；8—腮腺；
9—颈背侧皮肌；10—面静脉；11—下唇静脉；12—上唇静脉。

图7-13 雄麝头面部浅层血管

第七章 心血管系统

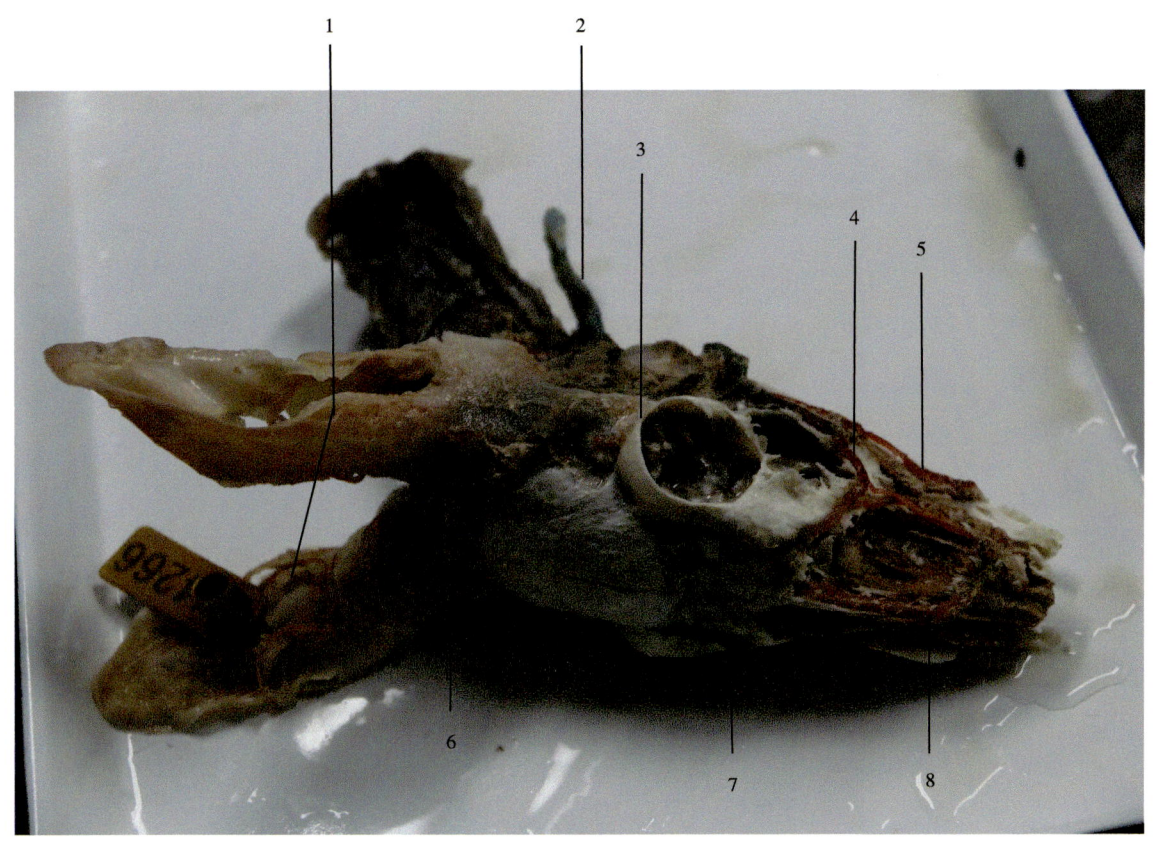

1—耳缘动脉；2—左颈静脉；3—眼角动脉；4—鼻外侧动脉鼻内侧动脉；
5—上唇动脉；6—耳大动脉；7—眼角静脉；8—鼻内侧动脉。

图7-14 雌麝头部血管铸型

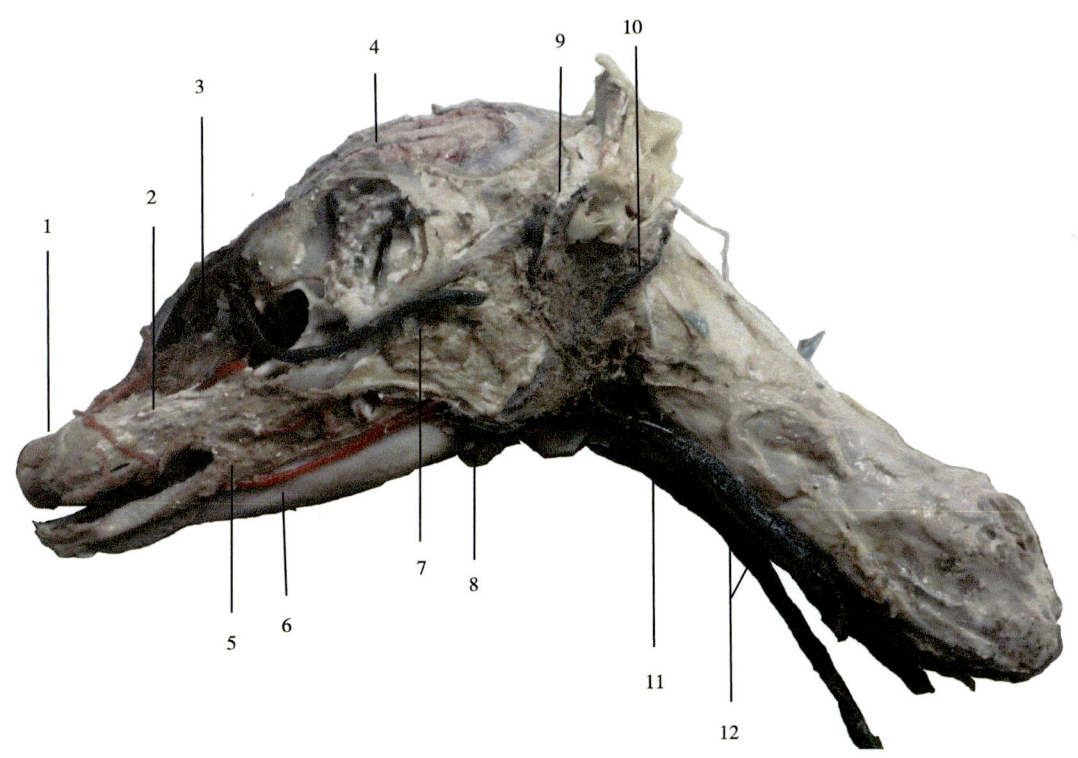

1—上唇动脉；2—眼角动脉；3—鼻窦；4—头皮动脉血管网；5—颊肌动脉；6—面动脉；7—面深静脉；
8—面静脉；9—耳大动脉；10—颞浅静脉；11—左颈动脉；12—左右颈静脉。

图7-15 头颈部浅层血管铸型

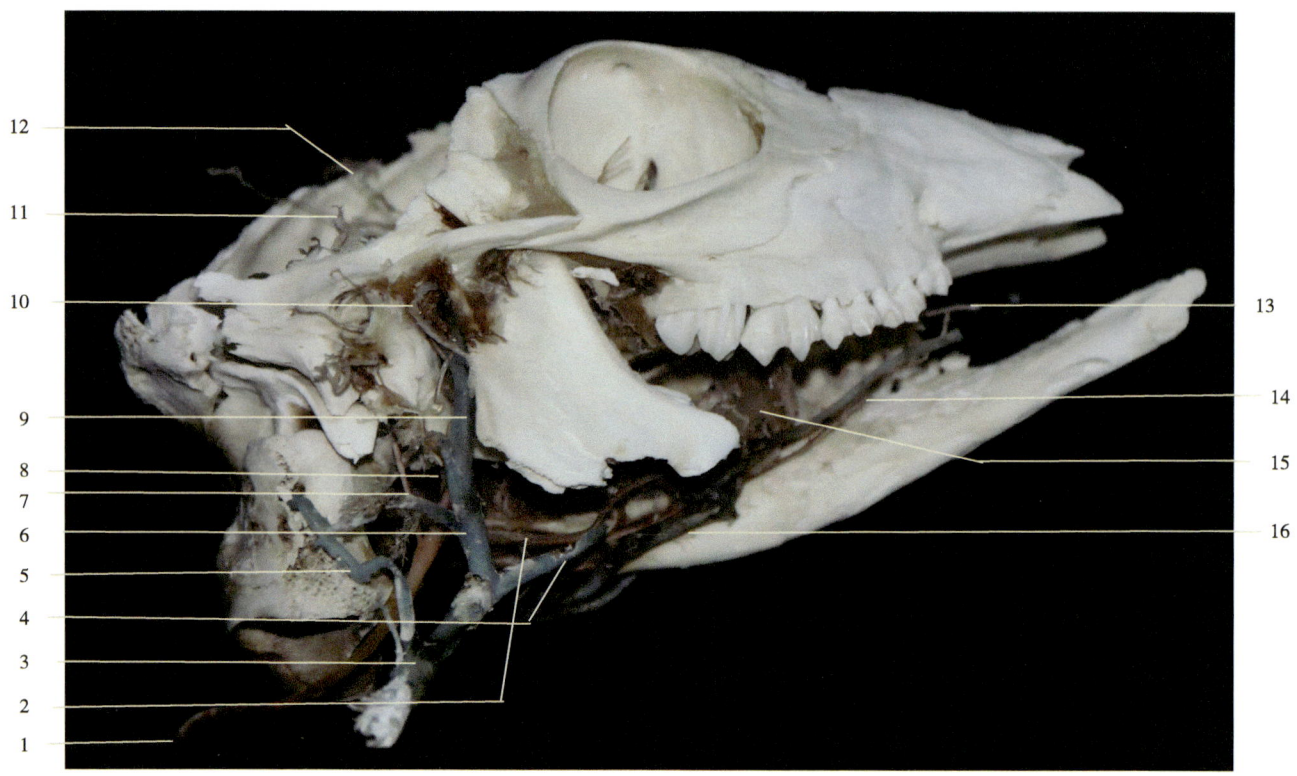

1—颈动脉；2—面动脉；3—颈静脉；4—舌静脉；5—枕静脉；6—颈外静脉；7—颞浅动脉；8—颈内动脉；9—颌内静脉；10—颅枕动脉；11—耳内静脉；12—耳内动脉；13—鼻动脉；14—舌静脉；15—颌内动脉；16—面静脉。

图7-16 头颈部主要血管铸型

1—上唇动脉；2—鼻外侧动脉；3—眼角静脉；4—眼角动脉；5—颅内静脉；6—颅内动脉；7—颞浅静脉；8—耳大动脉；9—耳大静脉；10—颅枕静脉；11—右颈静脉；12—右颈动脉；13—左颈动脉；14—左颈静脉；15—咬肌动脉；16—颌外动脉；17—颌外静脉；18—颌内静脉；19—颌内动脉；20—面动脉；21—面静脉；22—面深静脉；23—鼻外侧静脉；24—下唇静脉。

图7-17 林麝头部血管塑化形态（肉色为动脉、蓝色为静脉）

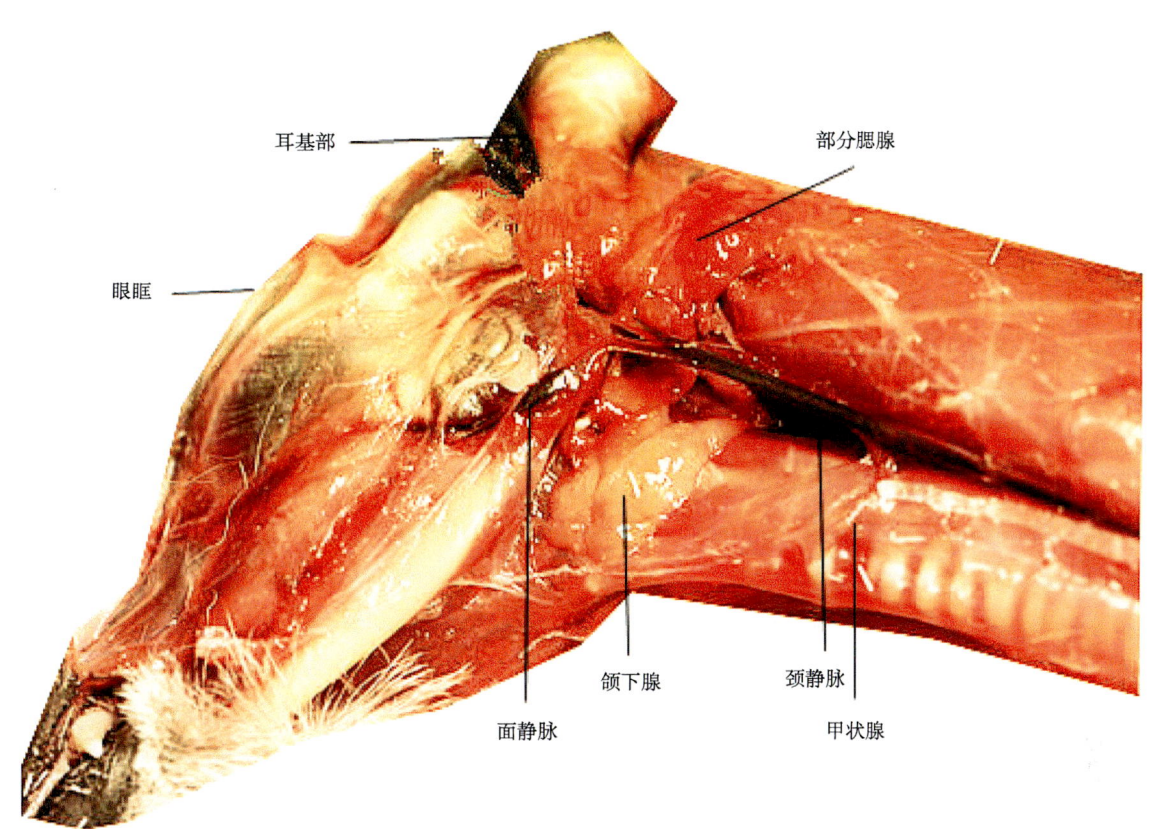

图7-18 颈部浅层结构

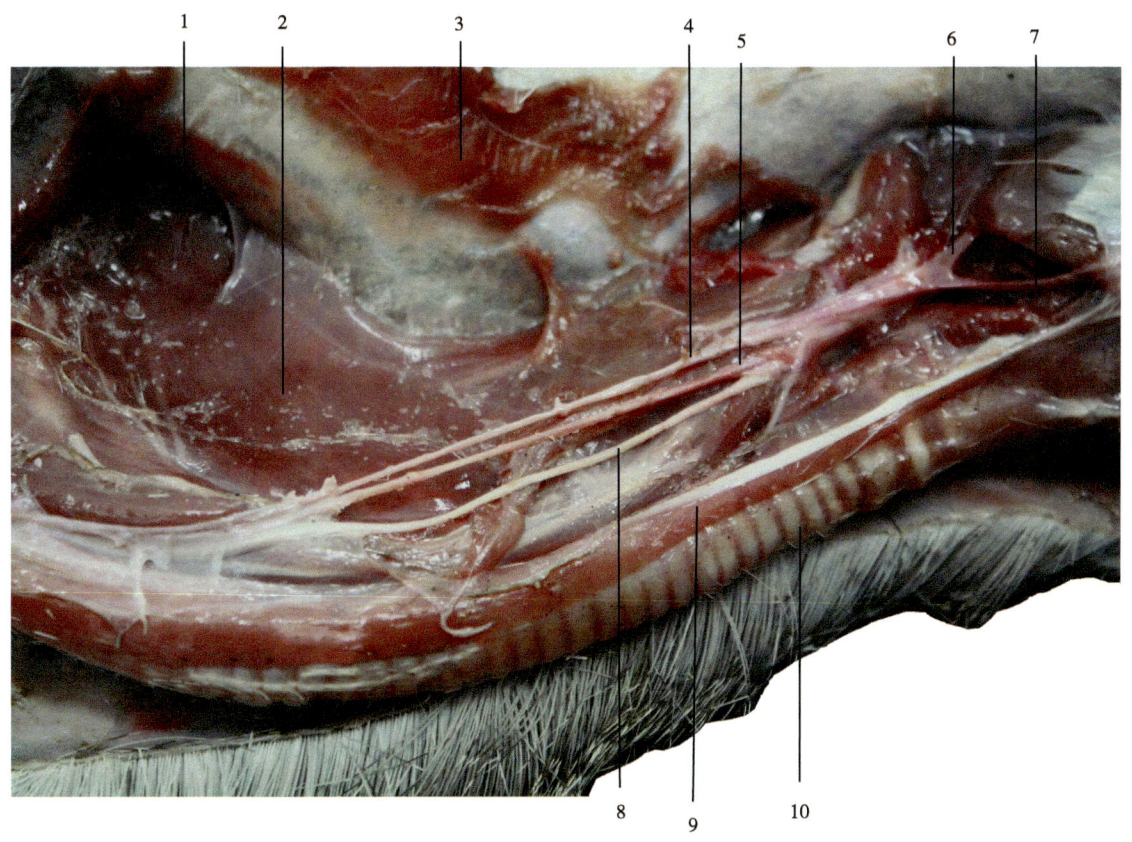

1—臂头肌；2—头长肌；3—锁乳突肌；4—颈静脉；5—右颈动脉；6—颌外静脉；7—颌内静脉；8—迷走神经；9—胸骨甲状肌；10—气管。

图7-19 颈部主要血管

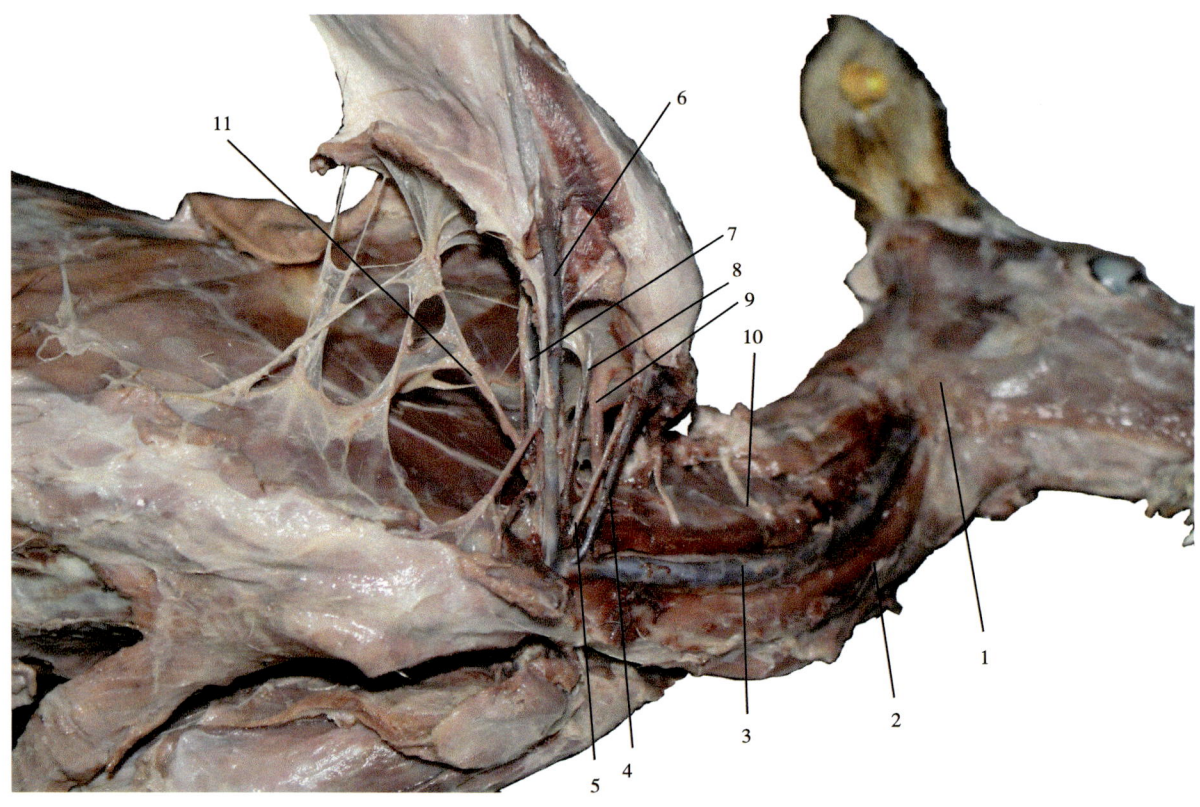

1—腮腺；2—气管；3—颈静脉；4—肩胛下静脉；5—肩胛下动脉；6—臂静脉；7—臂深静脉；8—臂动脉；9—肩胛上神经；10—颈神经背侧支；11—腋神经。

图7-20 雄麝腋下血管及神经

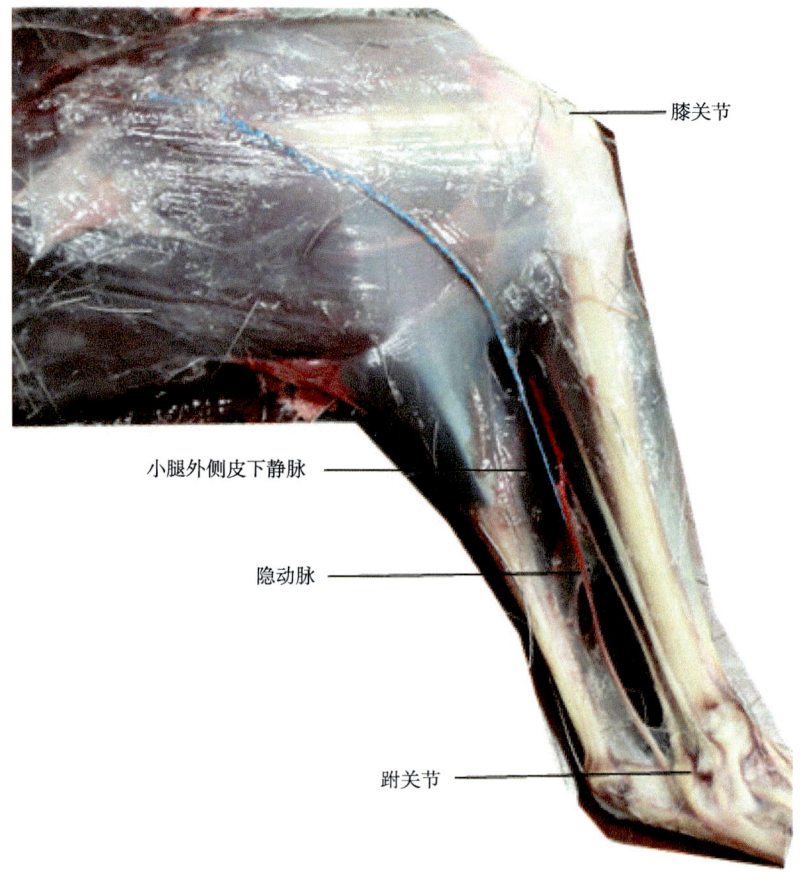

膝关节

小腿外侧皮下静脉

隐动脉

跗关节

图7-21 右后肢小腿主要血管

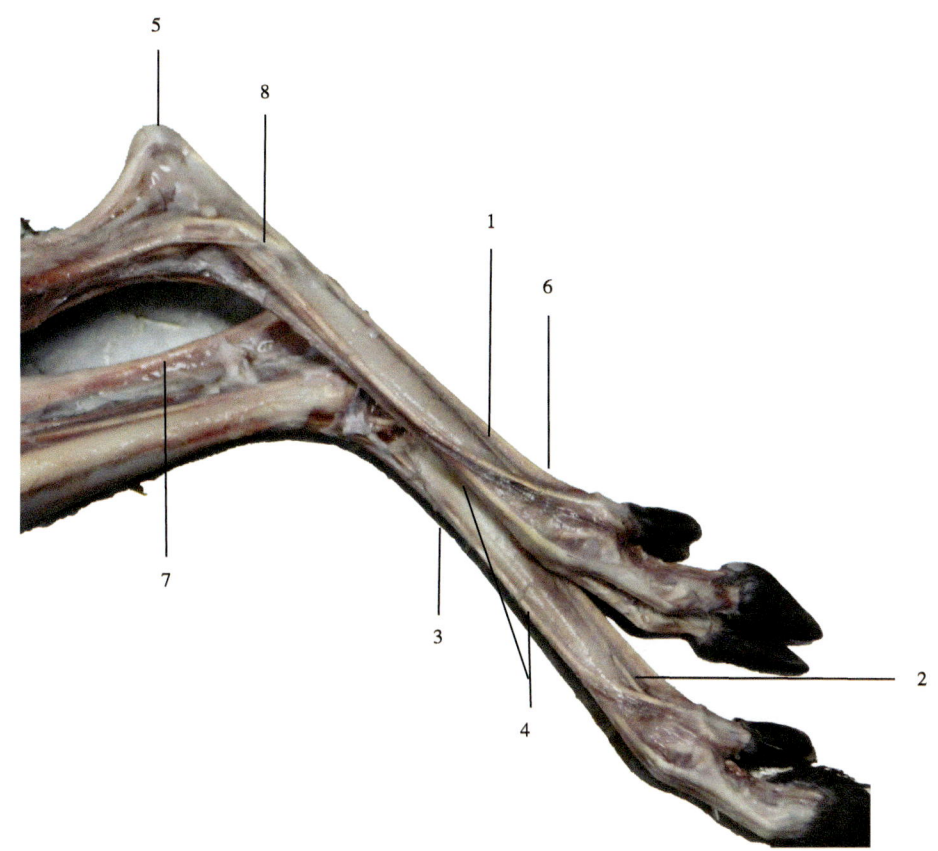

1—跖底外侧静脉；2—跖底内侧静脉；3—跖背侧总静脉；4—趾长伸肌腱；
5—跟结节；6—趾长屈肌腱；7—趾长屈肌腱；8—趾浅屈肌腱。

图7-22　后肢远端血管分布

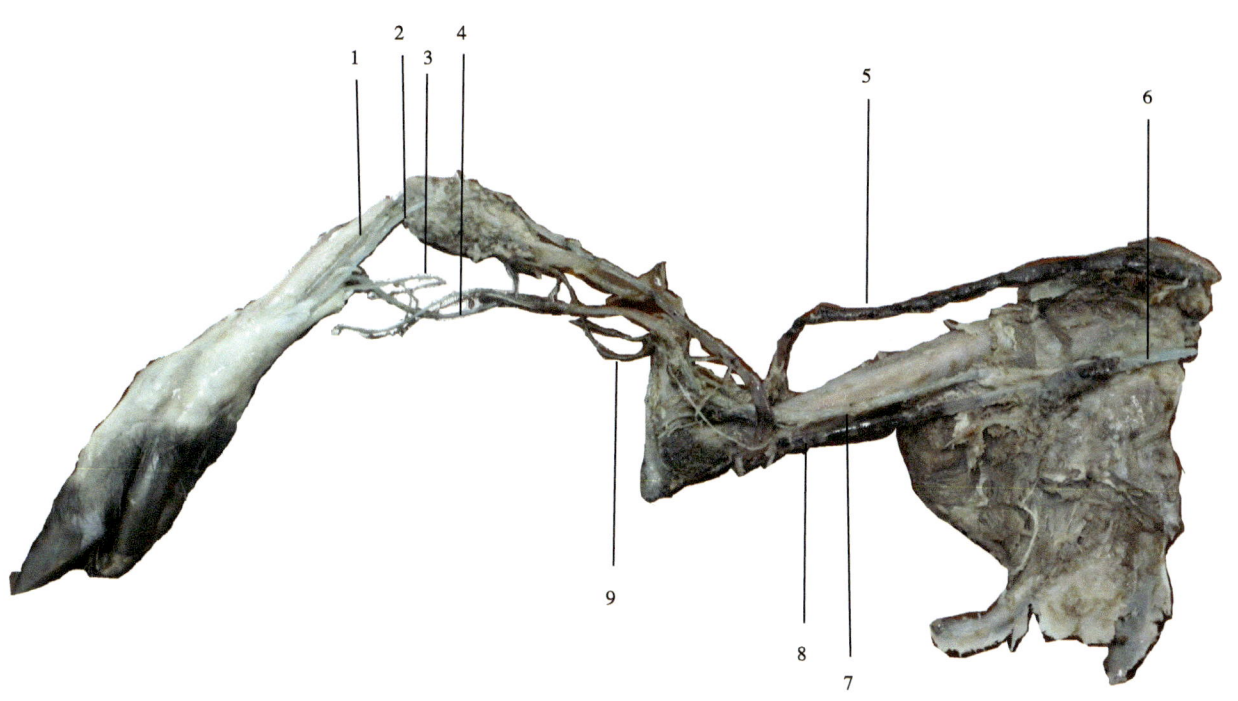

1—指总动脉；2—指总静脉；3—尺侧副动脉；4—尺侧附静脉；5—正中静脉；
6—腋静脉；7—臂静脉；8—臂动脉；9—尺动脉。

图7-23　林麝右前肢血管铸型

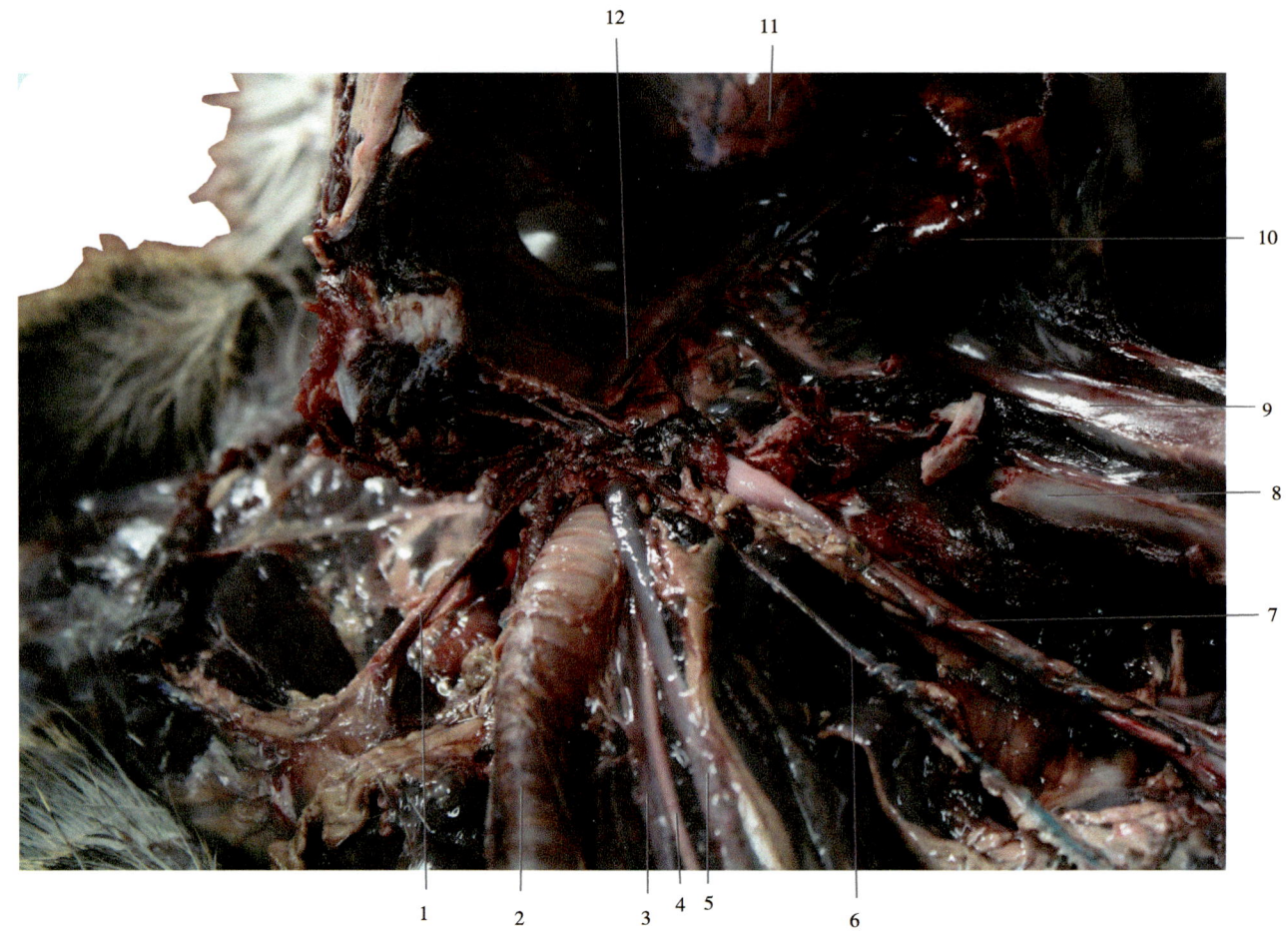

1—正中静脉；2—气管；3—颈动脉；4—迷走神经；5—右颈静脉；6—正中管脉；7—臂神经丛；8—第3肋骨；9—第4肋骨；10—肺尖叶；11—心；12—前腔静脉。

图7-24　林麝肩胸部主要血管

（二）主要静脉

林麝主要静脉血管较粗大，相比动脉血管韧性稍差，浅层分布较多。耳缘、上下唇、指尖等身体远端均有分布（图7-25至图7-30）。

1. 前腔静脉

前腔静脉是汇集头、颈、前肢和部分胸壁血液的静脉干。在胸前口处由左、右腋静脉和左、右颈内、外静脉汇合而成，位于气管和臂头动脉总干的腹侧，在心前纵膈内向后延伸，注入右心房。

2. 后腔静脉

后腔静脉是引导腹部、骨盆部、尾部和后肢静脉血入右心房的静脉干。

3. 门静脉

门静脉是汇集胃、肠、脾和胰静脉血的静脉干。由胃十二指肠静脉、脾静脉、肠系膜前后静脉汇集而成。

4. 奇静脉

奇静脉是汇集胸壁、腹壁和支气管食管静脉血的静脉干。由肋间静脉和支气管食管静脉汇集而成。

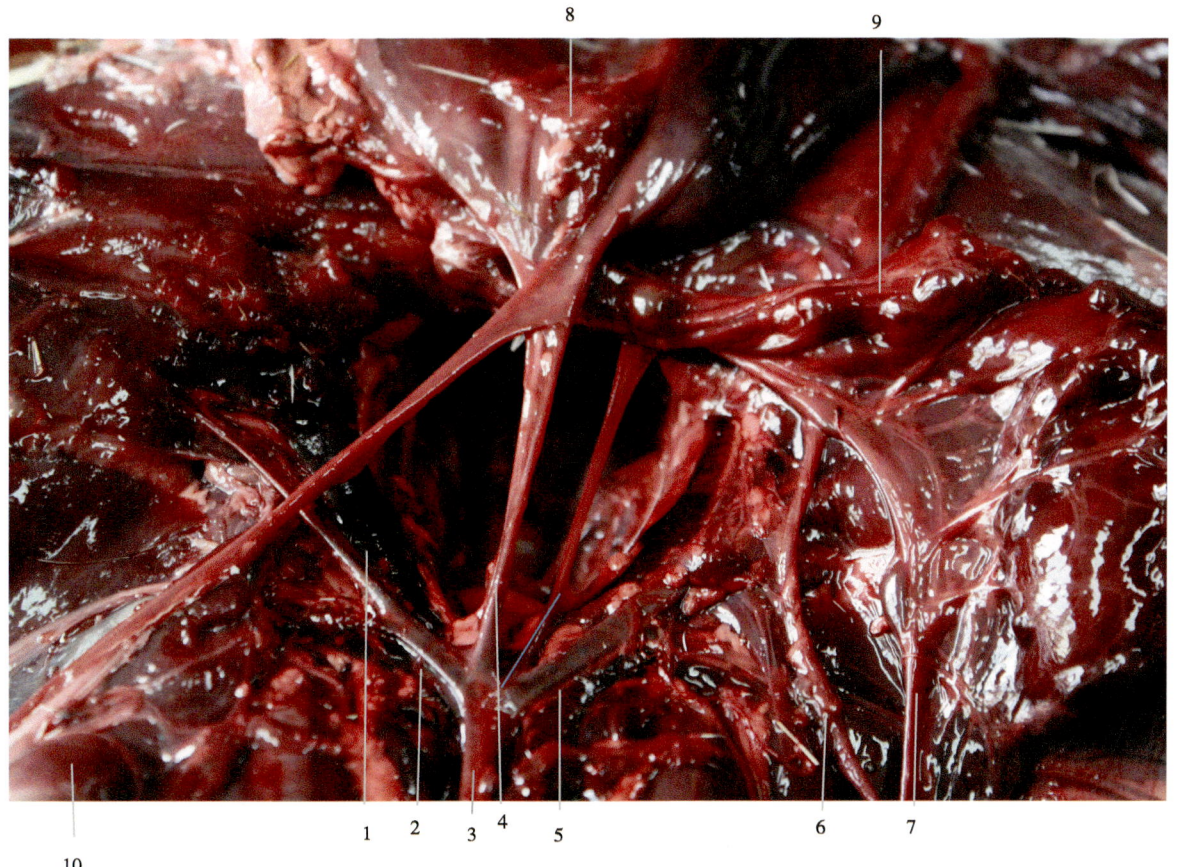

1—左髂外静脉；2—髂外动脉；3—降主动脉；4—髂内动脉；5—髂外动脉；6—输尿管；7—阴部静脉；8—乳腺；9—大肠；10—子宫+卵巢。

图7-25　林麝盆腔主要血管

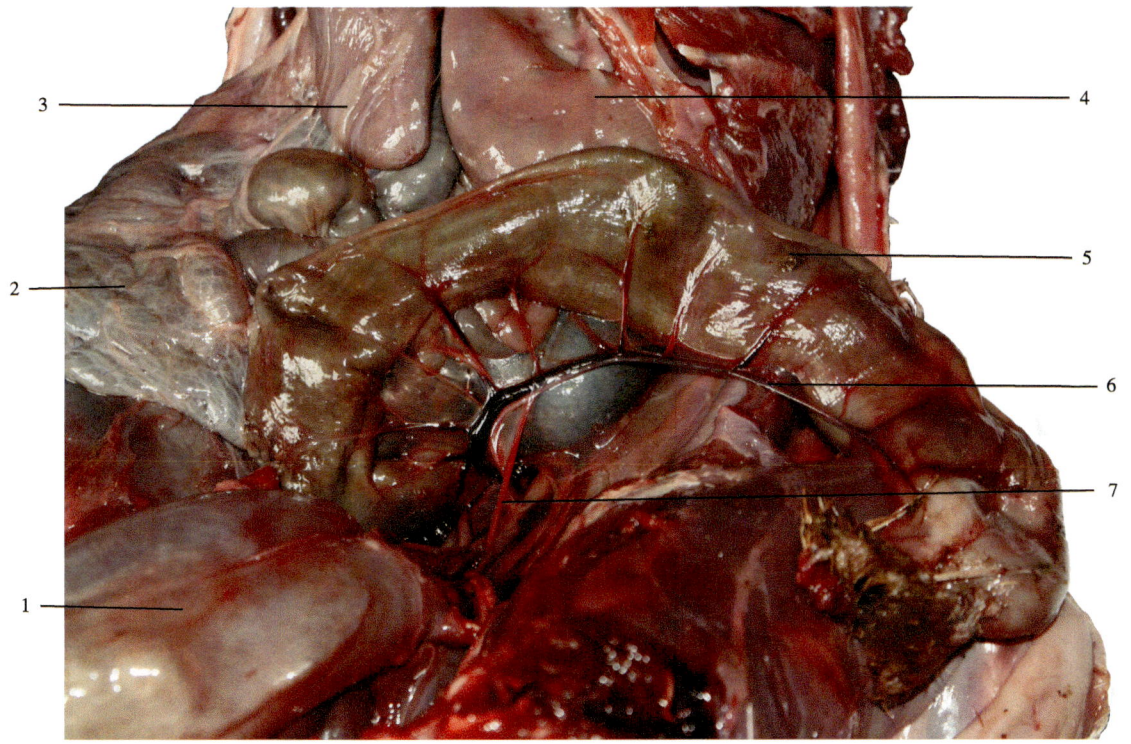

1—膀胱；2—空肠；3—瘤胃；4—网胃；5—大肠；6—肠系膜静脉；7—肠系膜动脉。

图7-26　林麝大肠血管

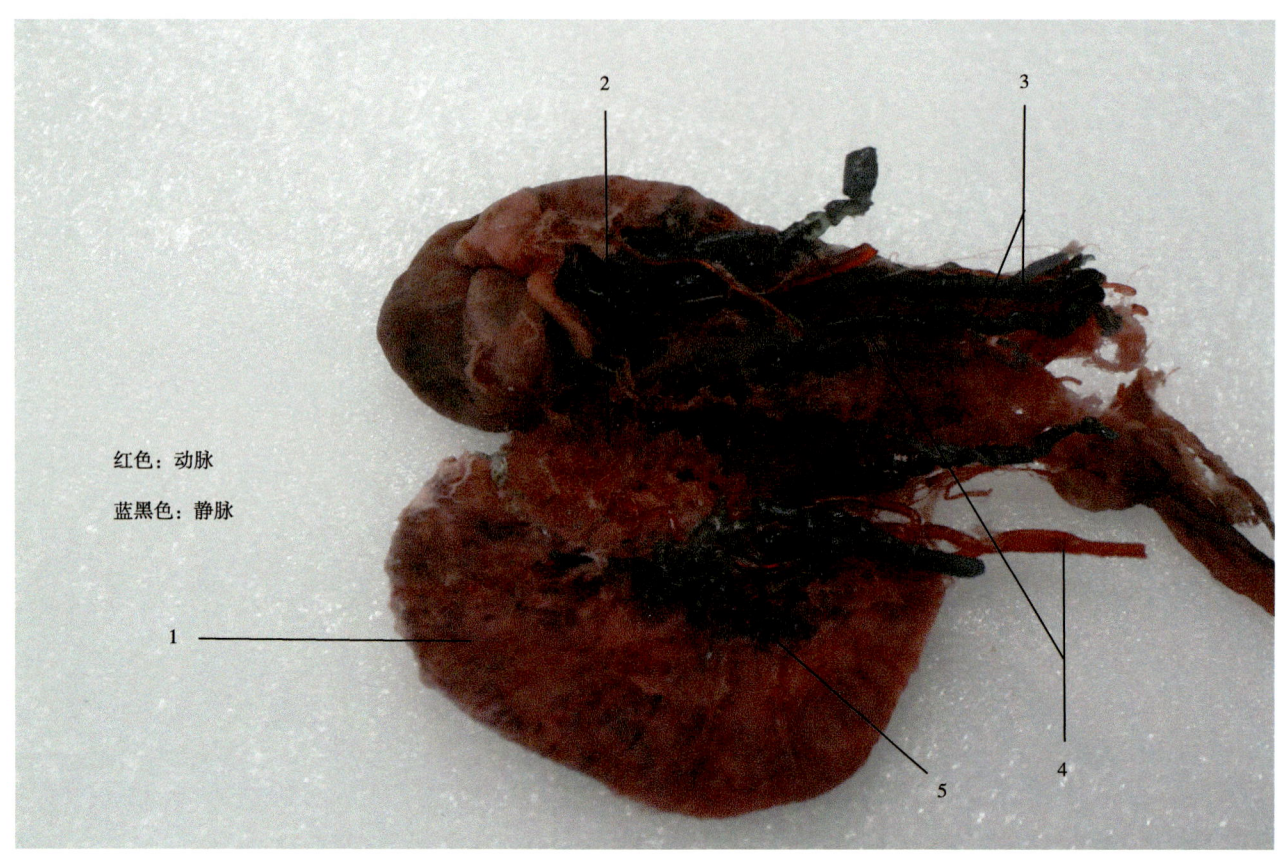

1—腺体部毛细血管网；2—分泌部毛细血管；3—乳腺静脉；4—乳腺动脉；5—分泌部静脉。

图7-27 林麝乳腺血管塑化形态

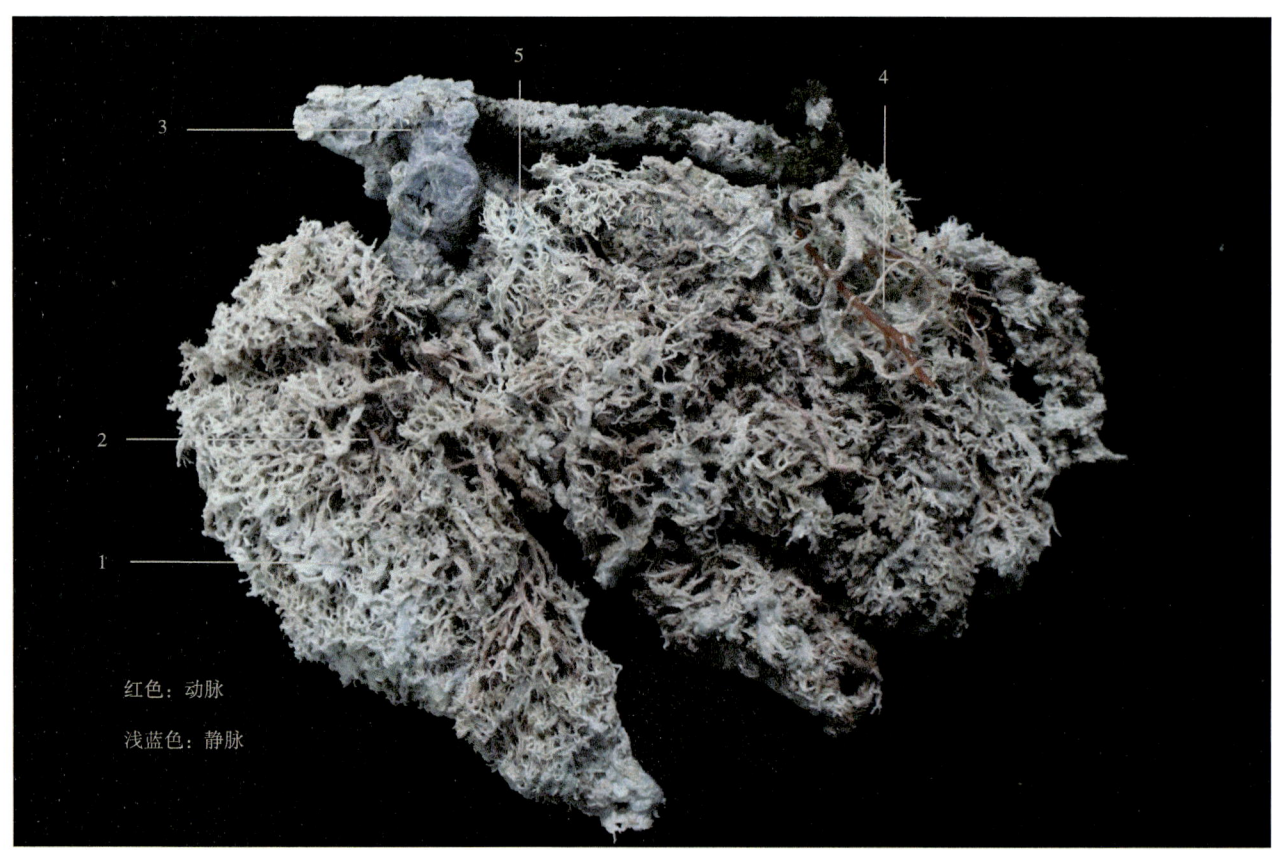

1—肝小叶毛细血管网；2—动脉网；3—肝门；4—肝动脉；5—肝静脉。

图7-28 林麝肝脏血管系统塑化形态

1—主动脉；2—膀胱毛细血管；3—阴部内动脉；4—胫前动脉；5—股后动脉；6—闭孔动脉；7—髂外动脉；8—乳腺动脉；9—后腔静脉。

图7-29　林麝盆腔及后肢血管铸型

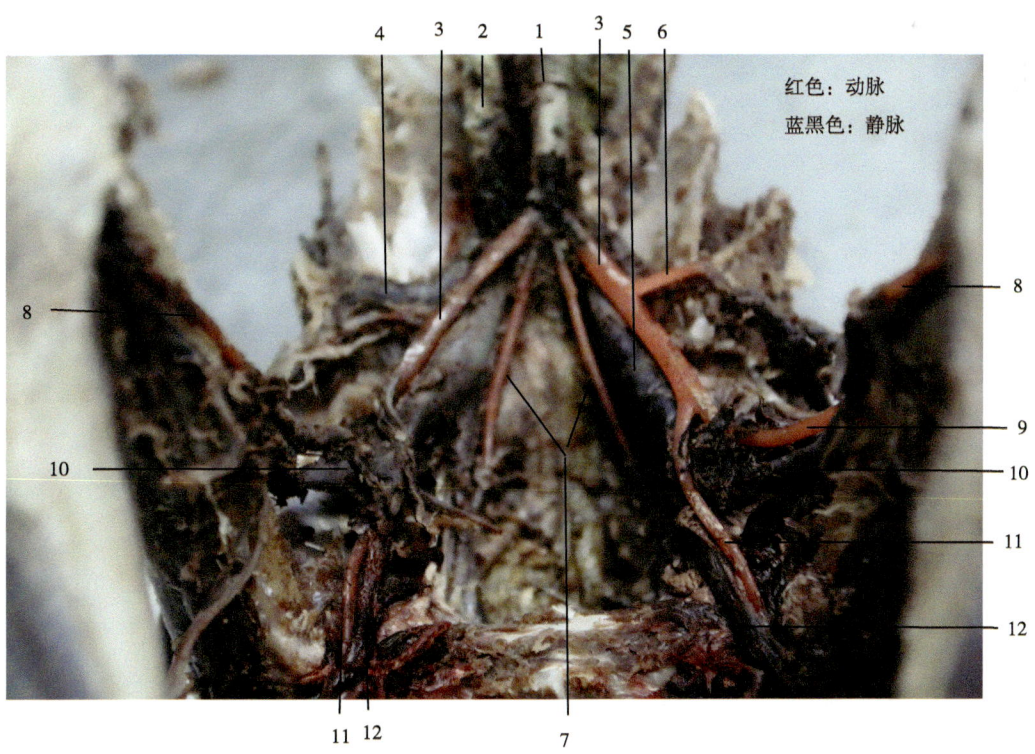

1—腹主动脉；2—后腔静脉；3—髂总动脉；4—髂内静脉；5—髂总静脉；6—腹壁阴部动脉干；7—髂内动脉；8—股后动脉；9—腘动脉；10—股静脉；11—隐动脉；12—隐静脉。

图7-30　林麝腰荐部主要血管

第八章　淋巴系统

林麝的淋巴系统包括两大组成部分。一大组成部分是由淋巴管组成的管道系统，最后开口于静脉，将组织液还流于血液。另一大组成部分是许多淋巴器官，形态大小不一，包括脾脏、扁桃体、淋巴结、胸腺。它们与心血管系统联系密切。基本功能是从事免疫反应，是体内防卫体系的重要组成部分。

一、脾脏

林麝的脾脏是体内最大的淋巴器官，位于腹前部瘤胃左侧上方，脏面与瘤胃背囊相接，腹壁紧贴横膈膜，呈三角形，边缘薄，质地软，紫褐色（图8-1至图8-3）。

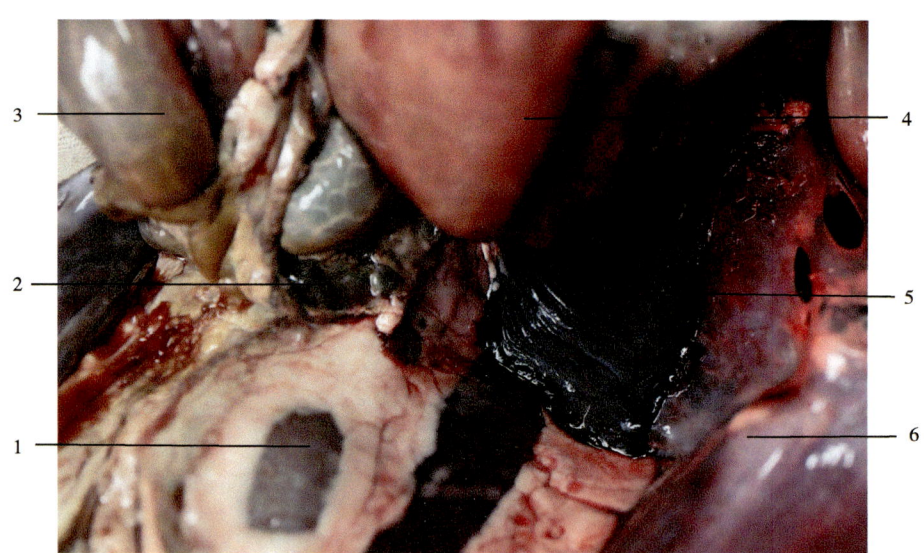

1—肾；2—结肠；3—回肠；4—瘤胃；5—脾脏；6—膈膜。

图8-1　脾脏位置及毗邻关系

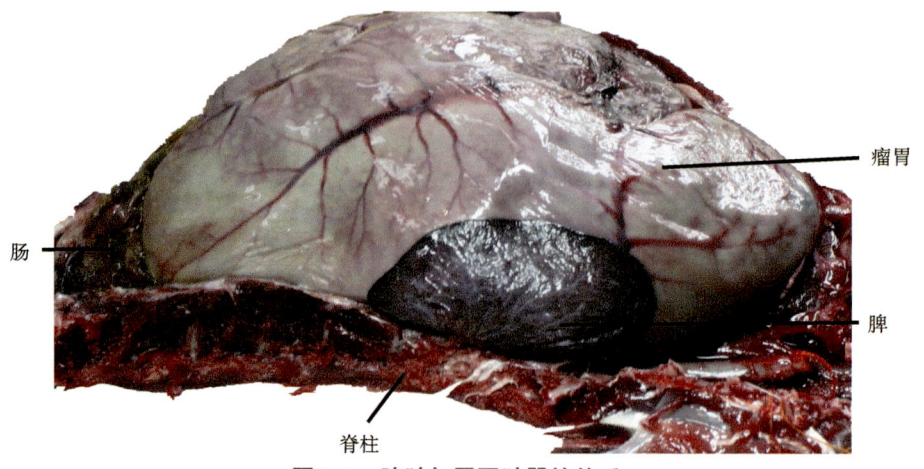

图8-2　脾脏与周围脏器的关系

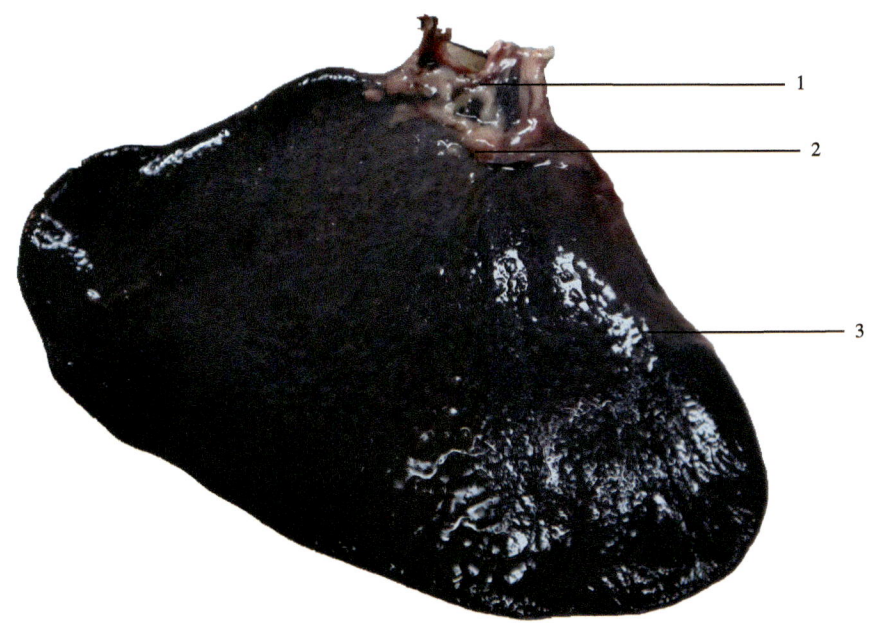

1—脾门；2—结缔组织；3—被膜。

图8-3 脾脏形态

二、淋巴结

淋巴结为位于淋巴管路径上的淋巴器官。数量较多，单个或成群分布于身体的各个部位。形状以球形、卵形、扁圆形、镰刀形等，呈微红色或粉红色。大小一般肉眼可见，机体发生炎性反应时，膨大数十倍。颌下淋巴结（长0.82 cm、宽0.46 cm），腋下淋巴结（长0.52 cm、宽0.34 cm），腮淋巴结，咽喉淋巴结，肠系膜淋巴结（长0.57 cm、宽1.09 cm），腹股沟淋巴结（长1.16 cm、宽0.47 cm），纵膈淋巴结（长0.47 cm、宽0.43 cm）都是肉眼可见较大的淋巴（图8-4至图8-15）。

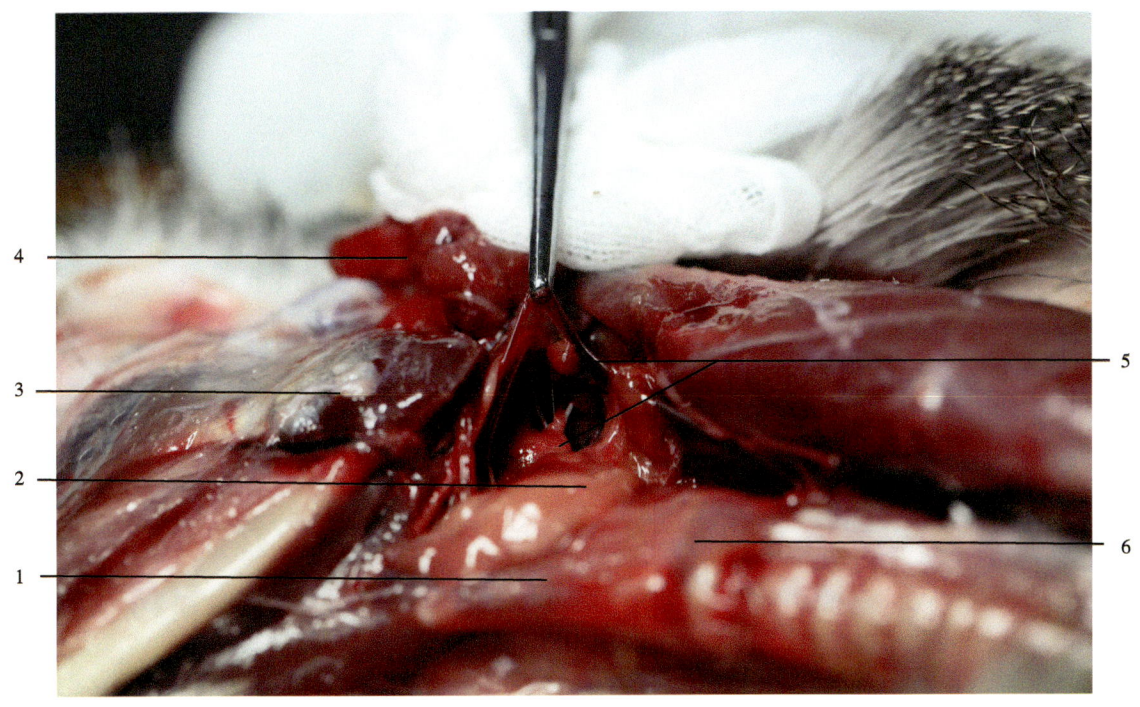

1—甲状腺；2—颌下腺；3—咬肌；4—腮腺；5—颌下淋巴结；6—喉头软骨。

图8-4 颌下淋巴结

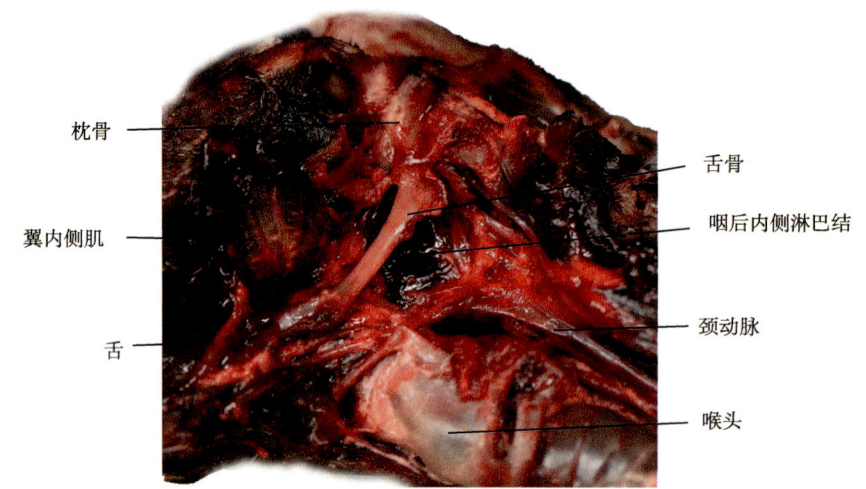

图8-5 咽喉淋巴结

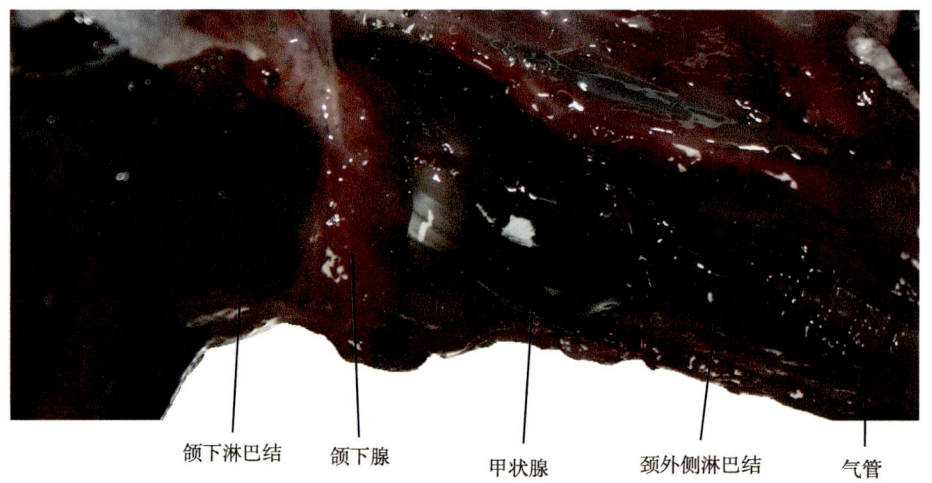

图8-6 颌下淋巴结

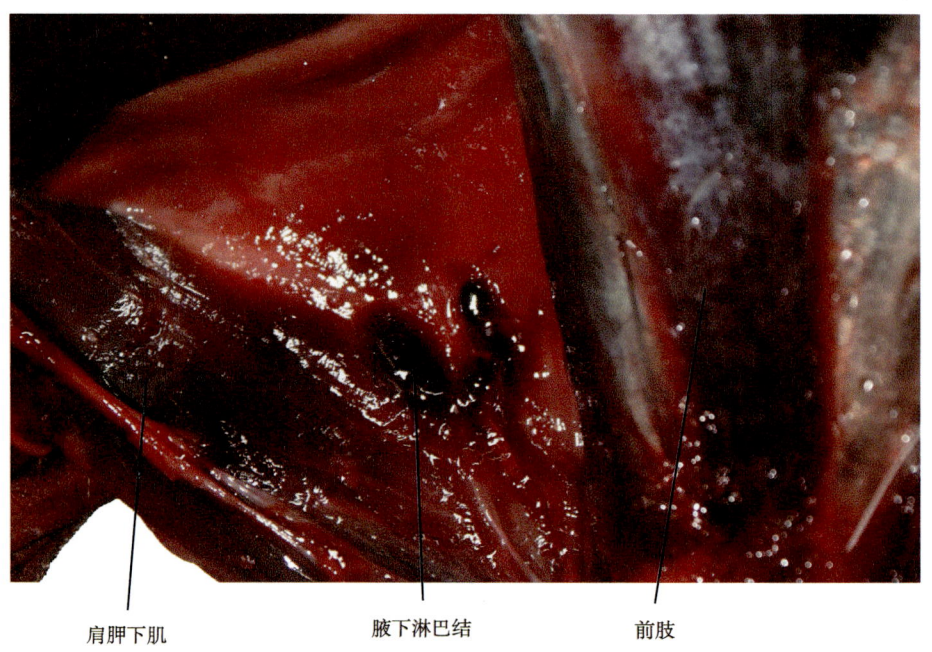

图8-7 腋下淋巴结

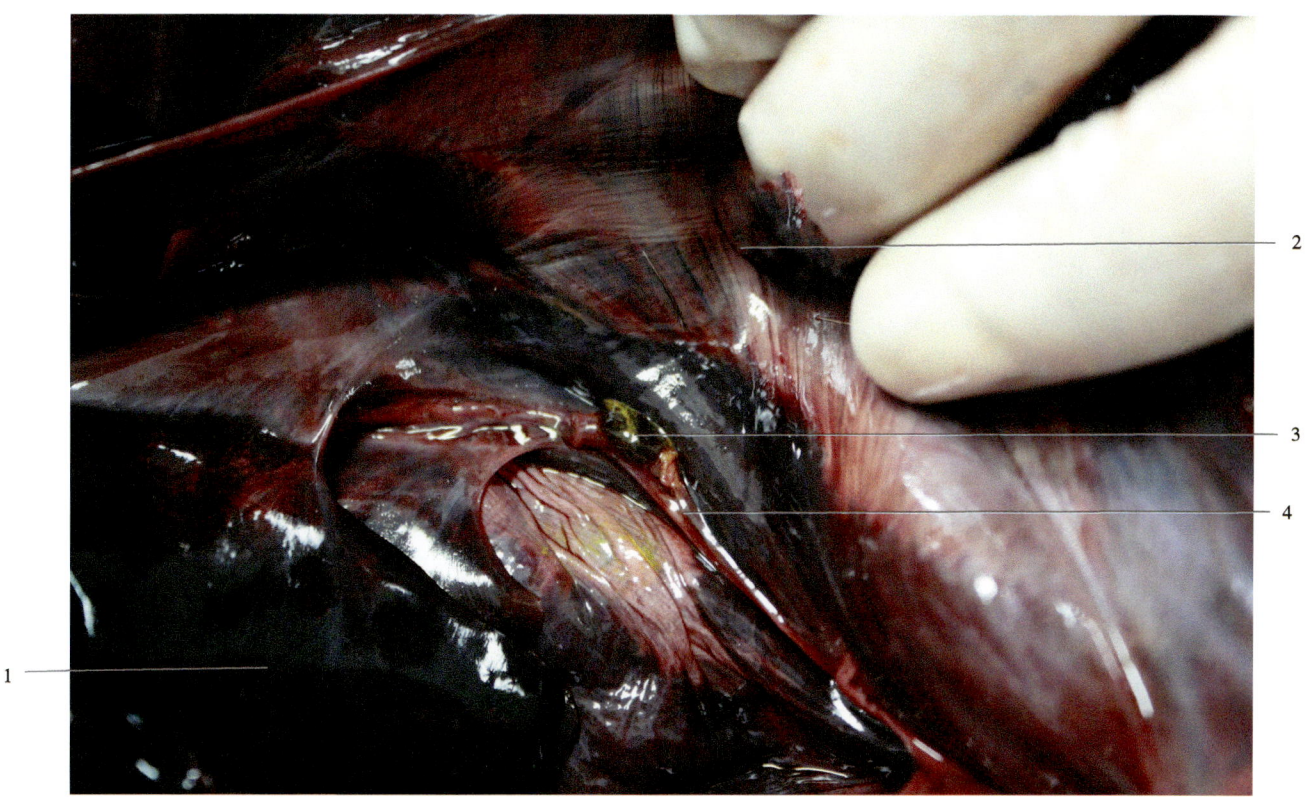

1—肺膈叶；2—纵膈；3—纵膈前淋巴结；4—膈神经支。

图8-8　纵膈前淋巴结

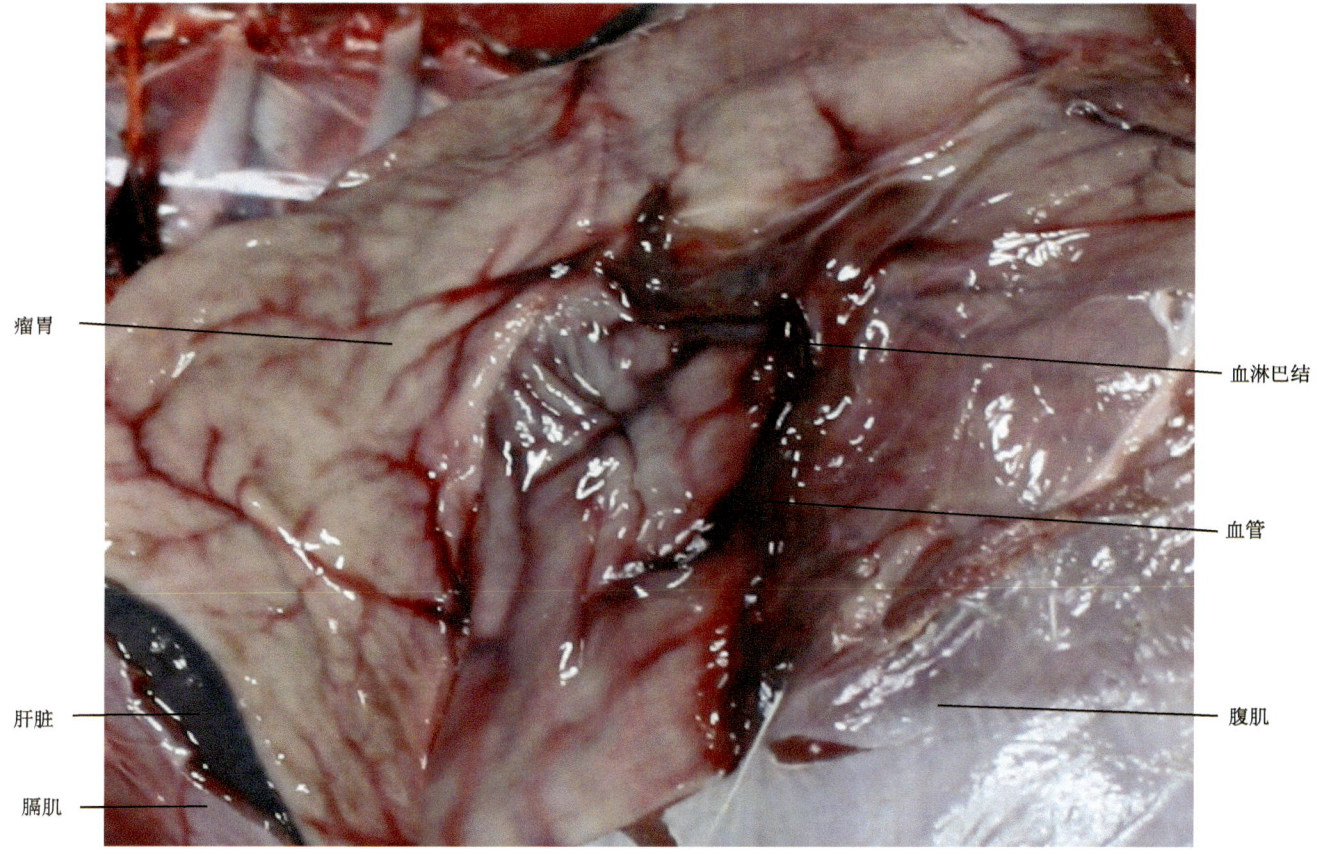

瘤胃　　　　　　　　　　　　　　　　　　　　　　　血淋巴结

　　　　　　　　　　　　　　　　　　　　　　　　　血管

肝脏　　　　　　　　　　　　　　　　　　　　　　　腹肌

膈肌

图8-9　瘤胃淋巴结

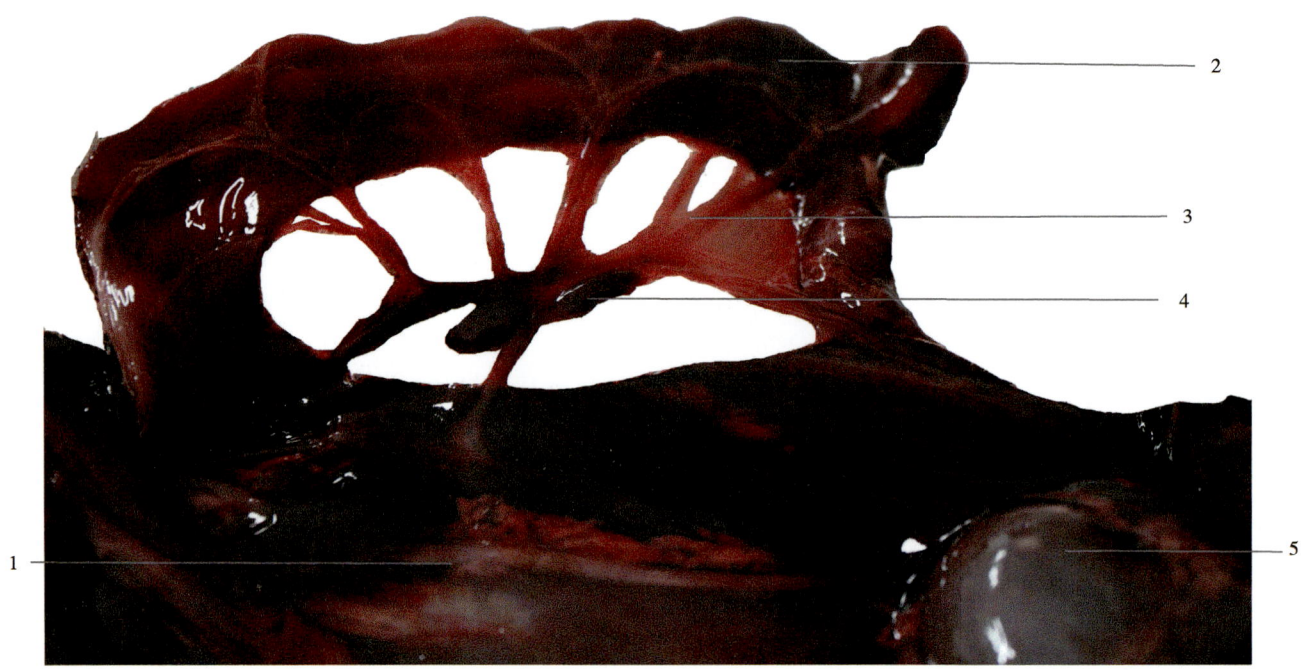

1—输尿管；2—直肠；3—直肠前动脉；4—直肠淋巴结；5—左肾。

图8-10 肠系膜淋巴结

1—主动脉；2—腹腔淋巴结；3—髂外动脉；4—闭孔静脉；5—闭孔动脉；
6—髂内淋巴结；7—坐骨淋巴中心；8—髂下淋巴结。

图8-11 骨盆部淋巴结

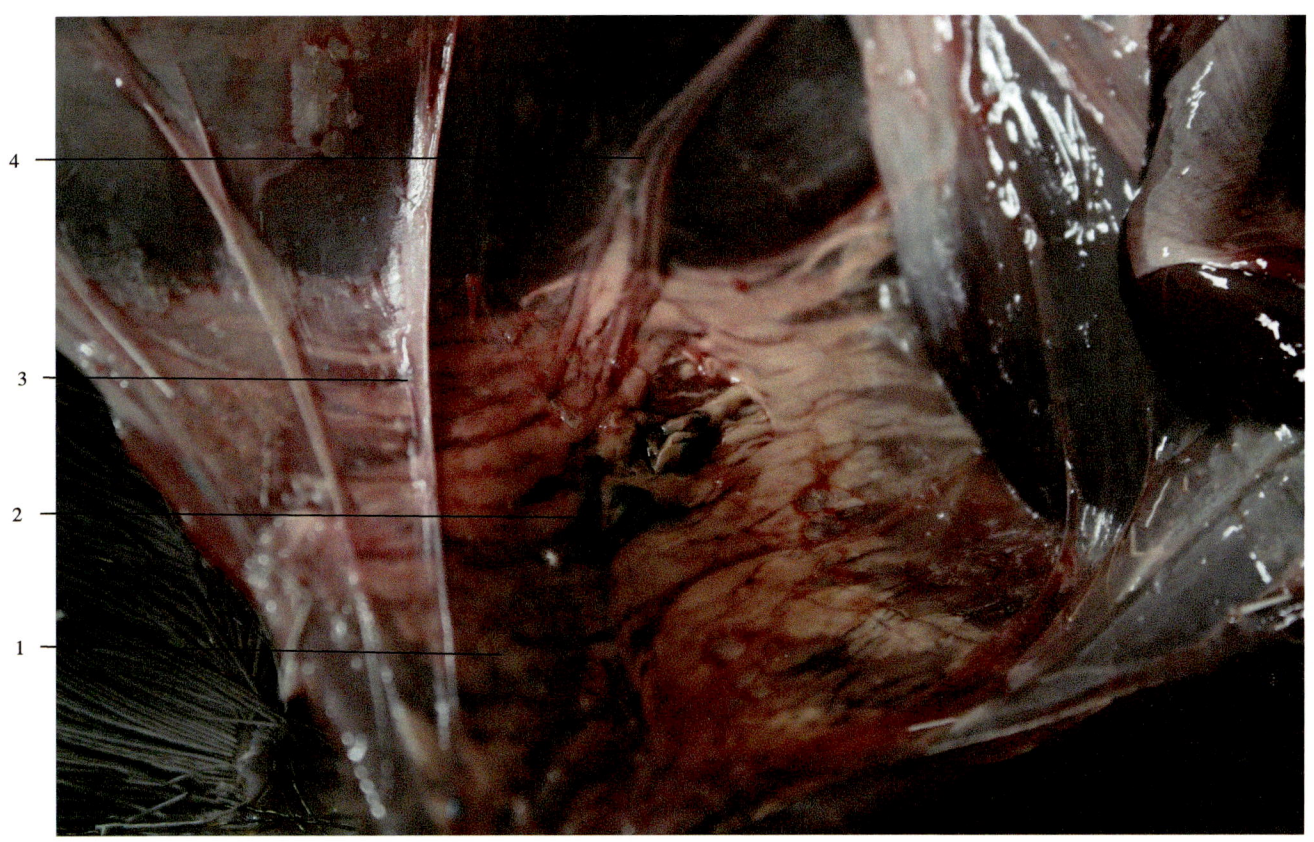

1—脂肪组织；2—腹股沟淋巴结；3—系膜；4—淋巴管。

图8-12 腹股沟淋巴结

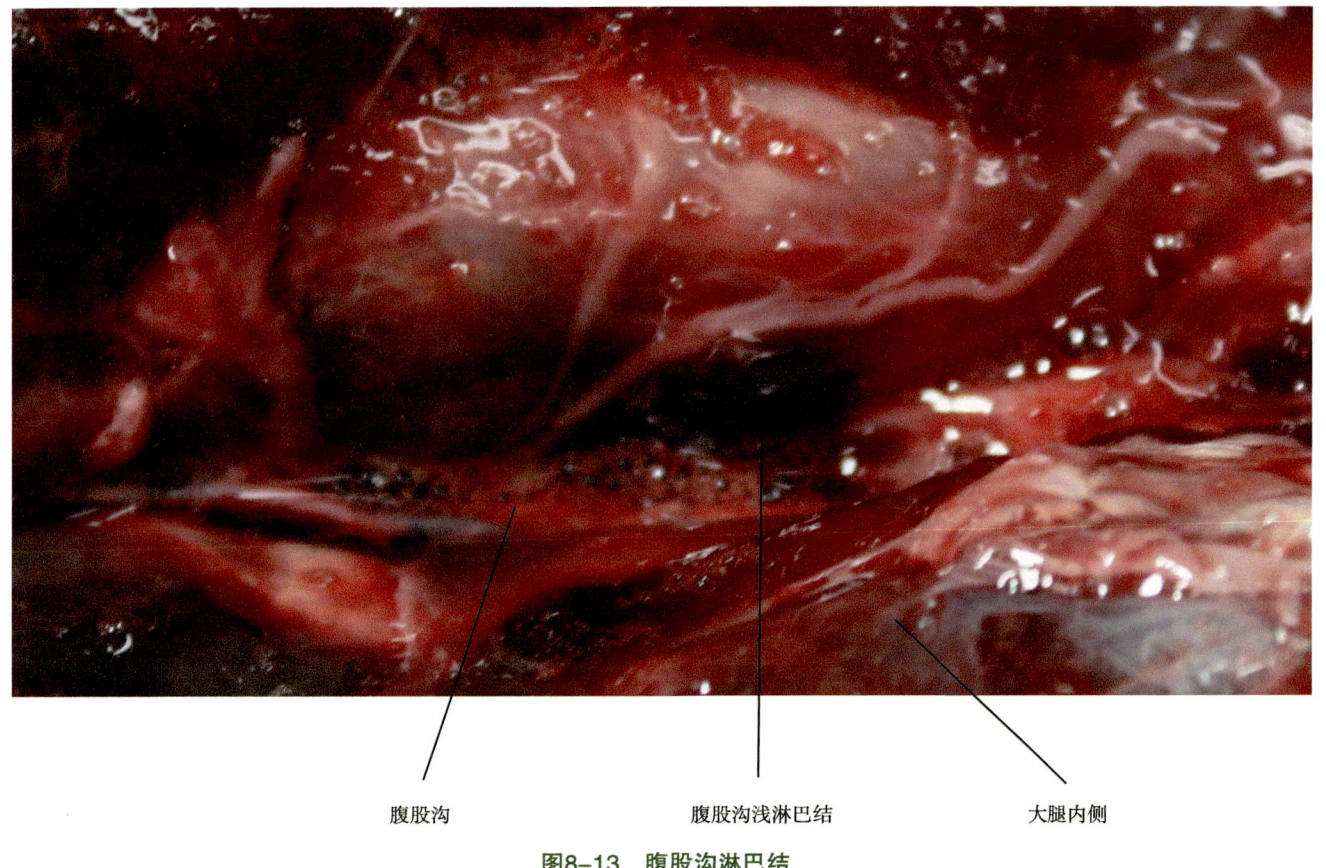

腹股沟　　　腹股沟浅淋巴结　　　大腿内侧

图8-13 腹股沟淋巴结

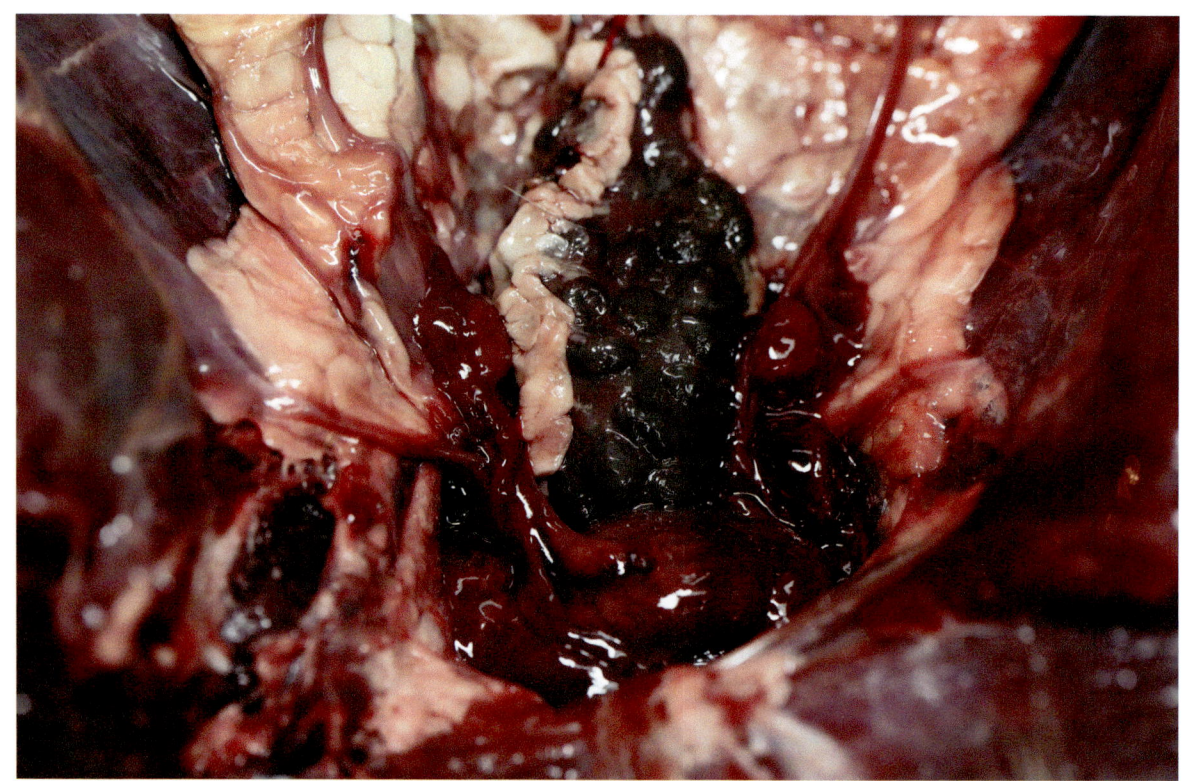

图8-14 直肠淋巴结

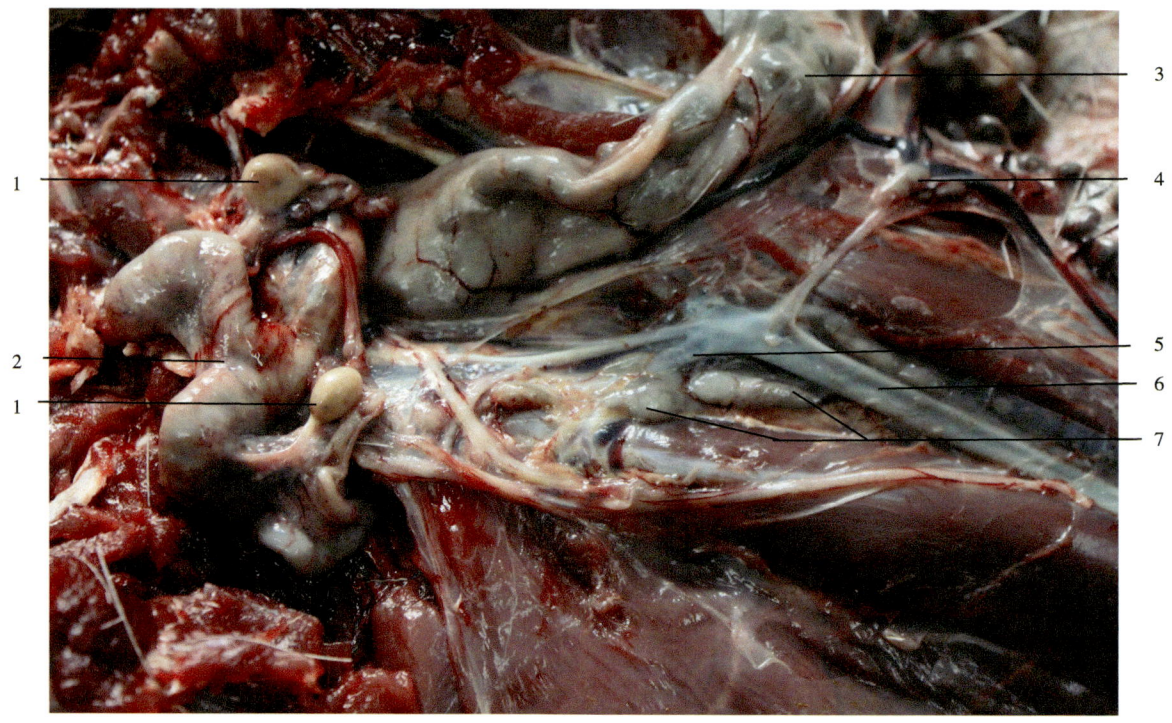

1—卵巢；2—子宫；3—直肠；4—肠系膜后淋巴结；5—髂外动脉；6—主动脉；7—髂内淋巴结。

图8-15 雌麝髂内淋巴结

三、胸腺

胸腺（thymus）为机体的重要淋巴器官，其功能与免疫紧密相关，分泌胸腺激素及激素类物质，具内分泌机能的器官。胸腺位于胸骨柄后方，上纵膈前部，贴近心包上方，大血管的前面。林麝胸腺分为颈叶和胸叶两叶，颈叶呈不规则形，胸叶呈扁平椭圆形，质软，由淋巴组织构成。胸腺有明显的年龄变化，新生幼仔的胸腺相对较大，此后逐渐萎缩、退化，被结缔组织所代替（图8-16至图8-18）。

胸腺与机体建立完善的免疫功能密切相关。骨髓产生的淋巴干细胞不具有免疫功能，这些细胞经血循环入胸腺，在胸腺复杂的微环境中，淋巴干细胞被培育、增殖、转化成具有免疫活性的T淋巴细胞，然后再经血液转入淋巴结和脾，在这些部位增殖并参与机体的免疫反应。此外，增殖分化的T-淋巴细胞还在胸腺内被选择和被淘汰。

（一）被膜

把腺体分成若干个小叶。

（二）胸腺小叶

皮质部被结缔组织分开，而髓质部分仍连在一起。皮质有大量深染的T-淋巴细胞在皮质的外周，还可见到巨噬细胞。在被膜下，间隔旁或血管周围，可见由扁平上皮细胞形成的隔层，这些上皮细胞染色浅，核呈椭圆形，叫作上皮网状细胞。这类细胞在小叶内呈星状，形成网架，T-淋巴细胞在网眼中发育，上皮网状细胞可分泌胸腺激素，诱导淋巴细胞的分裂。

（三）胸腺小体

位于髓质，由数层上皮网状细胞以同心圆排列，构成圆形或卵圆形小体。小体中央透明，呈玻璃样变，功能不详。

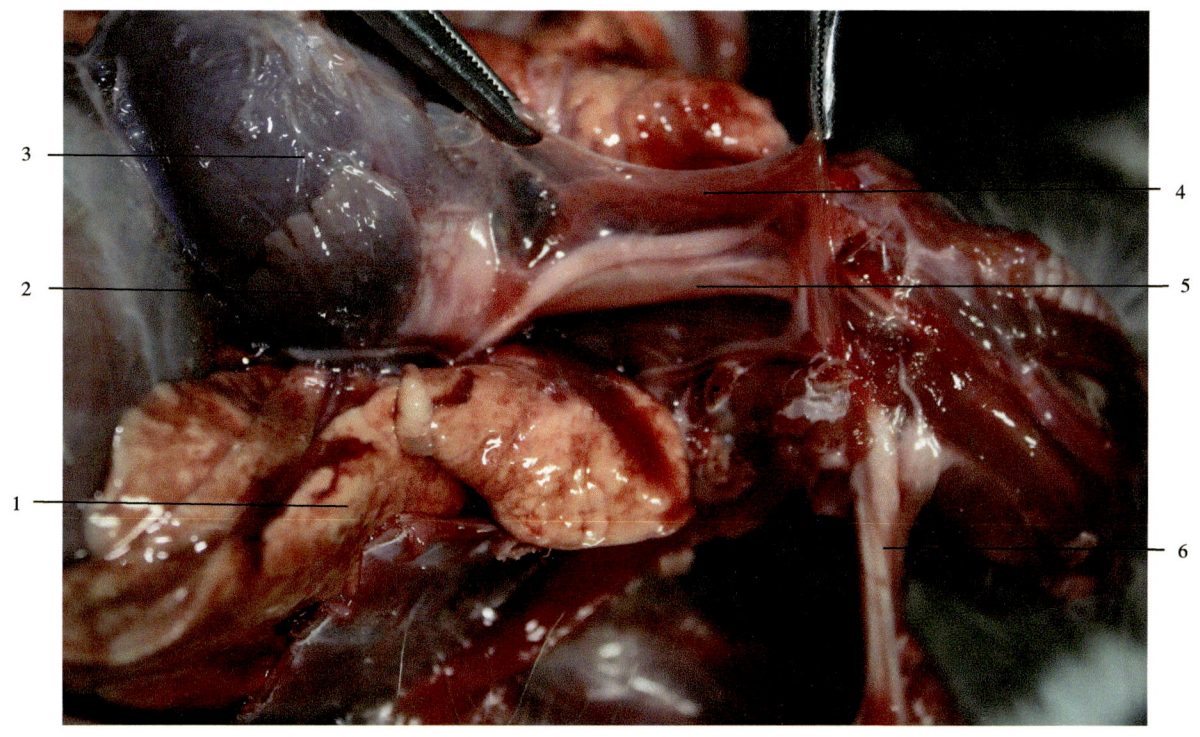

1—肺心叶；2—左心房；3—左心室；4—胸腺；5—气管；6—肩神经丛。

图8-16 幼麝胸腺（1）

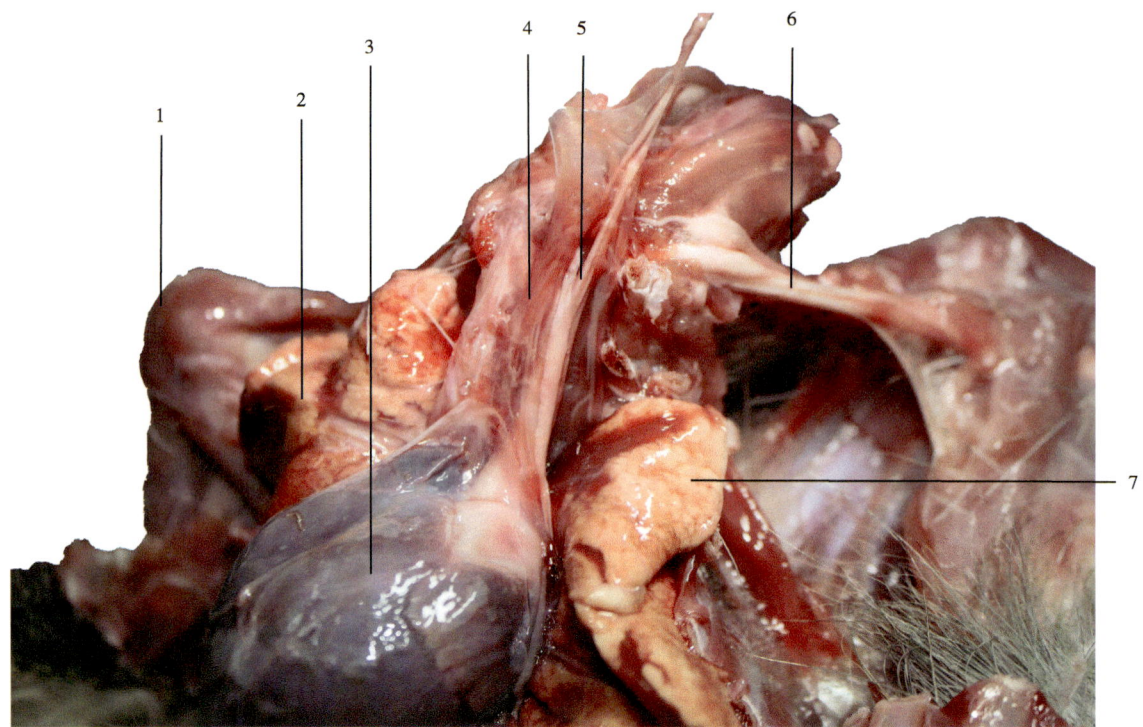

1—肩带；2—右肺；3—心；4—胸腺；5—臂头动脉干；6—肩神经丛；7—左肺。

图8-17　幼麝胸腺（2）

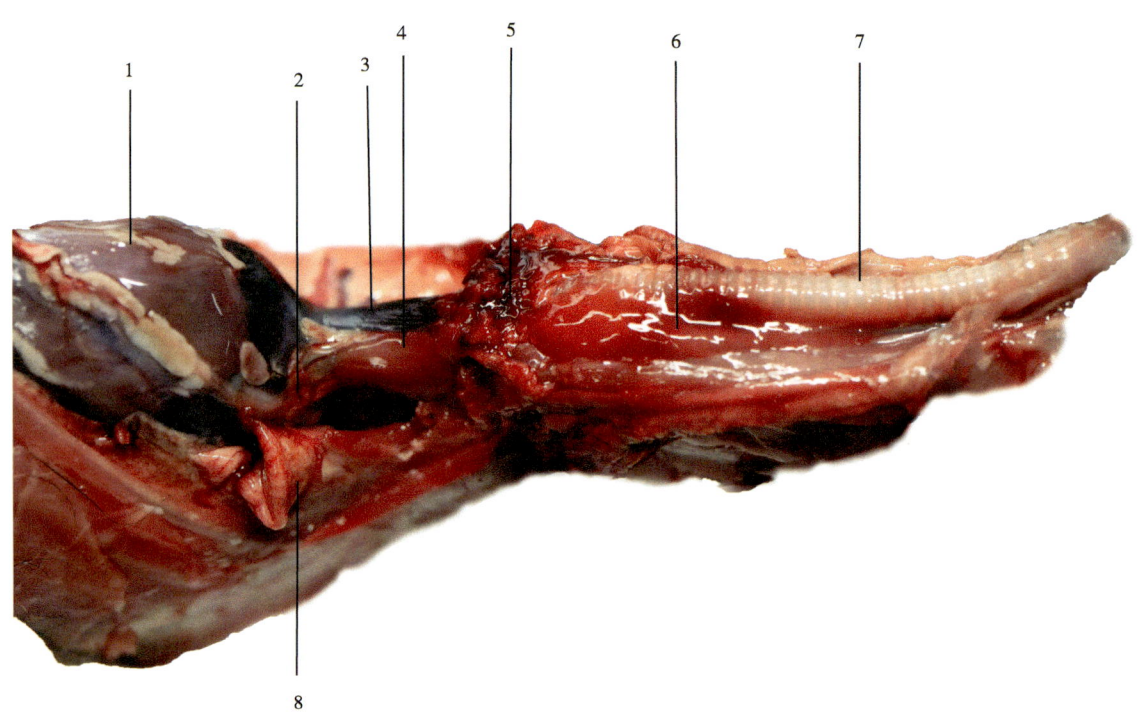

1—心脏；2—心包膜；3—前腔静脉；4—胸腺胸叶；5—颈跟部；6—胸腺颈叶；7—气管；8—肺尖叶。

图8-18　幼麝胸腺解剖位置及形态

四、扁桃体

扁桃体是位于口咽部上皮下的淋巴组织团块。在舌根、咽部周围的上皮下有好几群淋巴组织，按其位置分别称为颚扁桃体、咽扁桃体和舌扁桃体。其中以颚扁桃体最大，通常所说的扁桃体即指颚扁桃体而言。颚扁桃体有一对，位于舌颚弓与咽颚弓之间，卵圆形，表面为复层鳞状上皮所覆盖。上皮向扁桃体内部陷入形成10～20个隐窝，隐窝中含有脱落的上皮细胞。淋巴细胞及细菌等。上皮下方及隐窝周围密集分布着淋巴小结及弥散淋巴组织，淋巴细胞常穿过上皮而沉积于口咽部。扁桃体的被膜是一层致密的结缔组织，它把颚扁桃体与邻近器官隔开，有阻止腭扁桃体感染扩散的屏障作用（图8-4）。

颚扁桃体是一对扁卵圆形的淋巴器官，位于扁桃体窝内。扁桃体窝是口咽外侧壁在颚咽弓和颚舌弓之间的三角形凹陷。黏膜上皮向实质内下陷形成不陷窝，称为扁桃体小窝。扁桃体前下部分被子颚舌弓遮盖，其上端未被覆盖的部分由结缔组织构成的扁桃体体囊包绕，此囊仅借疏松结缔组织与咽肌相连。此处常是扁桃体周围脓肿形成部位。咽淋巴环由颚扁桃体、咽扁桃体、咽鼓管扁桃体、舌扁桃体组成。

口咽部上皮下的淋巴组织团块。在舌根、咽部周围的上皮下有三群淋巴组织，按其位置分别称为颚扁桃体、咽扁桃体和舌扁桃体（图8-19）。

（一）颚扁桃体

在咽穹黏膜处，淋巴组织丰富称为咽扁桃体。

（二）咽扁桃体

在咽鼓管咽口附近黏膜内的淋巴组织。

（三）舌扁桃体

在舌根部黏膜下有许多小结节状淋巴组织，使黏膜表面呈现许多丘状隆起，称为扁桃体。

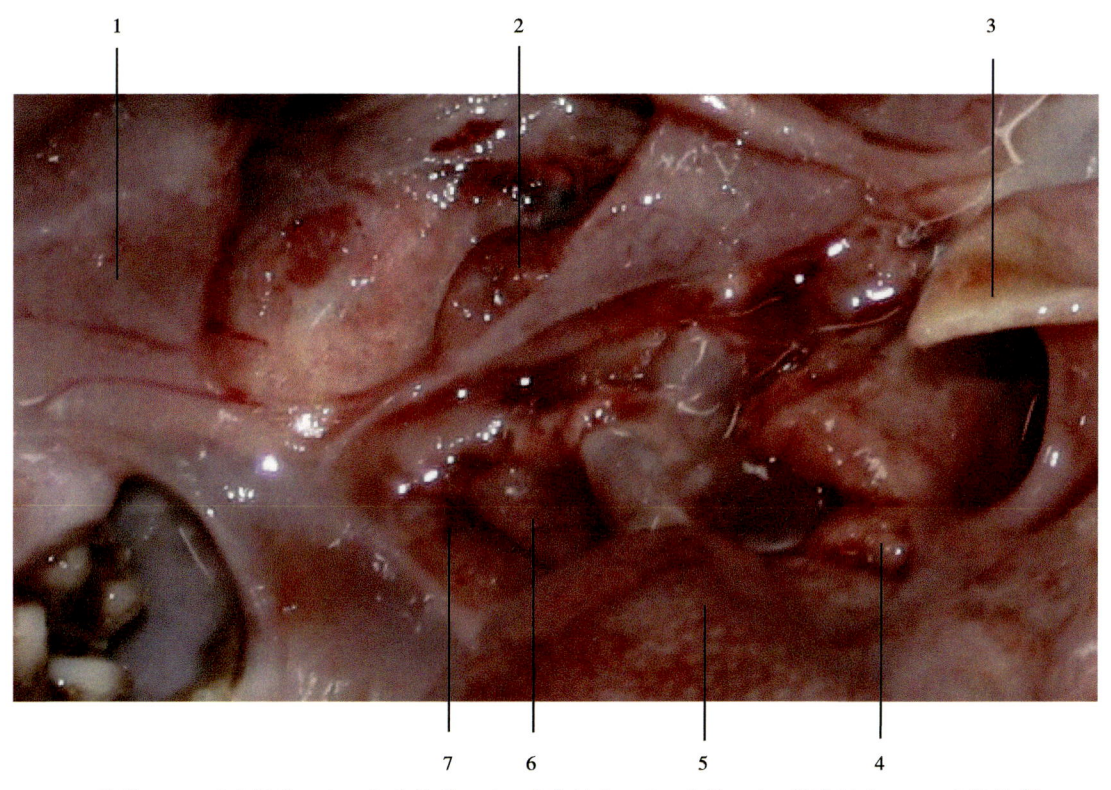

1—软腭；2—咽扁桃体；3—会厌软骨；4—舌扁桃体；5—舌根；6—颚扁桃体；7—扁桃体窝。

图8-19 会咽结构

林麝初级解剖学 3

第九章　神经系统

神经系统在动物体内起着神经调节的作用。它对来自体内和体外的各种刺激信号，通过反射这一基本方式转变为神经冲动进行传导，以调节机体各器官的活动；保持器官之间或机体与外界环境之间的平衡和协调一致，以适应环境的变化。它的基本单位是神经元（神经细胞）和纤维。

林麝神经系统分中枢神经和外周神经两部分。中枢神经包括脑、脊髓。外周神经包括脊神经节和分布于全身的神经干、脑神经及交感神经和副交感神经（图9-1至图9-3）。

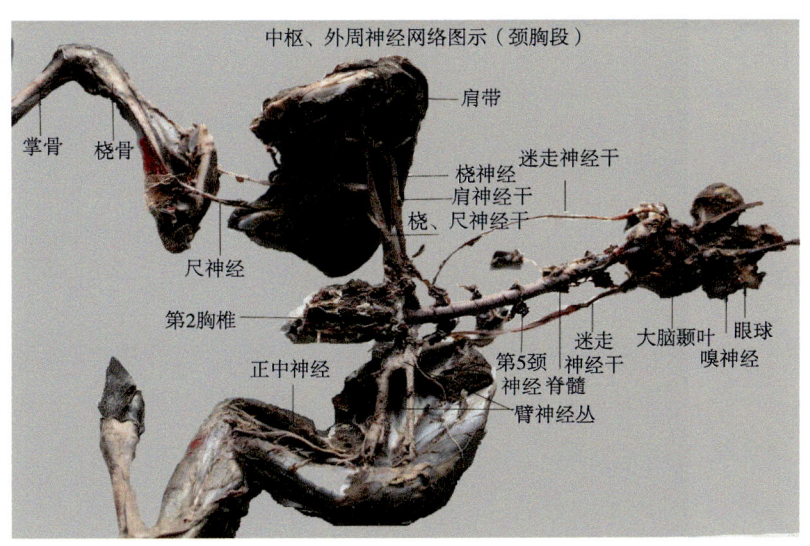

图9-1　林麝头胸段神经系统（腹面：脑、脊髓、外周神经干）

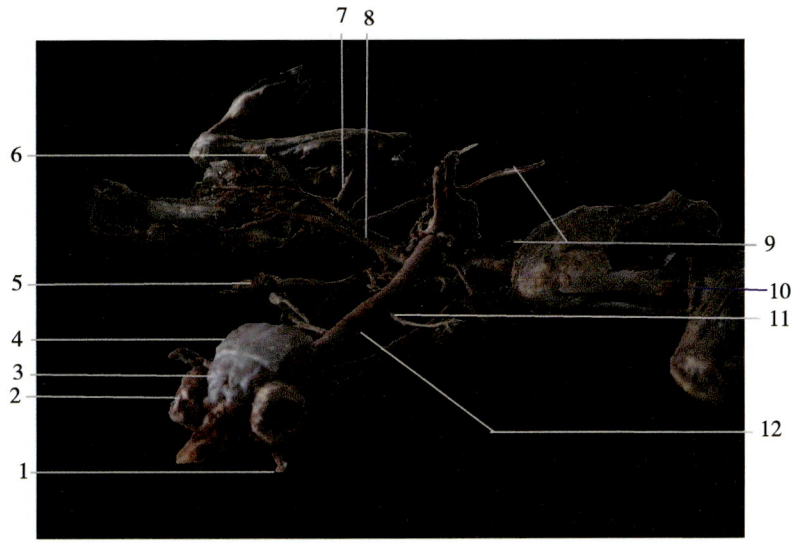

1—嗅神经；2—眼球；3—额叶；4—顶叶；5、6—桡神经；7—正中神经；8—肩胛神经；9—迷走神经干；10—桡侧副静脉；11—第4颈神经节；12—脊髓颈段。

图9-2　林麝头胸段神经系统（背面：脑、脊髓、外周神经干）

1—大脑皮层；2—嗅神经；3—第2颈神经节；4—第3颈神经节；5—肩神经丛；6—脊髓颈段；7—第4颈神经节；8—迷走神经干；9—第1颈神经节。

图9-3　林麝中枢神经（脑、脊髓）

一、中枢神经——脑

林麝的脑同其他兽类相似，包裹于顶骨、颞骨、枕骨、额骨、颧骨共同组成的脑腔内。根据各部脑组织形态可划分出大脑、小脑、脑干（丘脑、延脑、中脑、间脑、脑桥）等部分。成体颅腔容积45～50 mL，雄性较雌性略大。对比马麝头骨，颅腔体积相对较大，脑占据头骨的区域明显较大。大脑分区明确，沟、回通达。小脑发达（图9-4至图9-8）。

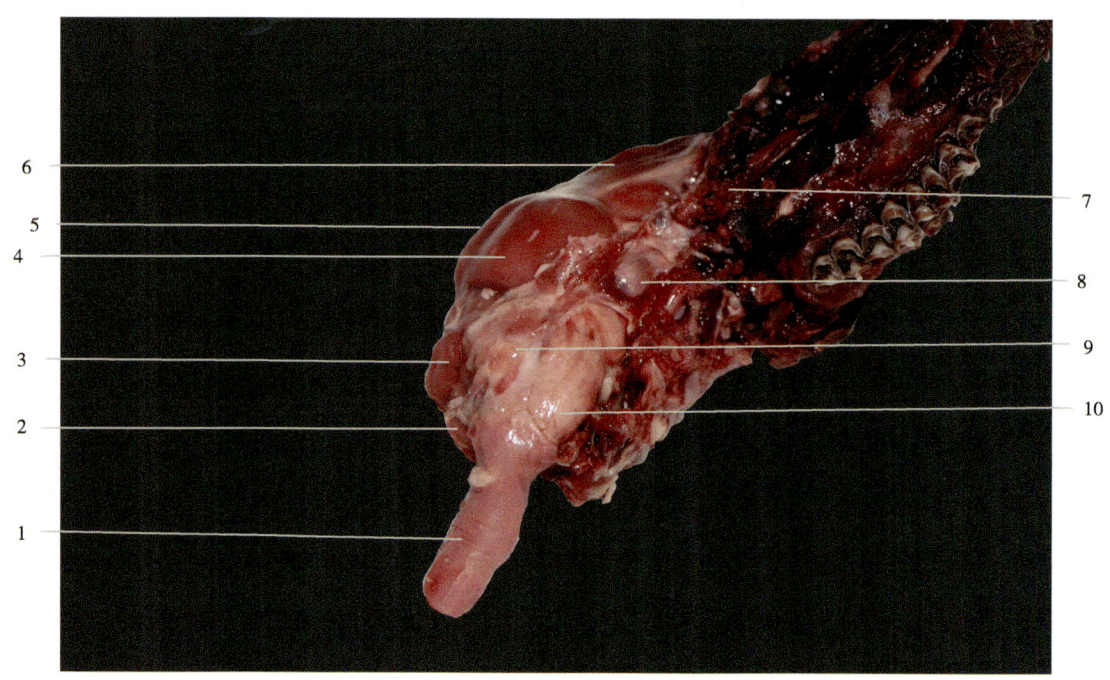

1—脊髓；2—延脑；3—小脑；4—颞叶；5—顶叶；6—额叶；7—嗅神经；8—脑下垂体；9—脑桥；10—脑干。

图9-4　生活状态林麝脑组织形态

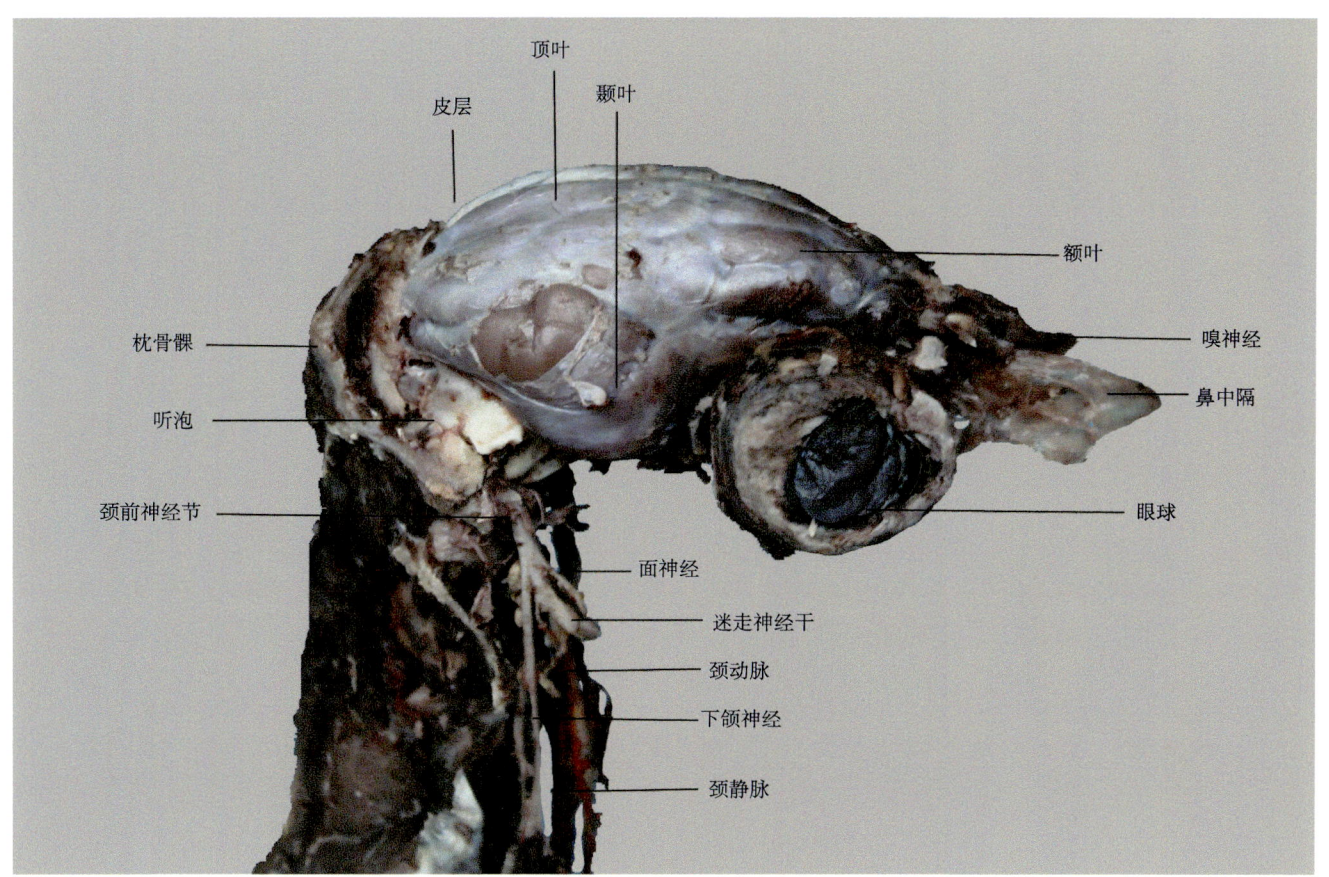

图9-5 林麝脑及周围结构（右侧面观）

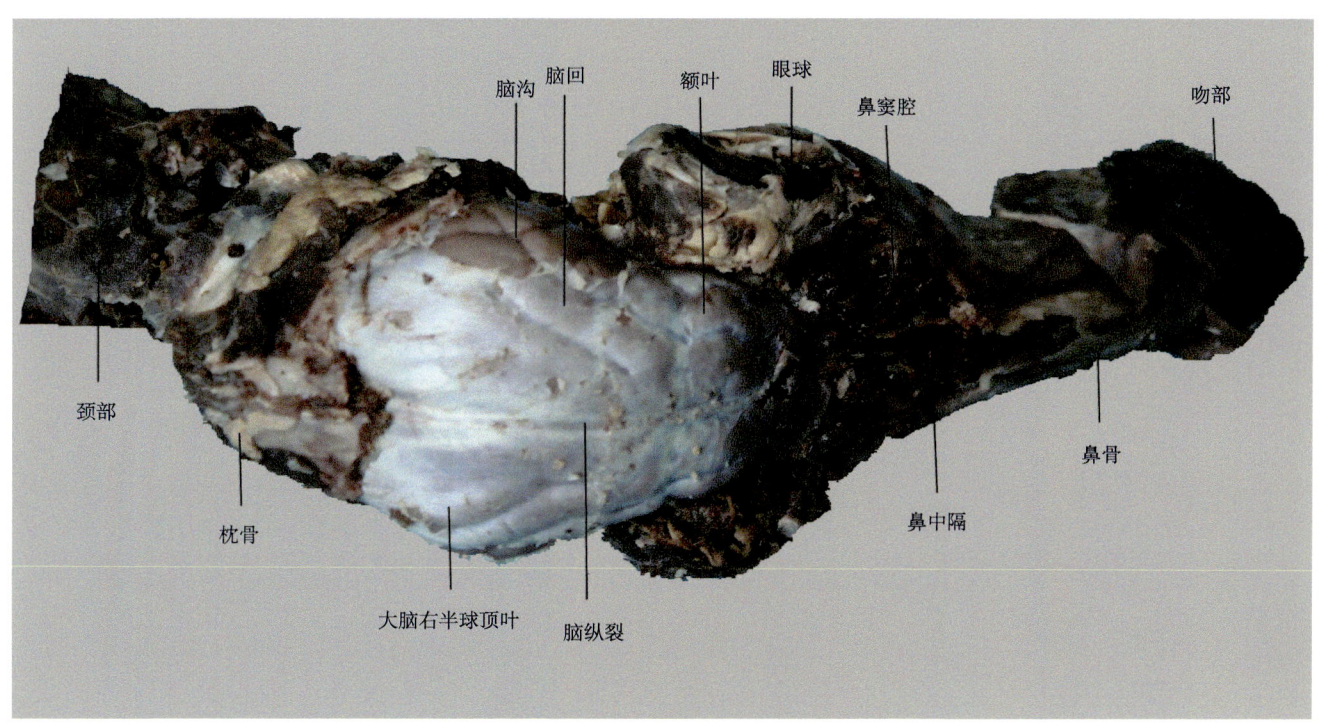

图9-6 林麝脑部分区（背面观）

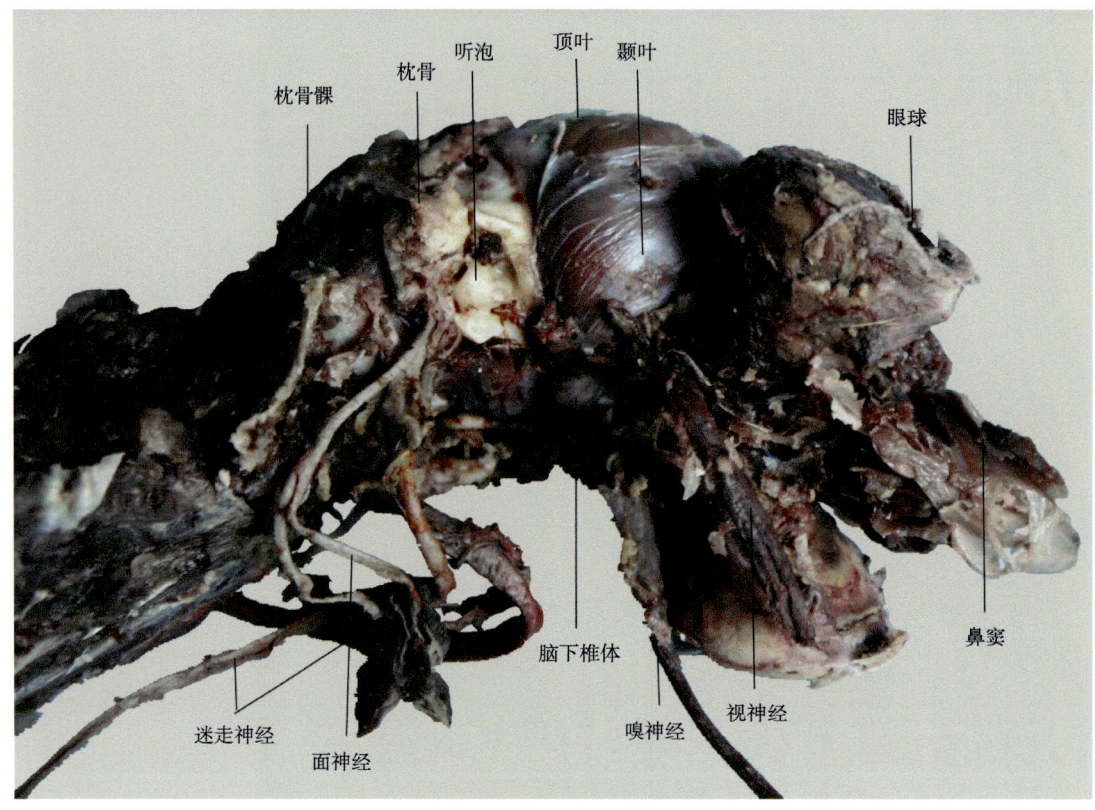

图9-7 林麝脑部详细解剖（1）

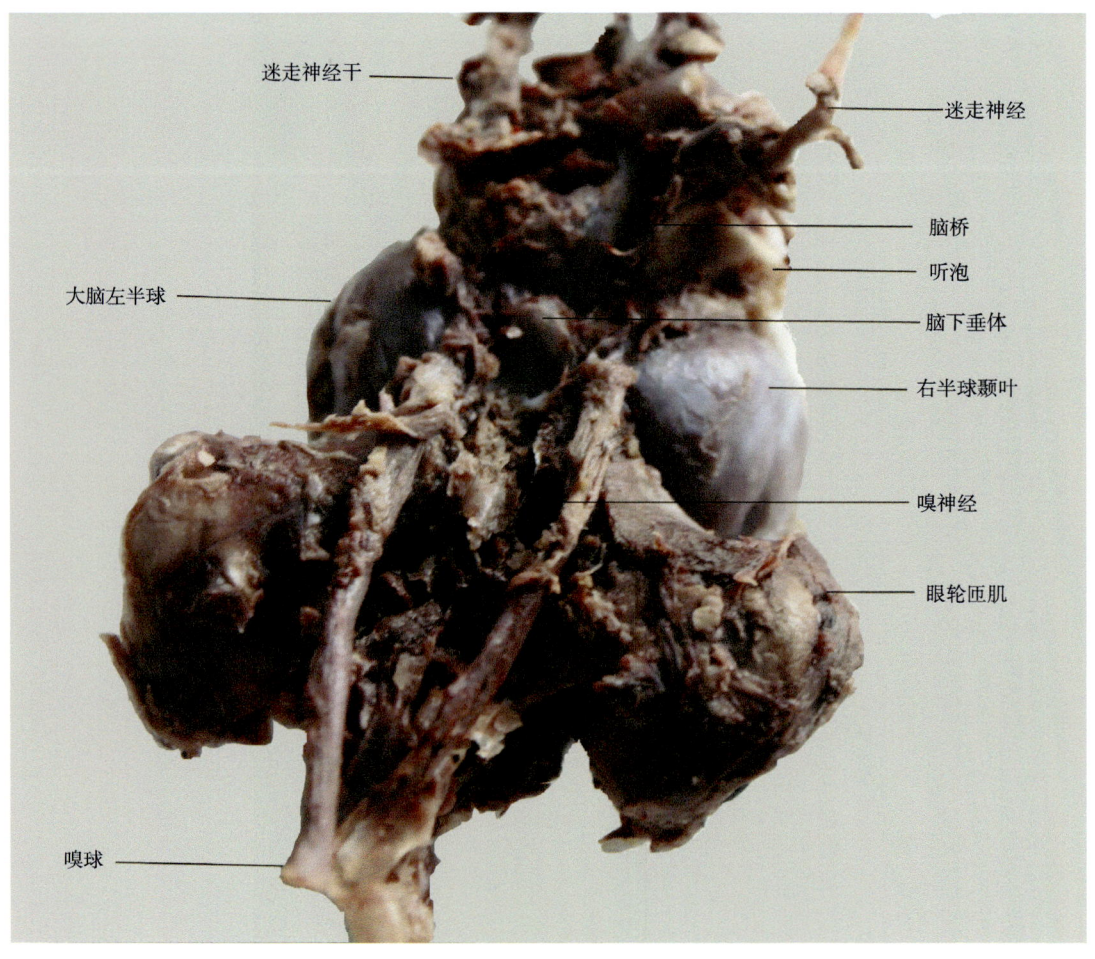

图9-8 林麝脑部详细解剖（2）

二、中枢神经——脊髓

林麝的脊髓较长且粗大,略呈圆柱状。前端在枕骨大孔与延髓相连,后端到达荐骨末端。在颈后部和胸前部较粗大,形成颈膨大。在腰荐部也较粗大,形成腰膨大。往后逐渐缩小呈圆锥状。自颈至尾各段均有相应脊神经节相连。表面的硬膜韧性较强。脊髓的主要作用为低级神经反射中心,也是脑脊髓之间的传导路径,通过脊神经与外周器官相连。各处脊神经节均明显膨大,发出单支或多支神经干(图9-9至图9-12)。

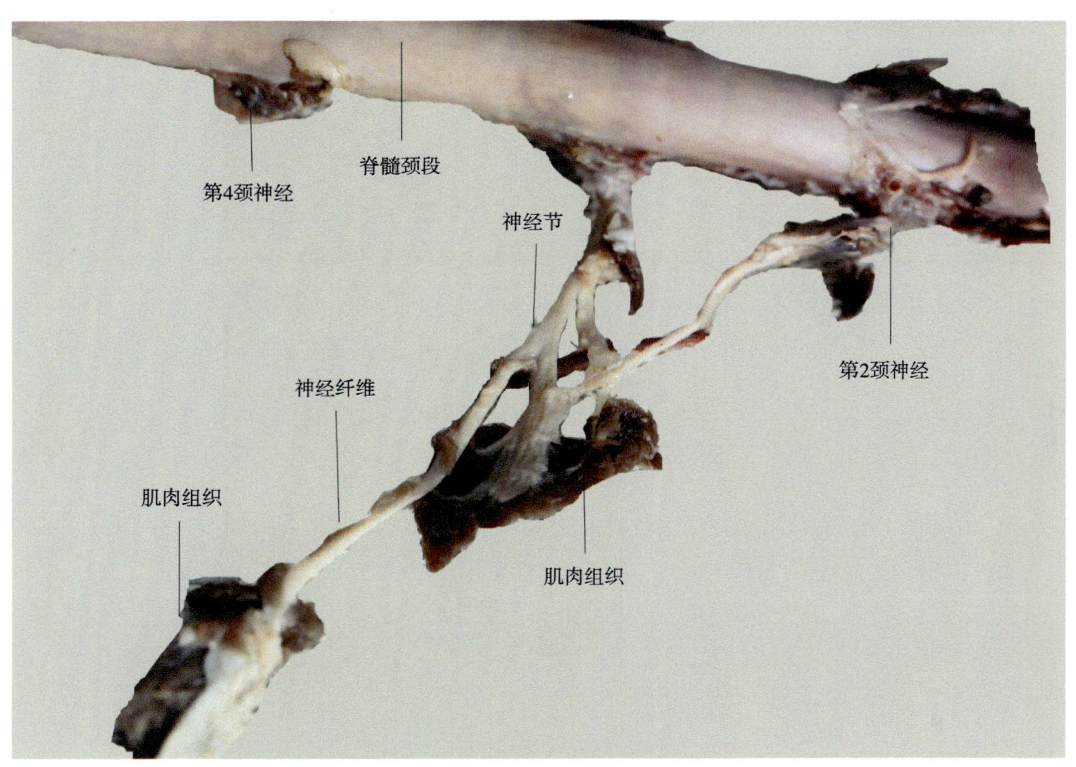

图9-9　林麝颈段脊髓及颈神经节

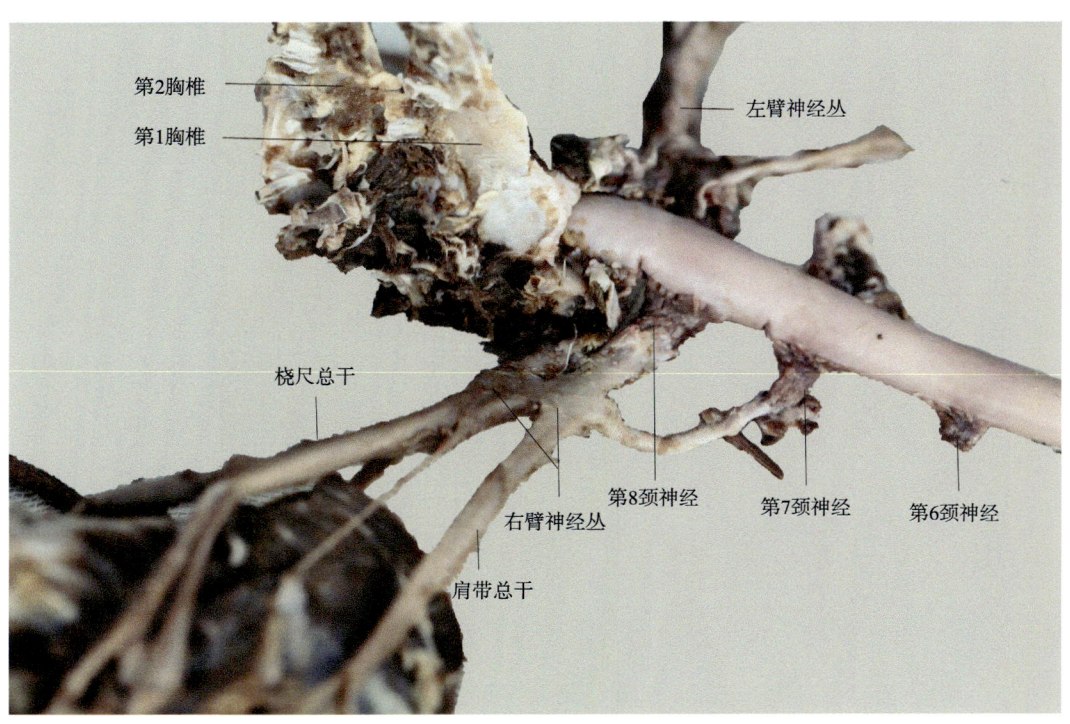

图9-10　林麝脊髓、臂神经丛位置和形态

图9-11 林麝颈胸段脊髓形态

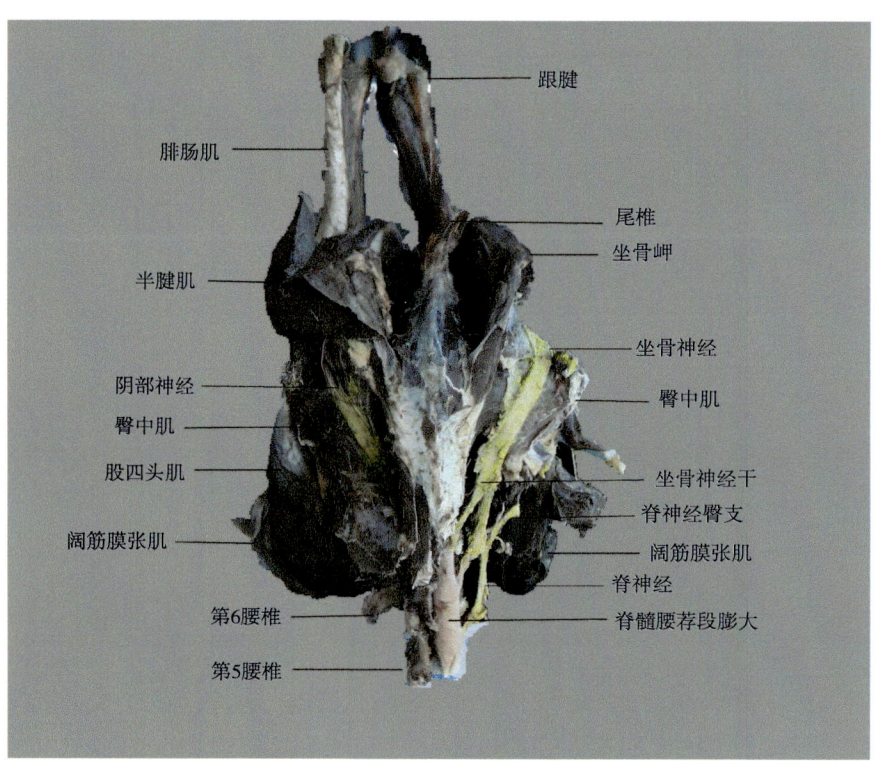

图9-12 林麝脊髓腰荐段及坐骨神经

三、外周神经——颈胸段神经

林麝的外周神经由联系中枢神经与外周器官的神经纤维组成，呈白色带状或索状。自脑发出的称脑神经，自脊髓发出的称为脊神经。分布到内脏器官、腺体和平滑肌的外周神经称为植物性神经（如迷走神经）。

颈胸段主要有脊神经（颈神经节、胸神经节支配颈部、胸部等处肌肉）、迷走神经、臂神经丛等主干神经（图9-13）。

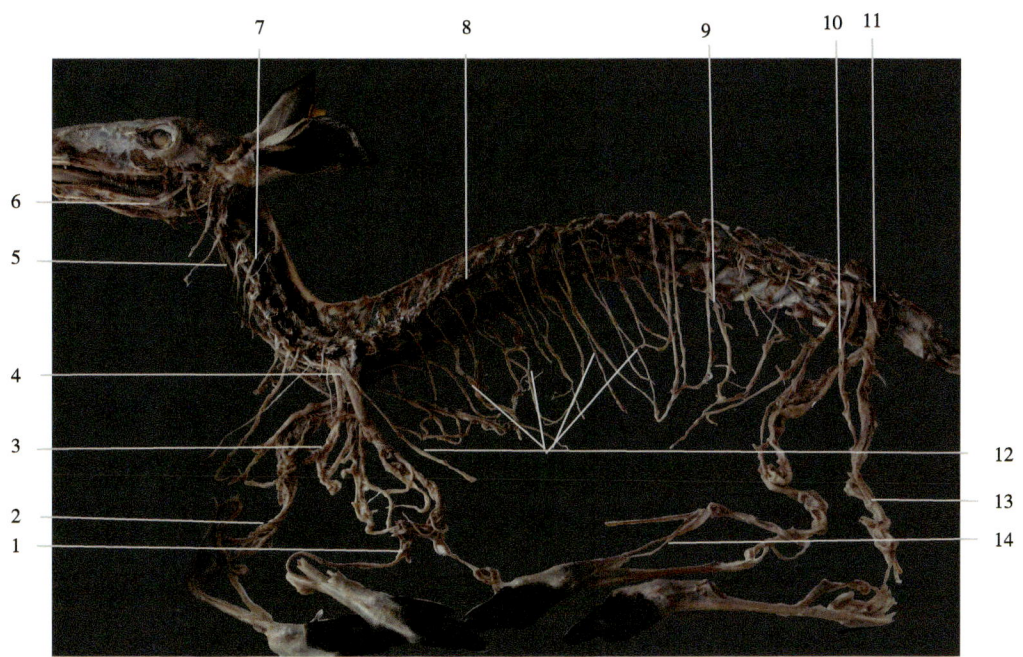

1—正中神经；2—尺神经；3—肩胛神经；4—肩神经丛；5—迷走神经；6—面神经；7—颈神经节；8—胸神经节；9—腰神经节；10—股神经；11—坐骨神经；12—胸腰段神经节后纤维；13—胫神经；14—趾神经。

图9-13 林麝外周神经系统

林麝外周神经纤维分布较丰富。进行深层次解剖一般先从四肢开始。前肢浅层覆盖有皮肌、胸浅肌、背阔肌、斜方肌、臂三头肌、胸头肌、腕桡侧伸肌、腕桡侧屈肌等肌肉组织，后肢浅层覆盖有阔筋膜张肌、臀大肌、臀二头肌、臀中肌、股二头肌、腓肠肌、腓骨长肌等肌肉组织。每块肌肉都连有神经纤维。游离的神经纤维汇集于神经干，游离的小血管汇集于较大的血管。如图9-14所示，是经过数次解剖后暴露的前肢神经干和主要血管以及从胸神经节发出至肋肌和胸肌的神经纤维。肋部和胸部神经纤维较长，稍不留神易折断（图9-15、图9-16）。

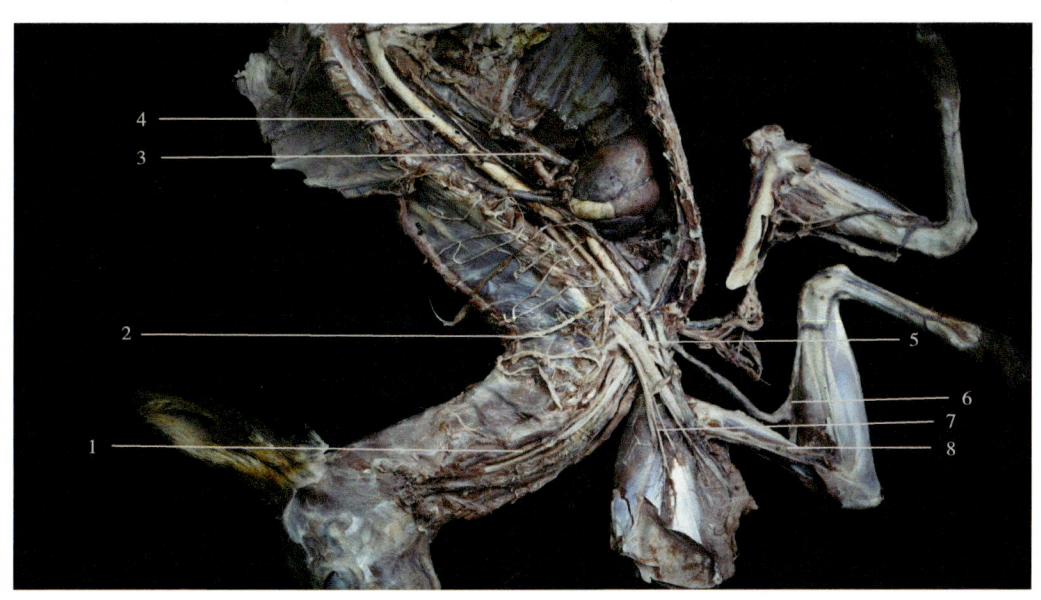

1—迷走神经；2—脊神经；3—后腔静脉；4—主动脉；5—肩神经丛；6—桡侧副静脉；7—肩胛神经；8—桡尺神经干。

图9-14 颈胸段神经干

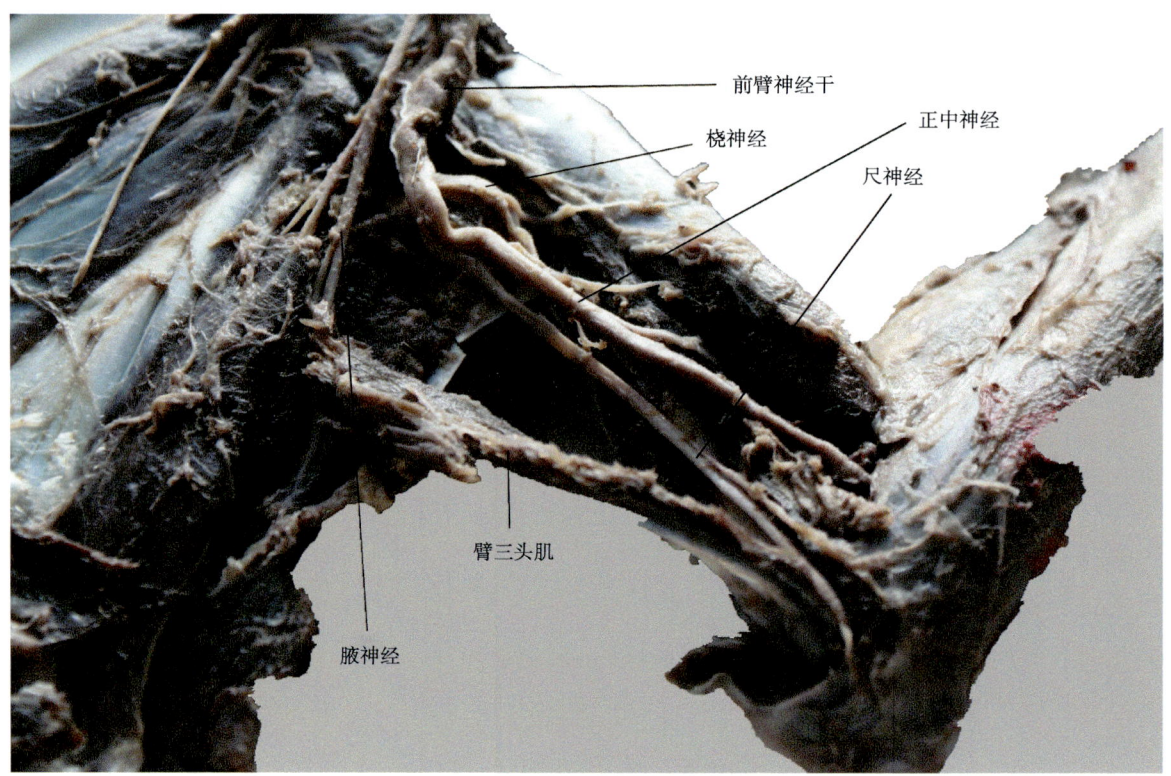

图9-15 右前臂主要神经纤维

图9-16 右前肢神经主干

四、外周神经——腰骶部、后肢神经

外周神经主要包括臀部神经干、坐骨神经、腹神经、腹股沟神经、股神经、阴部神经、胫神经、腓神经等主要神经干。林麝的坐骨神经粗大，被股二头肌和半腱肌覆盖，处于大腿中部位置，从脊髓

荐骨翼处发出后，在坐骨岬分成坐骨神经胫神经支、腓神经支和臀支，分别支配臀部、大腿和小腿肌肉（图9-17至图9-19）。

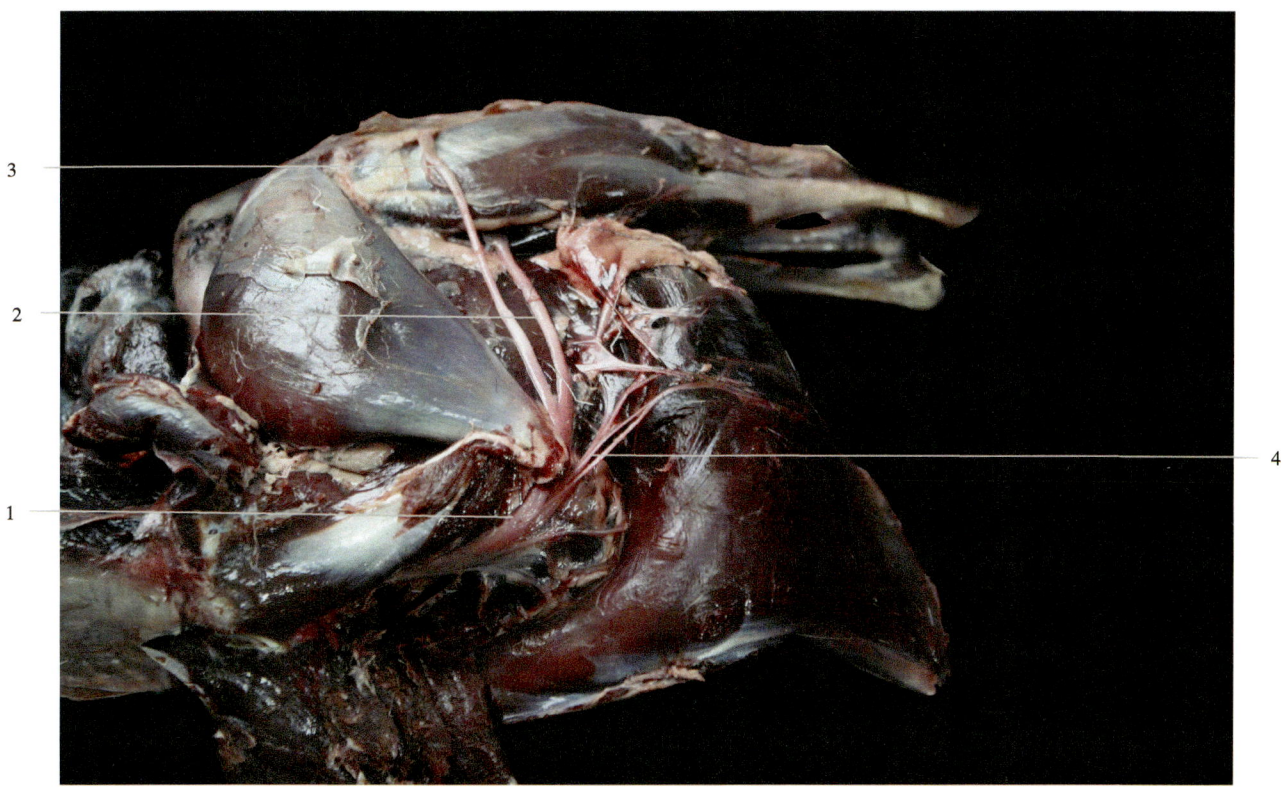

1—坐骨神经；2—腓总神经；3—胫神经；4—坐骨神经肌支。

图9-17　荐部右侧神经主干

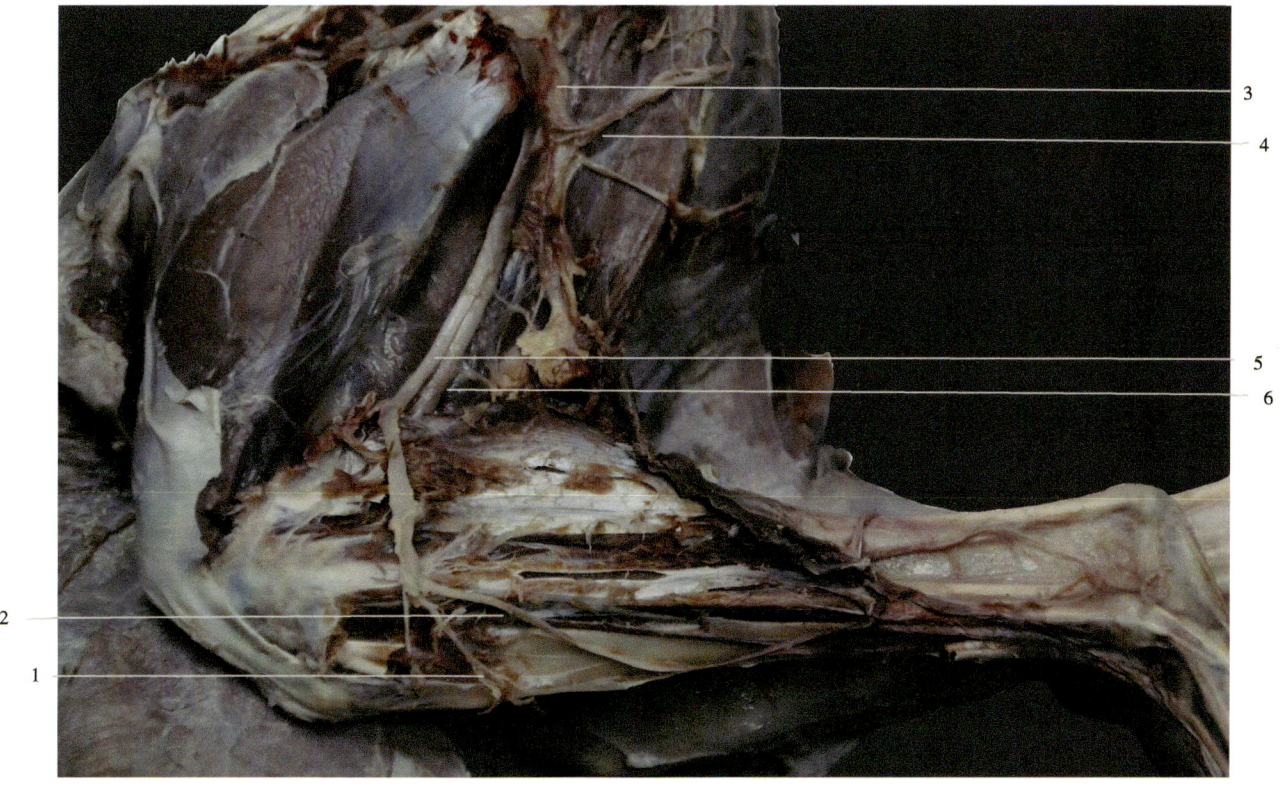

1—腓浅神经；2—腓深神经；3—坐骨神经；4—坐骨神经肌支；5—腓神经；6—胫神经。

图9-18　左后肢神经主干

1—髂下腹神经；2—股神经；3—闭孔神经；4—坐骨神经。

图9-19 荐部神经主干形态结构

五、植物性神经

植物性神经分布于内脏、心血管和腺体，支配心跳、呼吸、消化等活动。包括交感神经和副交感神经，自脑部发出，形成迷走神经干，两者之间互相拮抗又互相协同，组成一个配合默契的有机整体，使内脏的活动能适应内外环境的需要。林麝的迷走神经干粗大（图9-20）。

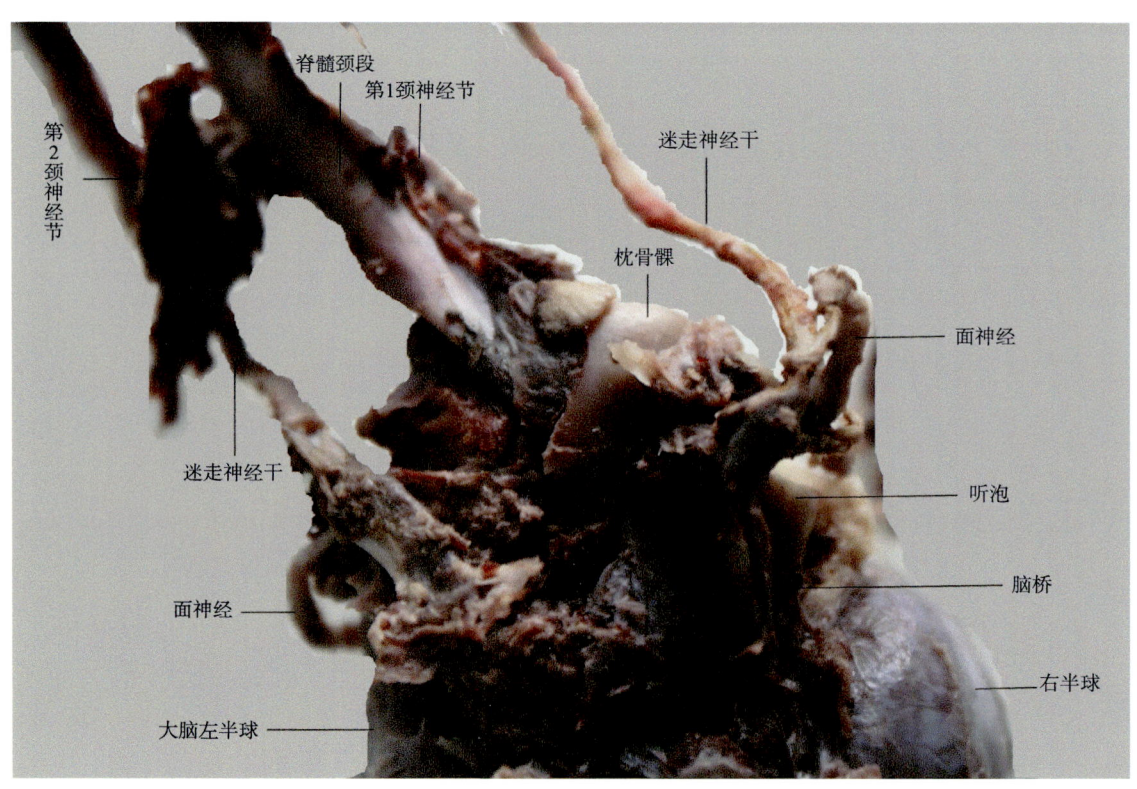

图9-20 林麝迷走神经干

六、神经传导方式和路径

神经信号经大脑发出，途经脑桥、脊髓、神经节，发出神经纤维，分布到不同组织，最后进一步分支到靶细胞（图9-21）。

1—神经干；2—肌腱；3—树突；4—神经纤维；5—神经干。

图9-21　神经传导路径和远端分支

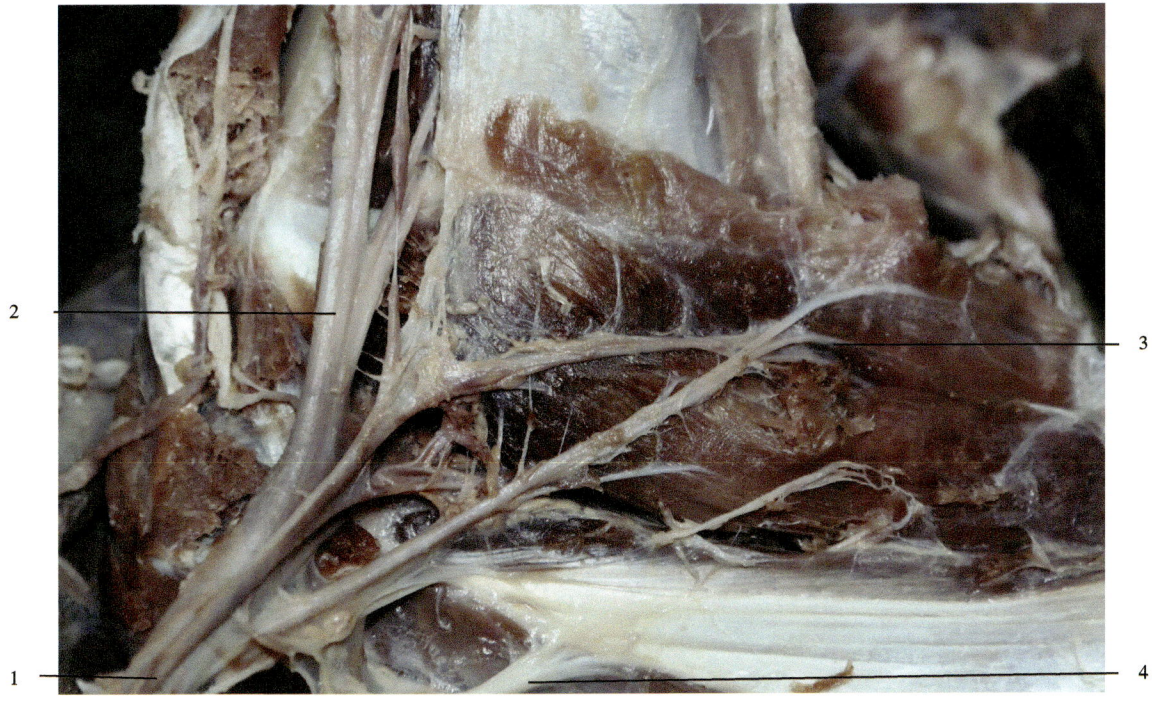

1—神经主干；2—神经纤维分支；3—树突；4—神经纤维。

图9-22　肩胛部神经路径和传导结构

七、林麝神经特点

（1）大脑皮层发达，沟回分区明显。表现在行为上，反应灵敏而快速。
（2）脊髓粗大，能有效传导和快速整合，以适应复杂的环境及其变化。
（3）前后肢神经极其发达，前肢神经丛比后肢更为发达，从而赋予前肢完成更多复杂动作。
（4）神经纤维结实且富有弹性和韧性。不易折断。

第十章　内分泌系统

内分泌系统包括独立的内分泌器官和分散在其他器官中的内分泌组织。单独内分泌器官有甲状腺、甲状旁腺、垂体、肾上腺、松果体等。

一、脑下垂体

垂体为一豆形小体，位于脑干底部，蝶骨构成的垂体窝内，借漏斗连于下丘脑。成体的垂体一般宽0.68 cm，长0.73 cm，厚0.51 cm（图10-1至图10-4）。

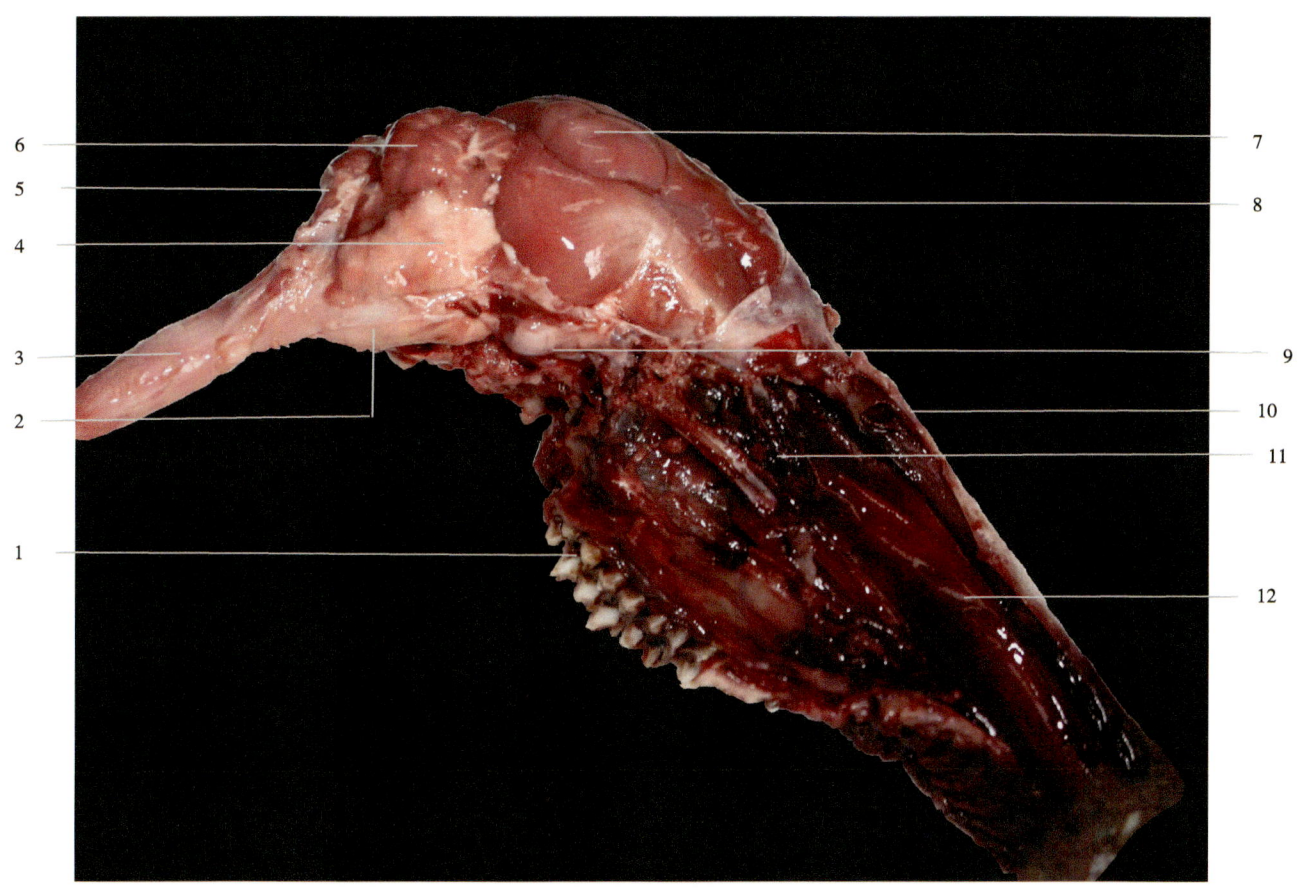

1—上颌白齿；2—脑干；3—脊髓；4—脑桥；5—延脑；6—小脑；7—大脑顶叶；8—额叶；9—垂体；10—鼻骨；11—鼻窦；12—鼻甲软骨。

图10-1　林麝脑下垂体解剖

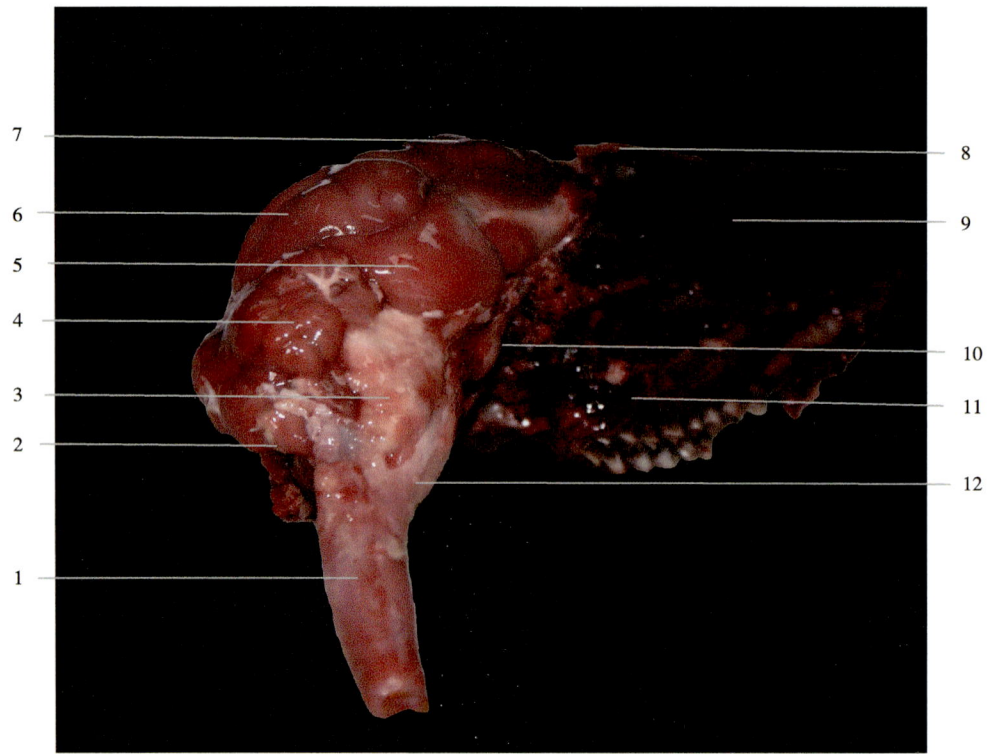

1—脊髓；2—延脑；3—脑桥；4—小脑；5—大脑颞叶；6—顶叶；7—额叶；8—鼻骨；9—鼻甲软骨；10—垂体；11—硬腭；12—脑干。

图10-2　林麝脑下垂体位置及形态

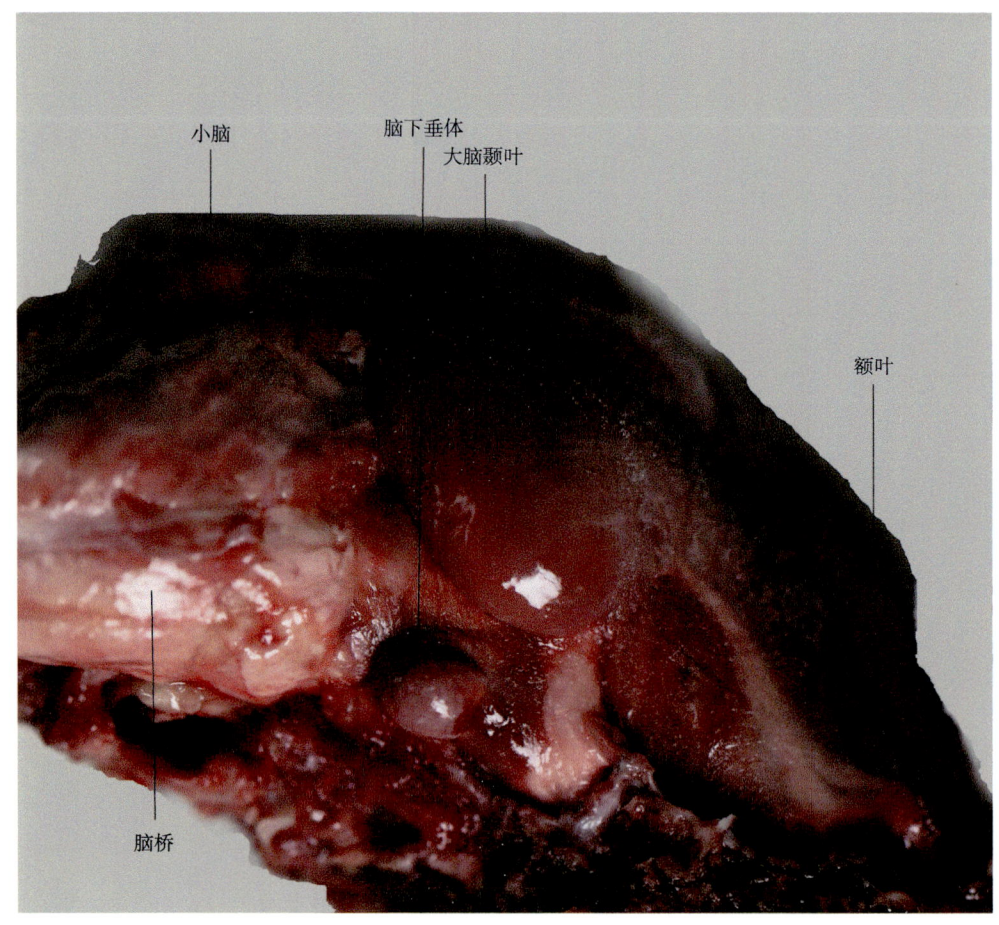

图10-3　脑下垂体与脑组织联系

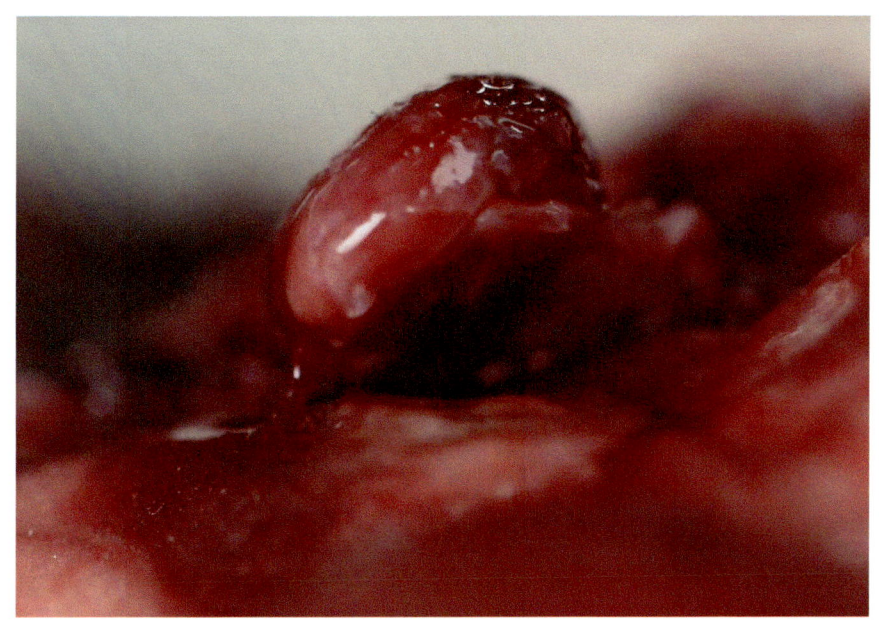

图10-4 脑下垂体形态

二、甲状腺

麝的甲状腺成盾形、蝶形或卵圆形,位于喉头软骨后方两侧,紧贴气管(1~5环),中间的颊部较发达,其下缘较平直,上缘较两角略高,体积较大,包绕在喉的下方气管的上端。两侧的甲状腺,一般由较细的甲状腺组织带相连。单侧甲状腺形状有三角形、椭圆形、扁圆形,也有不规则形状。它是由许多球形囊状滤泡构成,滤泡壁由单层的滤泡上皮细胞围绕,在滤泡上皮与基板之间有滤泡旁细胞。滤泡腔充满胶质,滤泡周围尚有薄层基质。麝在其泌香盛期,麝香分泌代谢活动旺盛,体温增高,甲状腺的功能活动增强(图10-5、图10-6)。

甲状腺颜色血红色、亮。成体甲状腺桥宽1.8 mm,左侧长2 cm、宽1.13 cm,右侧长2.1 cm、宽1.16 cm。

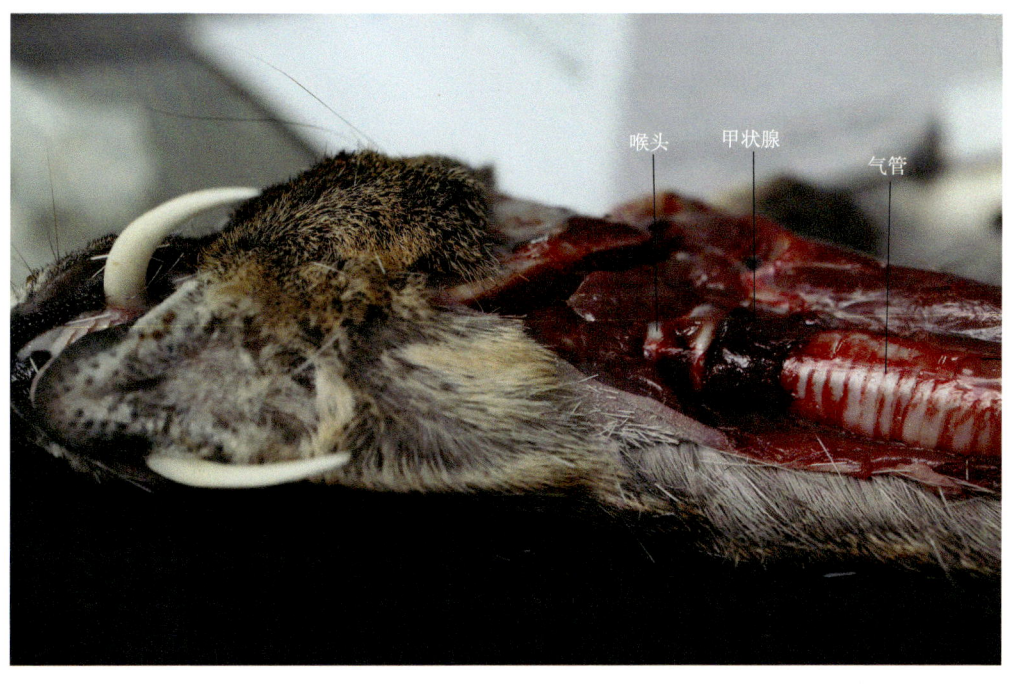

图10-5 成年雄麝甲状腺位置及形态

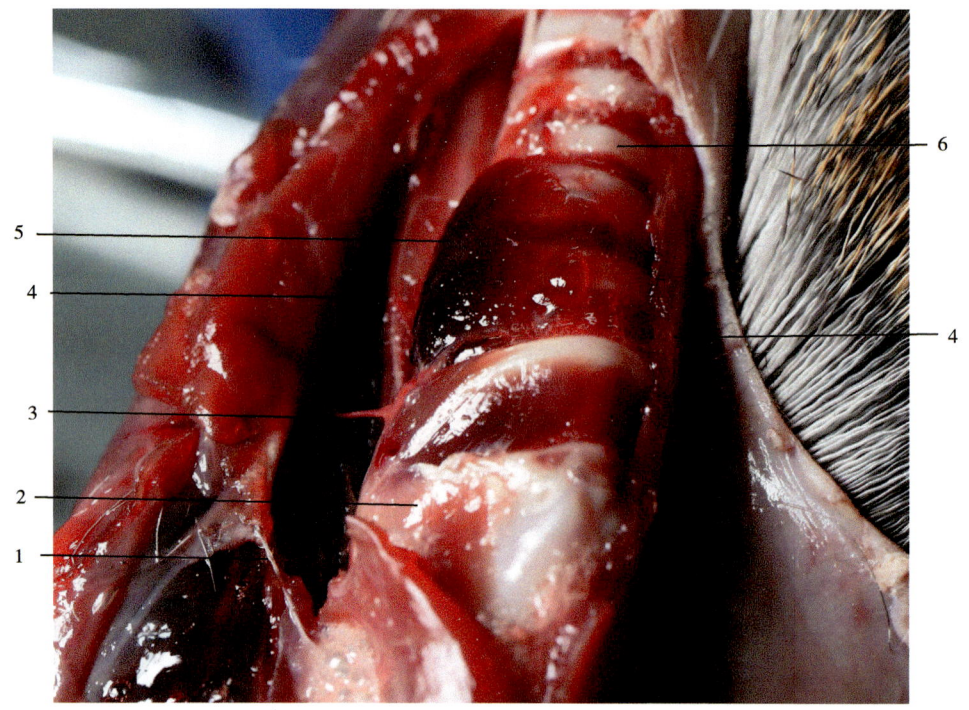

1—静脉；2—喉头软骨；3—颈神经；4—甲状舌骨肌；5—甲状腺；6—气管软骨环。

图10-6　甲状腺结构

三、肾上腺

肾上腺是成对的红褐色器官，呈蚕豆形。位于肾的前内侧（图10-7至图10-9），第13肋骨后缘。借脂肪组织、结缔组织连于肾动脉。

成体左侧肾上腺长1.0~1.2 cm，宽0.7~0.9 cm，厚0.5~0.6 cm，位于肾脏的前内侧约1 cm处，右侧肾上腺长1.3~1.5 cm，宽0.6~0.7 cm，厚0.2~0.3 cm，位于右肾前缘内侧0.5 cm左右。

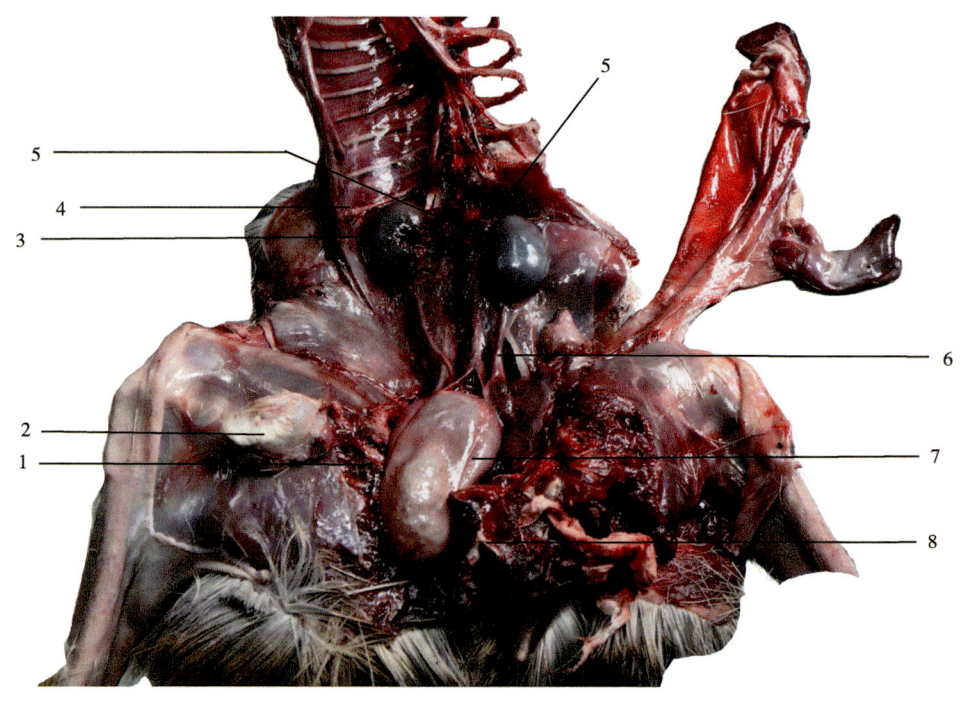

1—精索；2—尿生殖口（香囊）；3—右肾；4—第13肋；5—肾上腺；6—输尿管；7—膀胱；8—耻骨联合。

图10-7　林麝肾上腺解剖（位置）

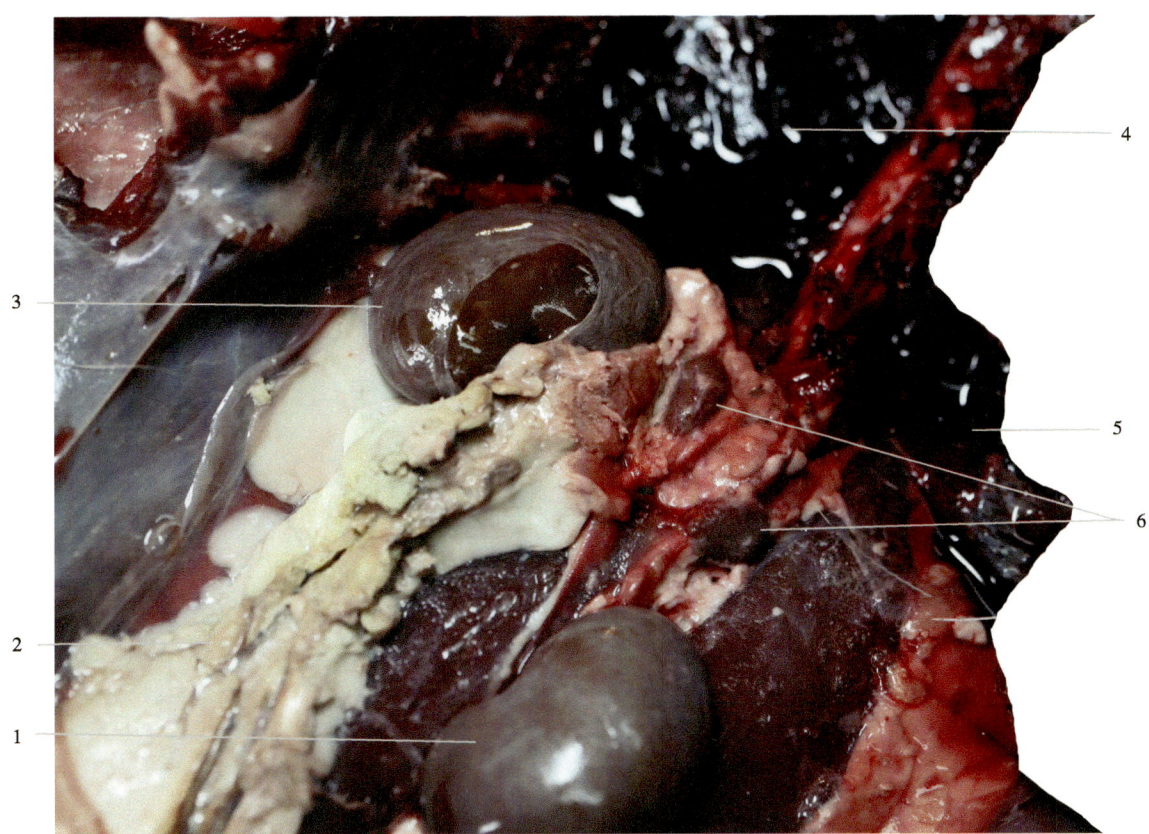

1—左肾；2—脂肪组织；3—右肾；4—脾脏；5—膈肌；6—肾上腺。

图10-8　肾上腺与肾

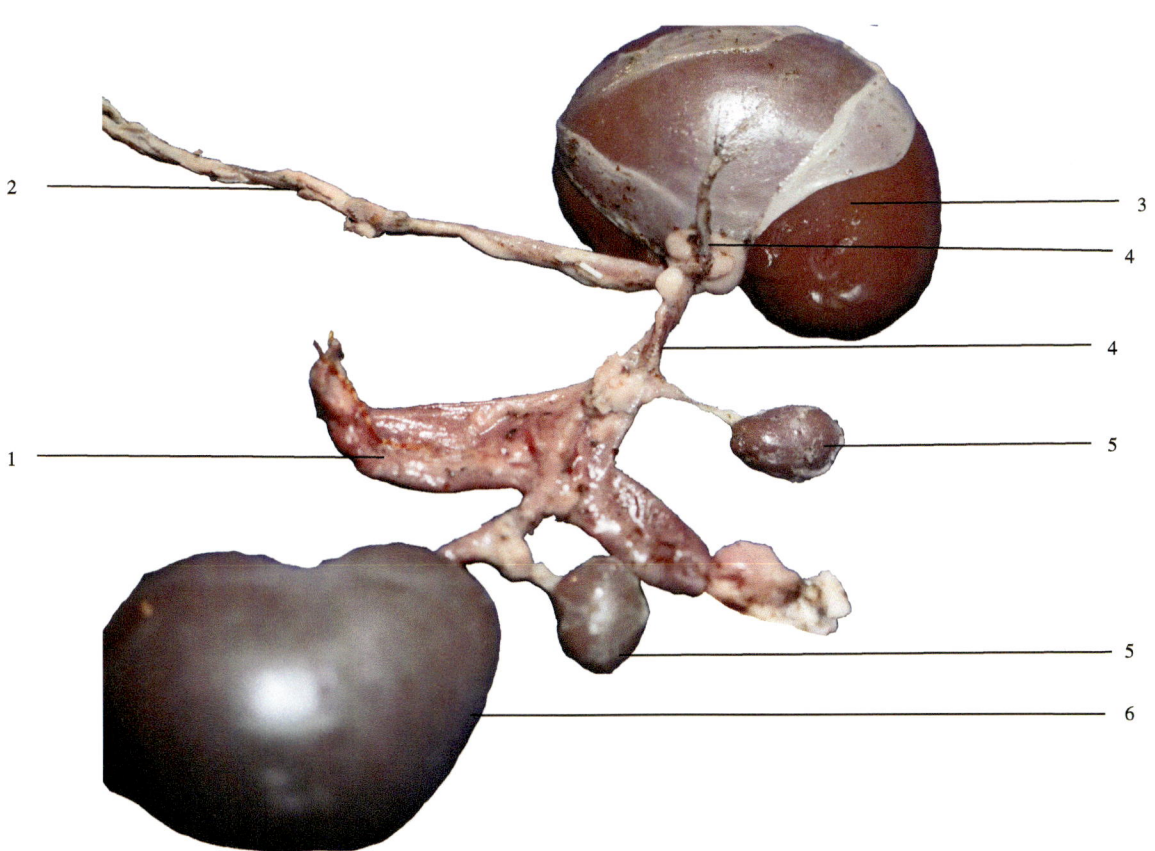

1—结缔组织；2—输尿管；3—右肾；4—肾动脉；5—肾上腺；6—左肾。

图10-9　肾上腺形态

第十一章 感觉器官

感觉器官是由感受器及其辅助装置构成，根据所在部位和所接受的刺激的来源，分为外感受器、内感受器和本体感受器三大类。林麝有多种感觉器官：眼、耳、鼻为外感受器，舌为内感受器，皮肤为本体感受器。

一、眼

视觉器官是感受光的刺激，由神经传递的中枢，引起视觉。林麝的视觉器官包括眼球和辅助结构。眼球位于头额部眼眶内，由眼球壁与内容物组成。眼球壁分为三层，由外向内顺次是纤维膜、血管膜和视网膜。纤维膜由角膜、巩膜组成。血管膜由脉络膜、睫状体和虹膜组成。视网膜分为视部和盲部（图11-1）。

1—颏；2—唇闭合线；3—触毛；4—鼻梁；5—耳绒毛；6—耳廓；7—额部；8—眼眶；9—人中；10—鼻孔；11—獠牙。

图11-1　雄麝头面部的感觉器官

二、鼻

嗅觉器官是通过闻和嗅来自于外界的各种气味，由溴神经传递至中枢，感知嗅觉。林麝嗅觉器官主要是鼻子（图11-1至图11-4），鼻吻部较突出。鼻甲骨发达，呈卷曲状。鼻软骨位正中，内有丰富的结缔组织。皮肤黏膜前突形成鼻镜。湿润且光泽度较好，具有丰富的神经末梢，快速而准确地感知外界的刺激。鼻子是重要的保护器官和信息传递分析器官。

1—颌；2—触毛；3—眼眶；4—额部；5—耳根；6—耳绒毛；7—眼球；8—鼻梁；9—人中；10—唇闭合线；11—颈斑。

图11-2　雌麝头面部的感觉器官

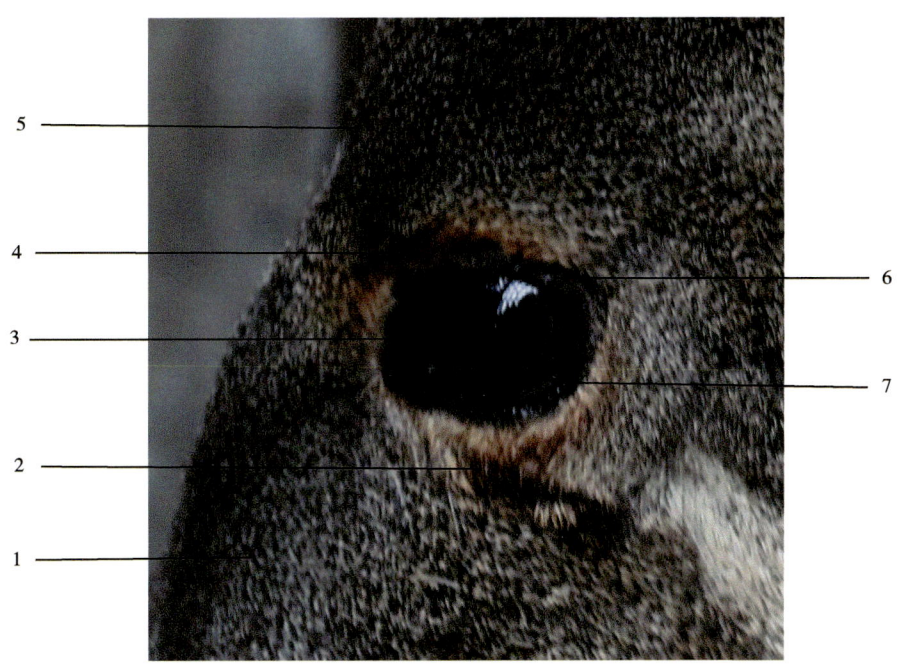

1—鼻部；2—泪腺区；3—角膜；4—眼眶；5—额部；6—眼睑；7—虹膜。

图11-3　林麝眼形态及结构

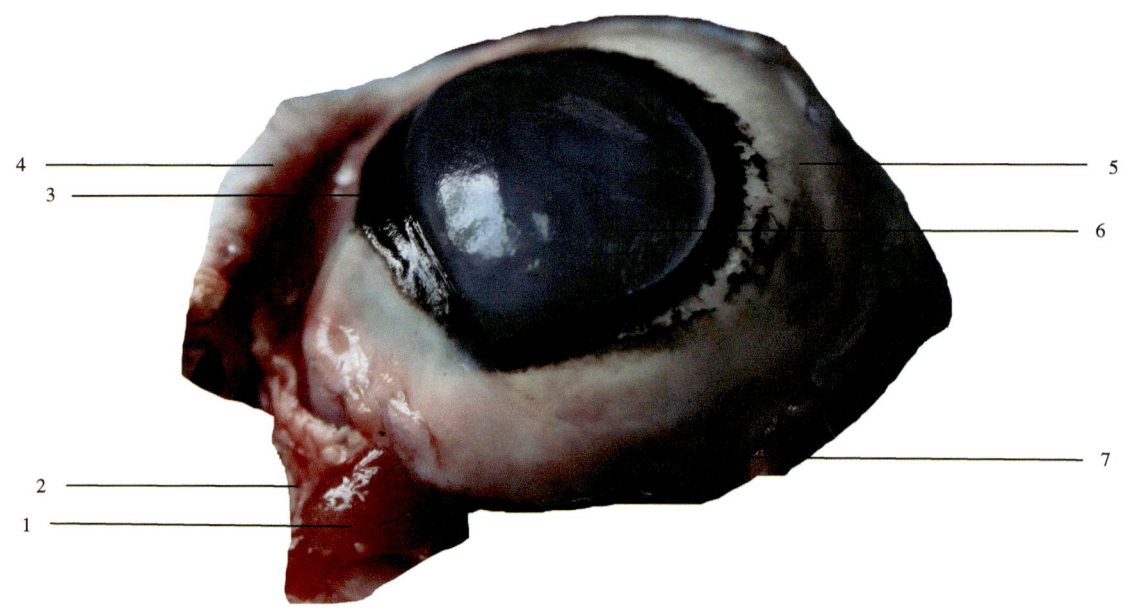

1—鼻泪管；2—视神经；3—虹膜；4—泪腺组织；5—巩膜；6—角膜；7—眼轮匝肌。

图11-4　眼球形态及组成

三、耳

耳是听觉与味觉的感觉器官，由外耳、中耳构成的传感器和内耳感音、平衡器组成。外耳由耳廓、外耳道、鼓膜组成，外耳、中耳是声波传导器官，内耳是感受声音和味觉的感受器。

林麝的耳廓大、立、长，较薄展开如树叶状。成体长9～12 cm。位于顶骨两侧后沿，耳廓与外耳道之间有软骨相连，使耳廓可旋转180°，两只耳朵能采集同一方向、水平方向360°方位的信息（图11-5）。

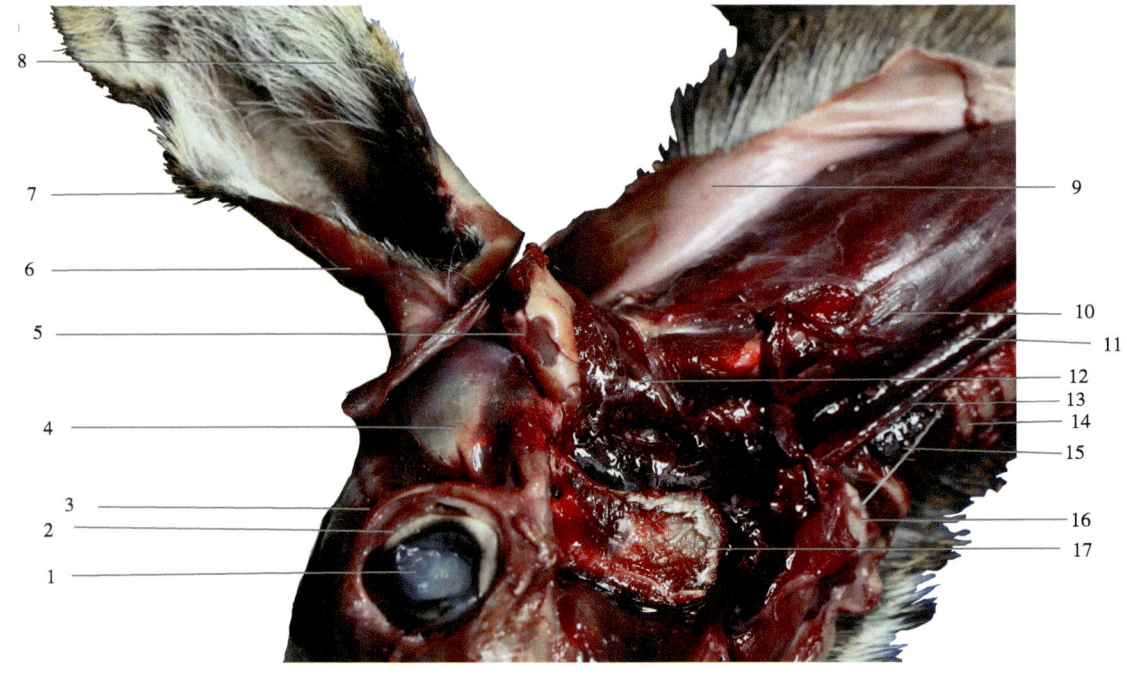

1—角膜；2—虹膜；3—颧弓；4—咬肌；5—外耳道；6—耳软骨；7—耳廓；8—耳绒毛；9—颈部皮肤；10—臂头肌；11—颈静脉；12—耳轮匝肌；13—颈动脉；14—气管；15—甲状腺；16—喉软骨；17—下颌突。

图11-5　耳及周围结构

四、舌

舌主要由横纹肌构成，表面覆以黏膜。舌在咀嚼、吞咽动作中有搅拌和推送食物的作用；舌还是味觉器官，可辨别食物的味道。舌可分舌尖、舌体和舌根三部分。舌尖为舌前端游离的部分，向后延续为舌体。舌尖和舌体上面均覆盖有黏膜，表面有形状不一的乳头。

林麝的舌较长，可伸出口腔外。表面可见舌圆枕，黏膜上分布有轮廓乳头和菌状乳头以及味蕾乳头。头部血管铸型可见舌体分布有极其丰富的血管。林麝在剧烈运动后常伸出舌头帮助散热（图11-6、图11-7）。

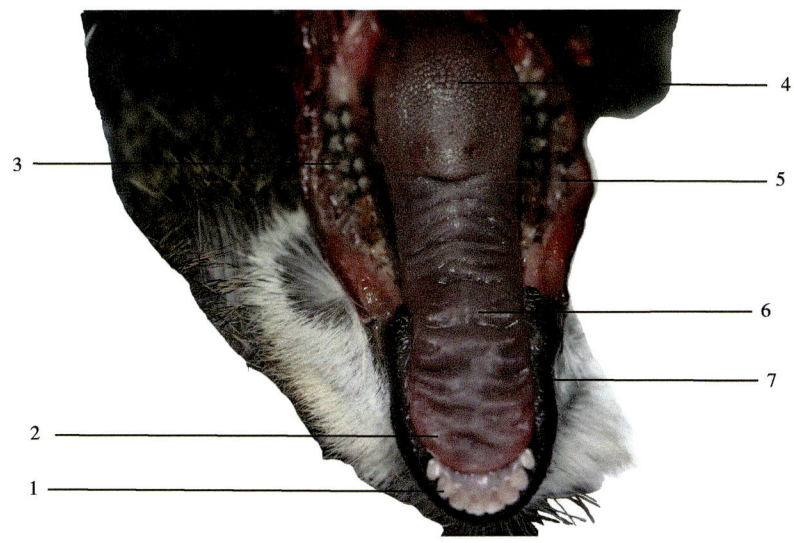

1—下颌门齿；2—舌尖；3—下颌臼齿；4—味蕾乳突；5—下唇黏膜乳突；6—舌体；7—下唇。

图11-6　林麝舌形态及自然位置

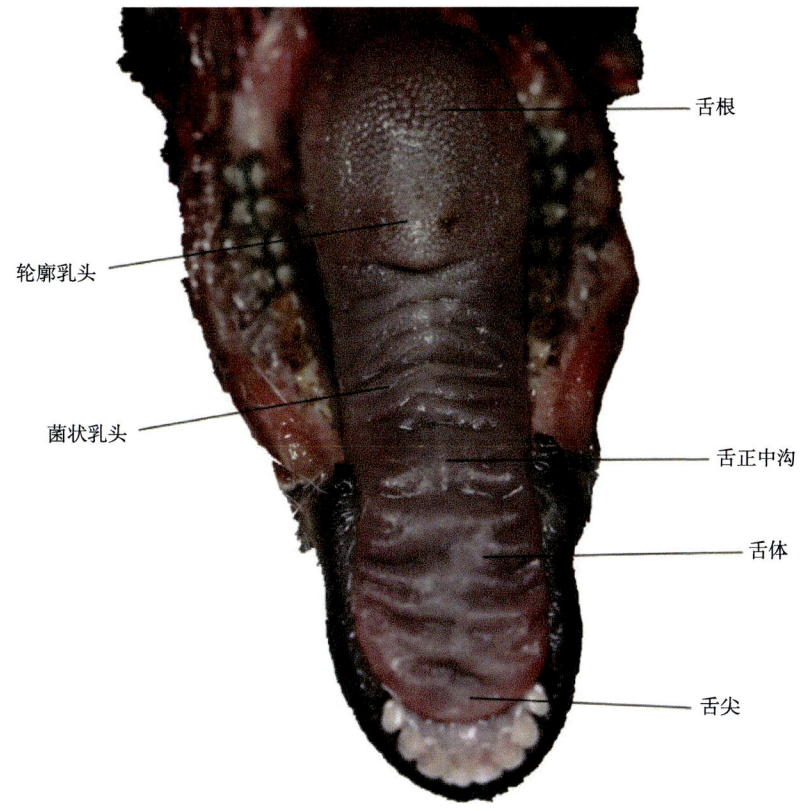

图11-7　舌形态及结构

五、触毛

触毛是林麝被毛中数量和分布区域最少、坚硬的被毛，分布在林麝头部及四肢的冠部，有触觉作用。分布在头部的触毛较长，林麝常年生活在林区，触毛对于感知环境、保护头部重要器官具有重要意义。触毛感受器位于皮肤基部毛囊内，毛囊较明显（图11-8）。

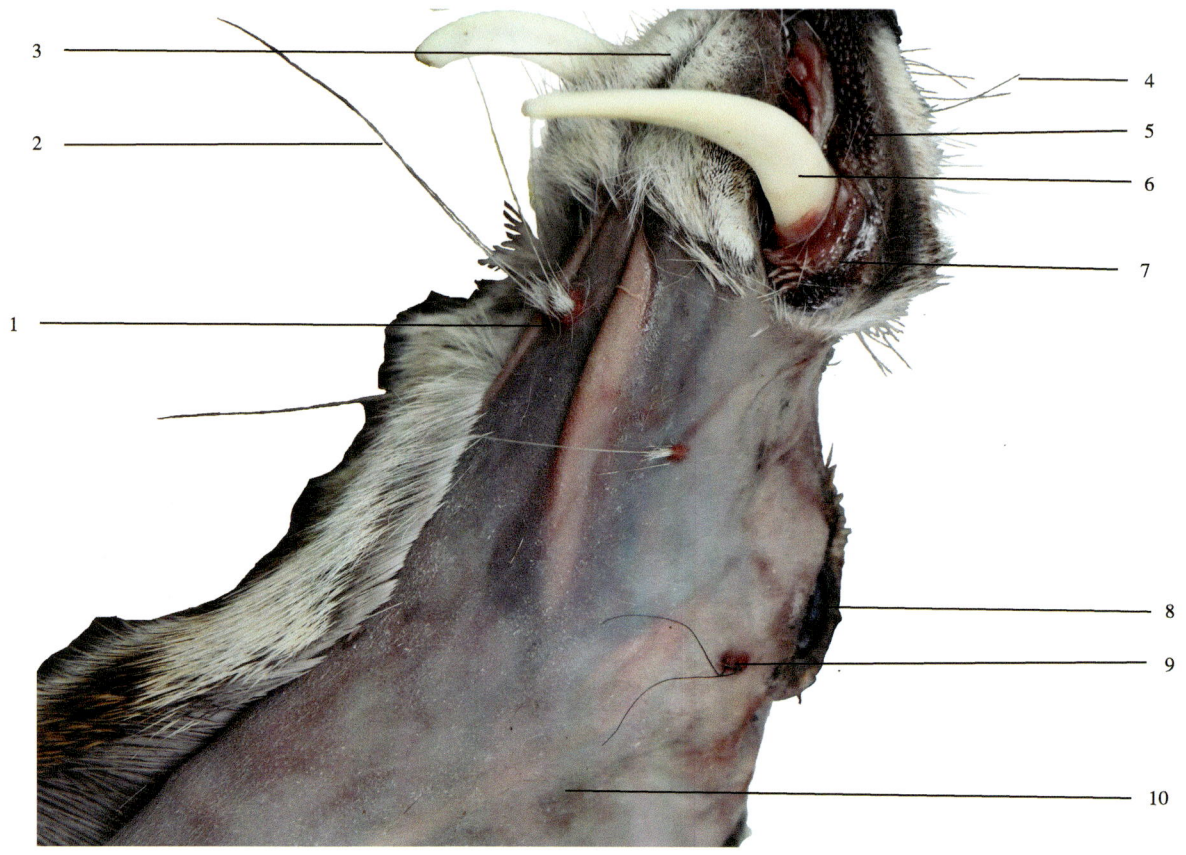

1—颌须根部；2—触毛；3—颌；4—上唇；5—黏膜乳突；6—犬齿；7—齿龈；8—眼球；9—触毛毛囊；10—耳根。

图11-8 头面部触毛形态结构

第十二章　泌香器官

麝香囊为公麝的特有器官，位于腹下部阴囊与脐部之间，腹壁与皮下之间，为椭圆形的囊状物。长5~9 cm，宽4~7 cm，高2~3 cm。在香囊的腹侧面有前后两个开口，前面的开口为香囊口，撑开后直径约1 cm，可排出香囊内腺体的分泌物。后面的开口为包皮口，两个开口之间的距离约0.3 cm。香囊分泌物的气味可吸引异性。

一、香囊组成及形态

香囊由分布于香囊开口道周围的香腺、皮脂腺、香囊缩肌、包皮和皮肤组织组成。香囊壁腹侧缩肌分布丰富，背侧肌肉很薄（图12-1至图12-3）。由外向内依次为毛囊皮质层、外层香腺组织层、肌肉层、内层香腺组织层、皮脂层。香囊腺体中部横向夹有的肌肉层使之明显分为外层腺泡和内层腺泡。腺泡在0岁仔麝的香囊中已经开始发育。香囊呈囊状，不规则圆柱形，是储存香腺细胞分泌物的场所。

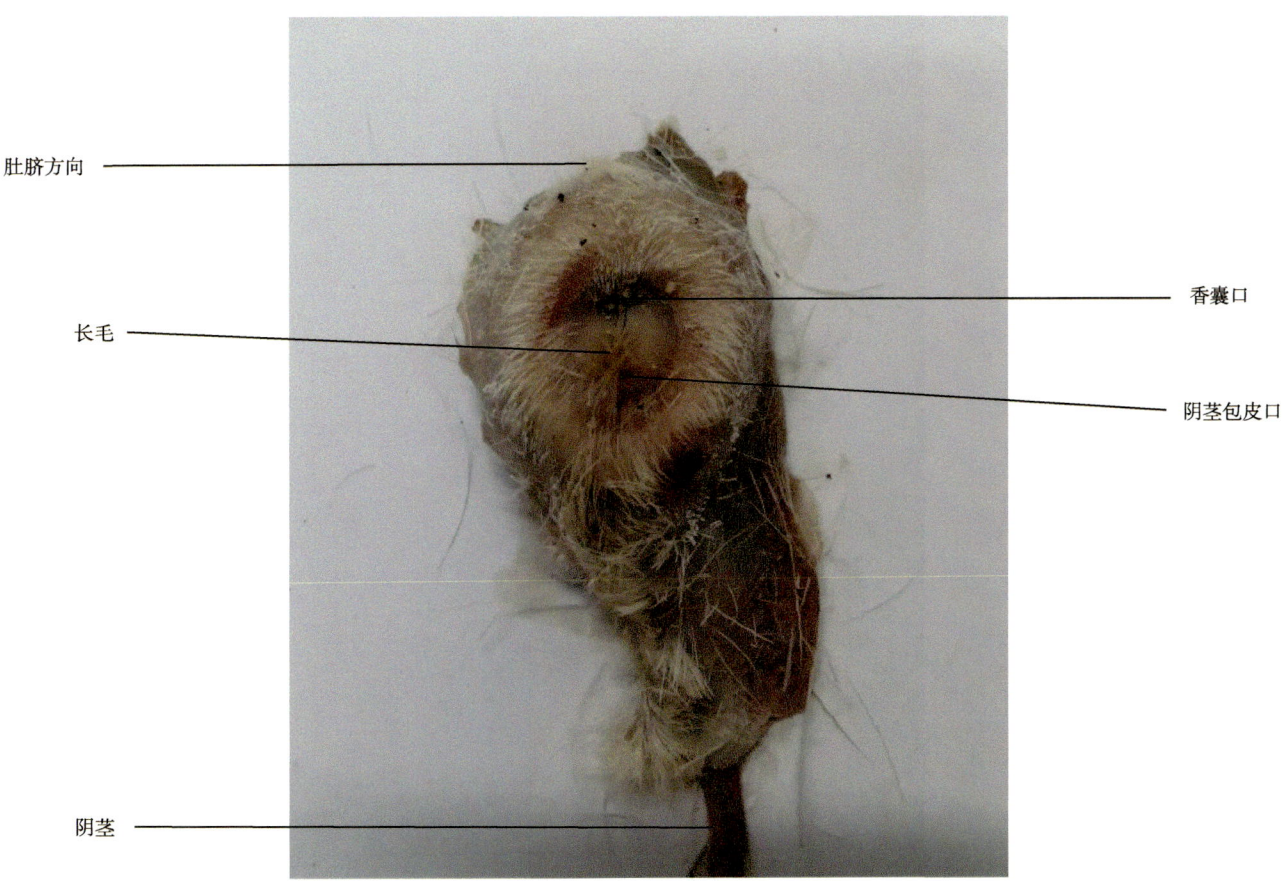

图12-1　林麝香囊外形

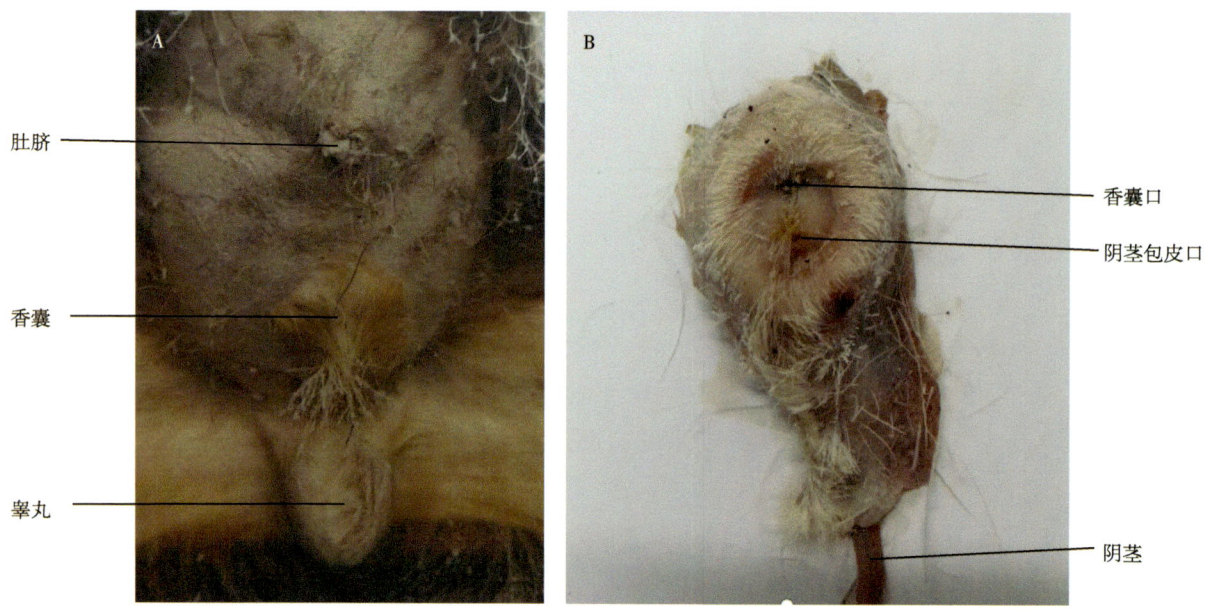

图12-2　林麝香囊位置及形态

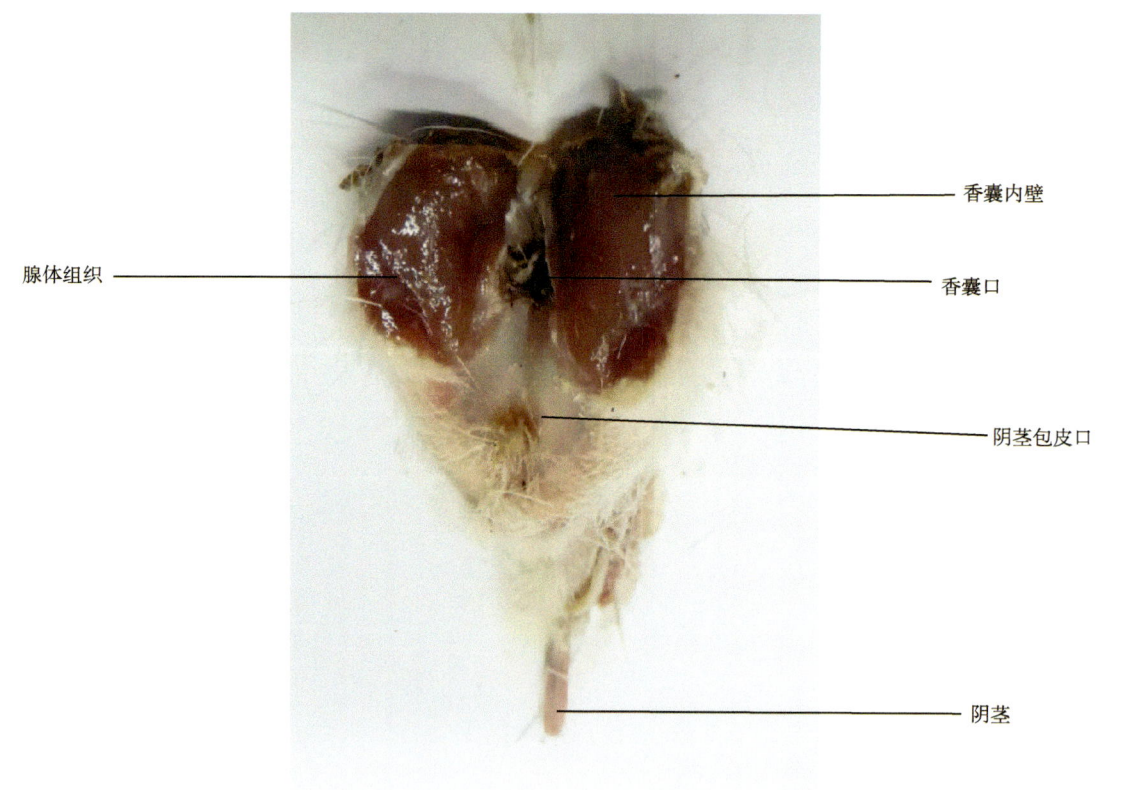

图12-3　林麝香囊大体解剖结构

（一）香囊口

位于香囊的前1/3处，包皮开口的前端，相距约0.3 cm。香囊开口分内、外开口和开口管道组成，管道直径0.11～0.52 cm。内开口于香囊囊腔，外开口于体外。

（二）香腺

位于香囊口周围不均匀分布的初香分泌腺。

（三）皮脂腺

皮脂腺位于内开口壁周围、外口周围和包皮开口周围。

（四）香囊缩肌

香囊缩肌分布于香囊整个壁层，以香囊开口周围分布较多。

（五）包皮

自香囊后侧中央紧邻香囊腔的腹壁、缩肌背侧向前延伸，穿过缩肌开口于体外。

二、香囊组织解剖图谱

林麝香囊腺体中部横向夹有的肌肉层使之明显分为外层腺泡和内层腺泡。腺泡在0岁仔麝的香囊中已经开始发育。随着年龄增长，内层腺泡直径在变大。在非泌香期，内层腺泡直径比外层腺泡大，且部分外层腺泡有分泌物析出，内层腺泡细胞紧密排列成环状。在泌香期，内层腺泡直径比外层腺泡小，但内层腺泡内有以顶浆分泌方式排出的初香分泌物，外层腺泡同样有分泌物蓄积。皮脂层的皮脂腺在仔麝出生时就已发育，但未见分泌物，而1岁和11岁的皮脂腺及其导管均存在分泌物，且皮脂腺的分泌是不分泌香期与非泌香期的。研究表明两层腺泡是由两种腺细胞组成的，存在着形态学差异；皮脂腺是持续分泌的腺体。

林麝香囊组织的数字全景切片扫描结果见图12-4。可以看出：香囊沿中线纵切，可分为上下两块，中间有香囊口，其内侧为香囊内壁。

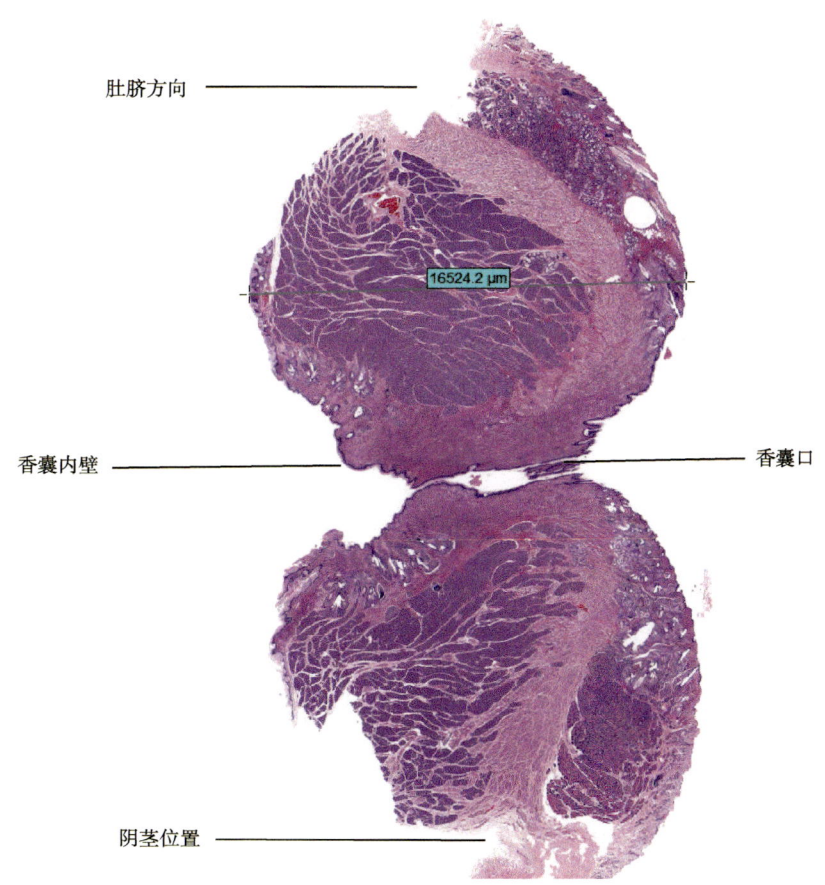

图12-4　林麝香囊组织结构

香囊的分层见图12-5至图12-9。可以看出：香囊组织的结构由外向内依次为毛囊皮质层、外层香腺组织层、肌肉层、内层香腺组织层、皮脂层。其中香腺腺体部腺泡多而排列紧密，呈分叶状，由复管泡状腺构成，表面由疏松结缔组织包裹，形成香腺的被膜，结缔组织伸入实质，将香腺分隔成许多小叶，叶间结缔组织发达，腺体中部横向夹有一层肌肉层，使之明显分为两层，分别为外层香腺组织层和内层香腺组织层。

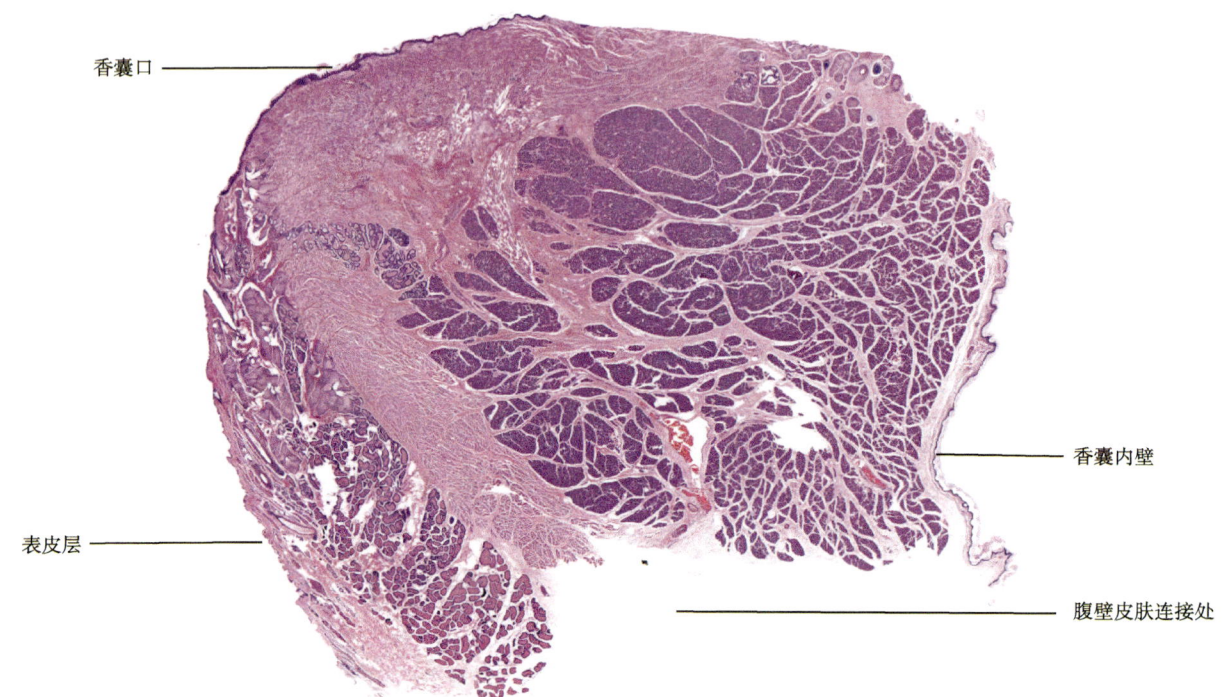

图12-5　香囊口组织分层结构

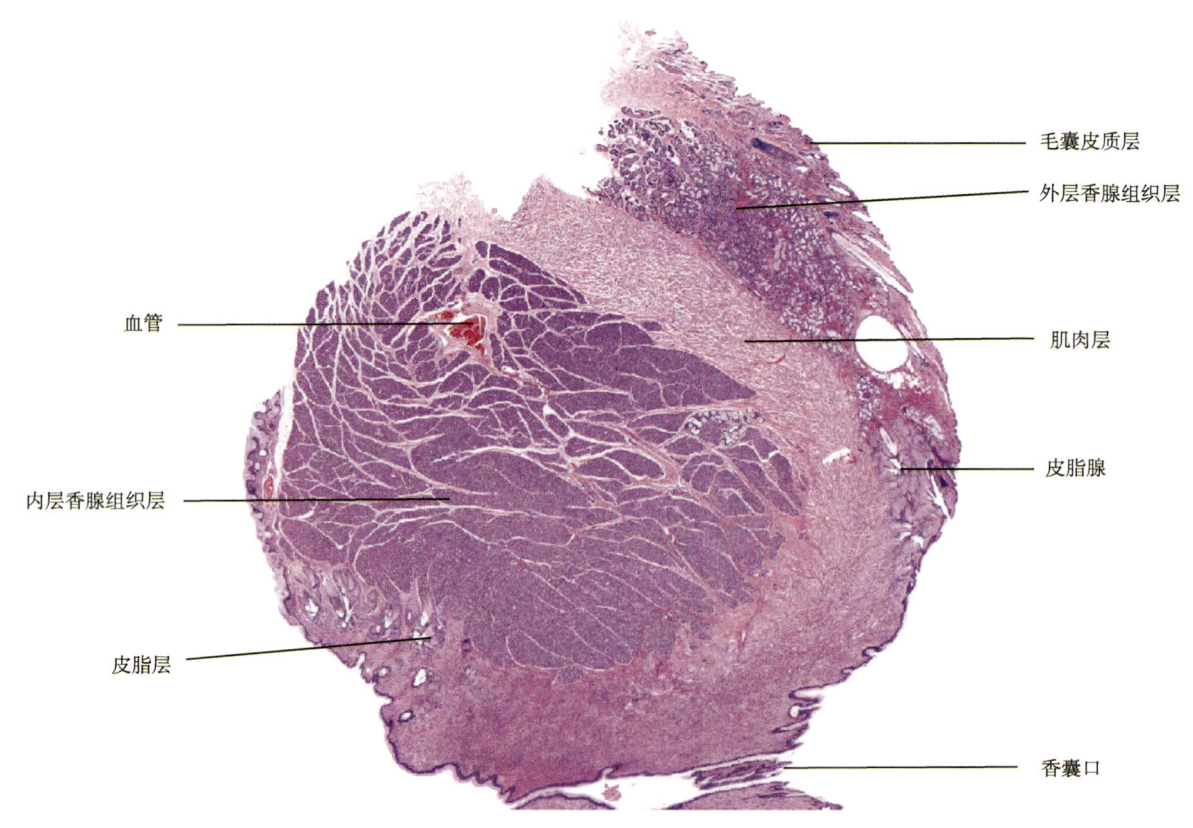

图12-6　香囊壁组织结构

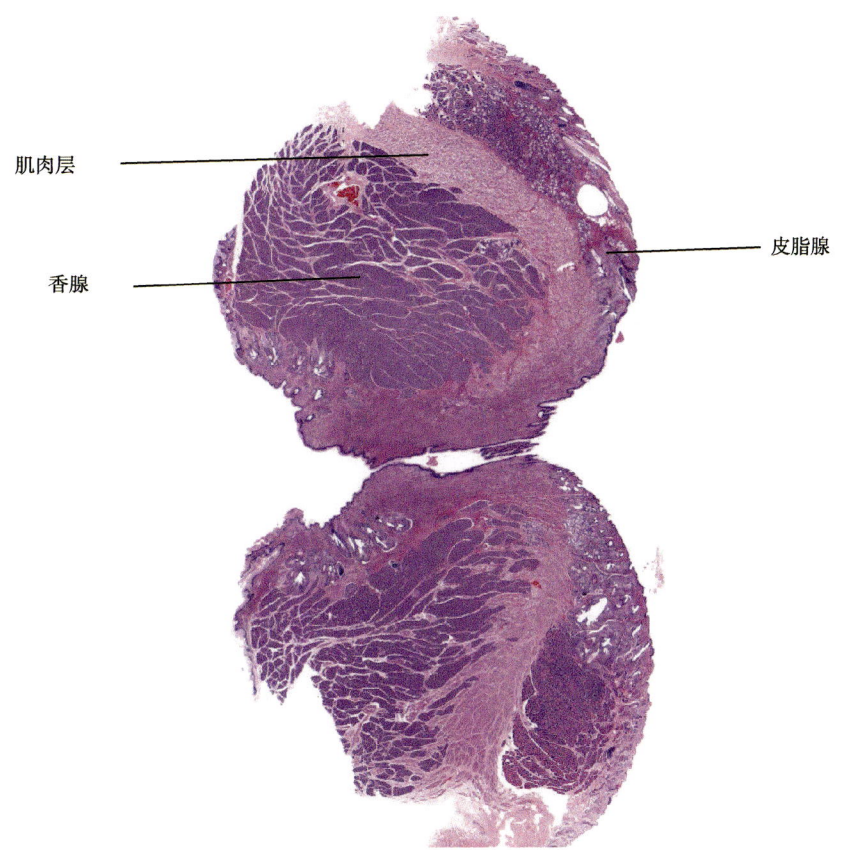

图12-7　香囊壁横切面

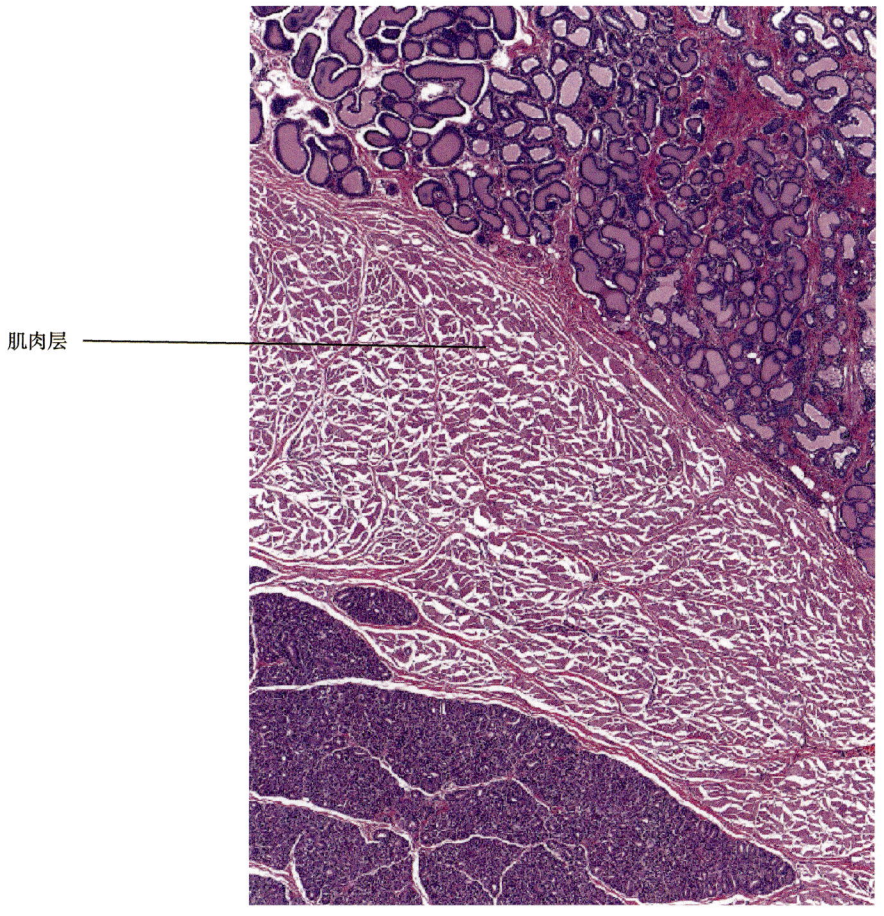

图12-8　香囊壁肌肉层组织结构

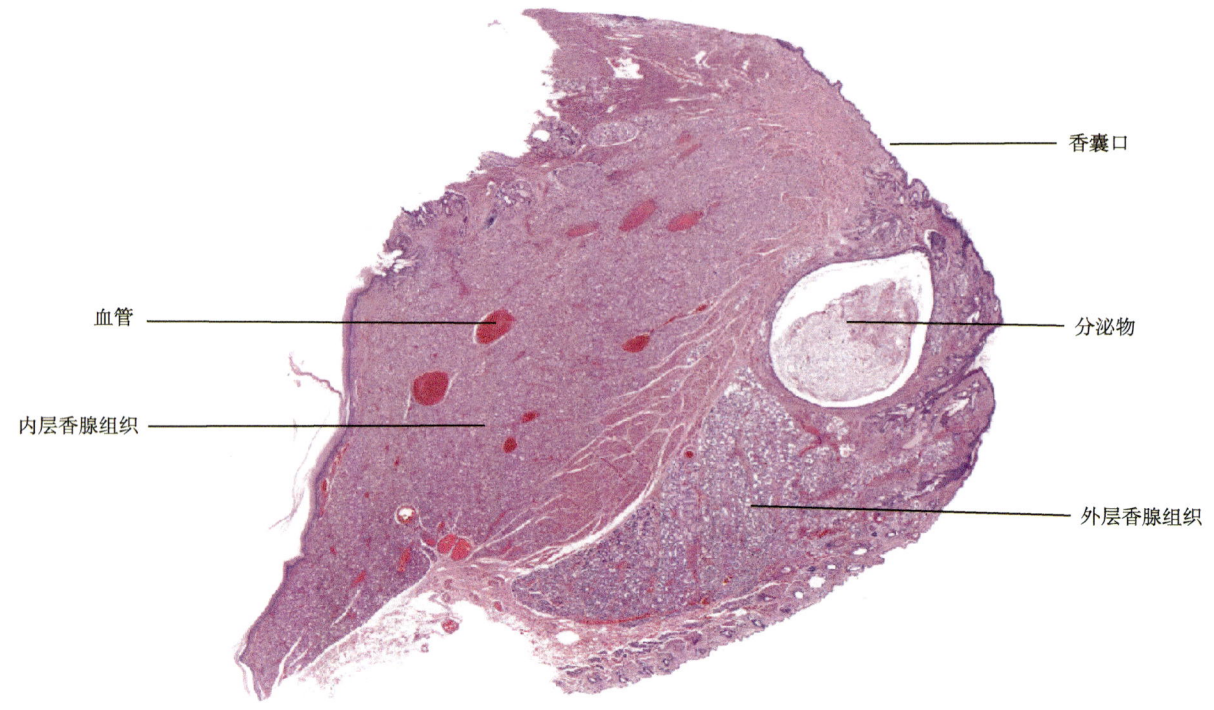

图12-9　香囊开口处组成

外层香腺组织层位于肌肉层上，为圆形管状，由腺细胞围成管腔（以下简称腺泡）。由于切片原因，腺泡形状不规则。外层香腺组织层的腺泡大，多呈囊状，腺泡的管壁由单层柱状或立方上皮细胞构成，下基膜明显，基膜与上皮间有肌上皮细胞（图12-10）。

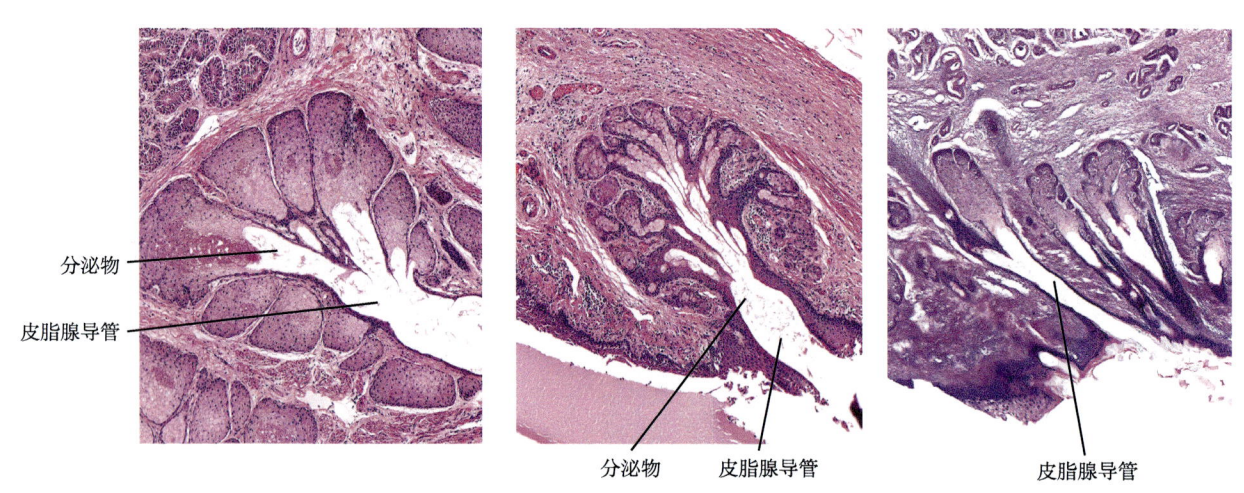

图12-10　香囊皮脂腺导管组织结构

内层香腺组织层由各腺叶构成，位于肌肉层下，腺泡为圆形，腺泡壁厚，腺细胞为单层柱状上皮细胞，也可见肌上皮细胞和扁平的成纤维细胞（图12-11）。

三、不同泌香时期与年龄阶段的林麝香囊皮脂腺分泌和发育情况

在林麝香囊内层的皮脂层中含有大量皮脂腺，对比分析不同泌香时期林麝香囊皮脂腺分泌情况发现，在非泌香期，贴内层香腺组织层的皮脂层中皮脂腺及导管内存在分泌物；在泌香期，同一部位的皮脂腺的导管开口处也有大量分泌物排出。

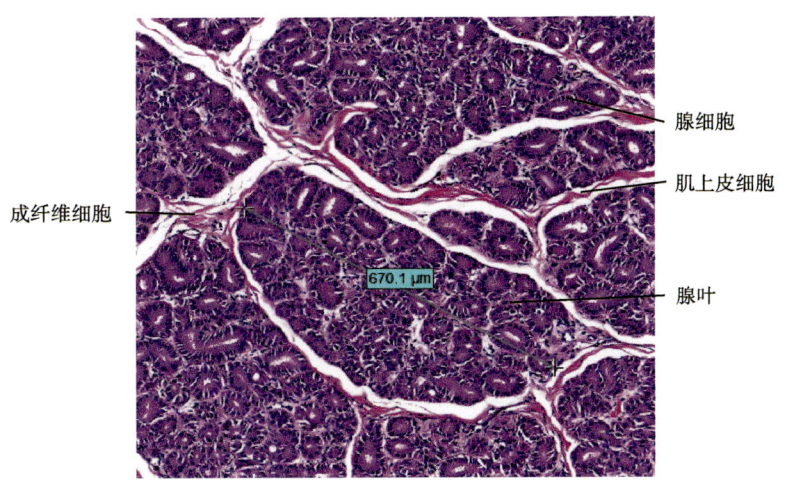

图12-11 细胞放大的香腺组织

四、不同泌香时期林麝香囊腺泡分泌情况

在泌香期和非泌香期，林麝香囊腺泡直径大小出现变化。在非泌香期，内层腺泡直径比外层腺泡大，而在泌香期，内层腺泡直径比外层腺泡小。分别对非泌香期与泌香期的外层腺泡与内层腺泡直径进行差异显著性分析，发现腺泡直径差异极显著（$P<0.01$），结果见表12-1。

表12-1 腺泡直径统计

序号	时期	年龄（岁）	外层腺泡直径（μm）	内层腺泡直径（μm）
1	非泌香期	10	$55.6^{Aa} \pm 4.1$	$86.7^{Aa} \pm 1.2$
2	泌香期	6	$81.0^{Bb} \pm 2.2$	$50.8^{Bb} \pm 2.6$
3	泌香期	11	$75.9^{Bb} \pm 6.9$	$54.2^{Bb} \pm 3.4$

注：同列数据肩标大写字母完全不同表示差异性极显著（$P<0.01$），小写字母完全不同表示差异显著（$P<0.05$），含相同字母表示差异不显著（$P>0.05$）。

在非泌香期，部分外层腺泡有分泌物析出，内层腺泡细胞紧密排列成环状（图12-12）。在泌香期，外层腺泡管腔由柱状细胞构成，胞核圆或卵圆形位于顶端，腺泡腔内有分泌物蓄积；内层腺泡内有以顶浆分泌方式排出的初香分泌物，腺泡腔内已可见有分泌物蓄积（图12-13）。

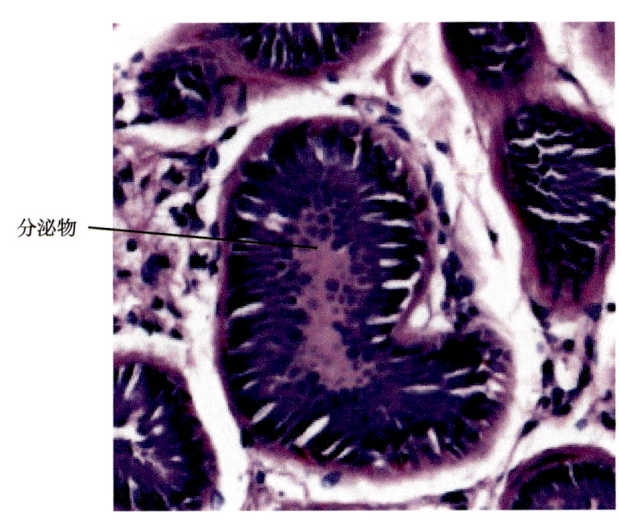
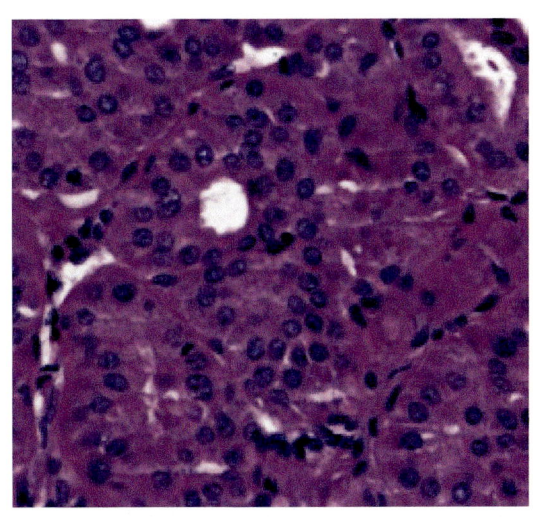

图12-12 不同层次香腺细胞形态

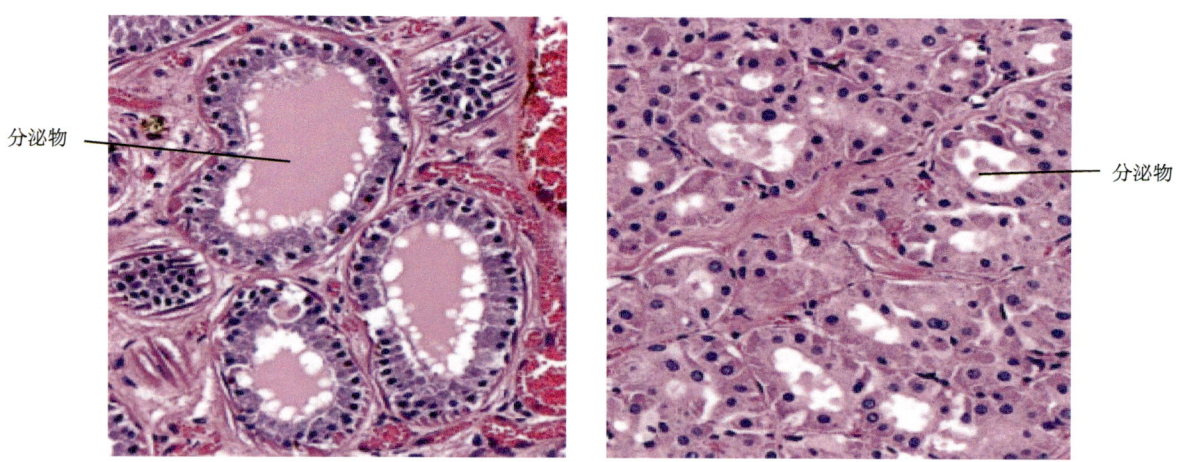

图12-13 不同层次香腺细胞对比分析

香腺结构主要由香腺腺泡上皮细胞与基膜组成的腺泡及疏松结缔组织组成。腺上皮有普通汗腺和气味汗腺两种成分，泌香盛期的腺上皮与血管发达，疏松结缔组织相对减少气味汗腺量多，腺上皮由大量较小的暗细胞和少量分散在暗细胞之间较大的明细胞组成。泌香盛期腺上皮呈高柱状，细胞顶端呈顶帽突起。暗细胞核较大，多偏位和不规则；核仁1~2个而多边集。高尔基复合体发达，扁平囊泡一般6~8层，散布于扁平囊周围的小泡和扁平囊末端膨大以及分泌泡发达。近高尔基分泌面的分泌泡含低致密物，稍远的分泌泡含中致密物，而大量的是一种大而含致密物的分泌泡，该分泌泡内还含有更高致密物的小颗粒，这种含高致密物的大分泌泡，称特殊颗粒。特殊颗粒在麝香分泌最旺盛的盛中期量最多，形状有圆、卵圆、哑铃形等。

泌香盛期一般为4~10 d，其中3~5 d可见睾丸、香腺增大下垂，香液外溢，香气味浓，表现出拒食等生理反应，称为泌香盛中期；此后睾丸逐渐缩小，香腺仍大，流香液，开始吃食，称为泌香盛后期。盛中期麝香分泌最盛，暗、明细胞都分泌大量的特殊颗粒；盛后期特殊颗粒极少，粗面内质网与核糖体极发达。特殊颗粒的分泌量与外观麝泌香活动相一致，显示特殊颗粒是形成麝香的主要成分之一。麝香腺结构特异，有普通汗腺结构的特点，如有暗、明细胞和细胞内、细胞间管等结构，也有气味汗腺结构的特点，如细胞顶端有顶帽突起，行巨顶浆分泌功能和腺泡腔大等，因此，麝香腺是汗腺特化的混合腺。麝香腺分泌麝香活动受雄性激素的调节控制。通过香腺上皮细胞的光镜和电镜观察，在非泌香盛期给予外源性激素，可以发生多次麝香分泌活动。

参考文献

毕书增，张治国，贾林征，等，1987. 麝泌香盛期后麝香腺囊的显微与超微结构和麝香分泌研究[J]. 兽类学报（2）：96-99.

冯文和，游育信，雍慧仪，等，1981. 林麝麝香腺的组织学观察[J]. 动物学杂志（2）：33-35.

胡佐芳，孙竹珑，1988. 林麝雌性生殖器官解剖及组织结构[J]. 西南民族学院学报（畜牧兽医版）（1）：20-23.

胡佐芳，孙竹珑，1988. 林麝气管和肺的解剖学与组织学研究[J]. 西南民族学院学报（畜牧兽医版）（1）：16-19.

黄苾，张孝纯，卢建远，1989. 林麝大肠解剖学及组织学观察[J]. 西南民族学院学报（畜牧兽医版）（1）：47-49.

黄昌仁，王兰昭，仰国容，等，2000. 林麝全身骨骼的观测[J]. 四川畜牧兽医（9）：33-35.

贾靖国，关超，谭锋，等，1989. 林麝生殖系统血管和神经的分布[J]. 中药材（9）：13-15.

姜海瑞，薛文杰，徐宏发，2012. 林麝的生物学特性、资源现状及保护对策[J]. 生物学教学，37（5）：7-10.

李绪刚，姜怀志，孙泽威，2000. 公麝的生殖系统观察[J]. 经济动物学报（1）：47-49.

卢建远，张孝纯，黄苾，1989. 林麝小肠和肝的形态学观察[J]. 西南民族学院学报（畜牧兽医版）（2）：36-38.

内蒙古农牧学院，安徽农学院，1988. 家畜解剖学[M]. 上海：上海科学技术出版社.

沈琰，毕书增，朱定轩，等，1984. 林麝（*Moschus berezovskii*）泌香盛期前麝香腺囊电镜结构的初步研究[J]. 动物学杂志（3）：11-14，65.

孙竹珑，胡佐芳，1988. 林麝雄性生殖器官解剖和组织结构[J]. 西南民族学院学报（畜牧兽医版）（1）：24-28.

王建明，冯达勇，郑程莉，等，2018. 林麝被毛形态结构与分布观察[J]. 经济动物学报，22（3）：142-149.

杨营，王承旭，冯达永，等，2015. 圈养林麝繁殖期雄性生殖器官变化及配种能力观察[J]. 四川动物，34（1）：117-119.

袁朝富，1998. 林麝后肢骨骼解剖[J]. 安徽农业大学学报（3）：64-67.

袁朝富，1995. 林麝前肢骨骼解剖[J]. 四川农业大学学报（3）：374-376.

袁朝富，2005. 林麝躯干骨的解剖[J]. 甘肃农业大学学报（4）：428-431.

袁朝富，1995. 林麝消化器官的解剖[J]. 四川农业大学学报（3）：371-373.

张孝纯，卢建远，黄苾，1988. 林麝胃的解剖及组织学的研究[J]. 西南民族学院学报（畜牧兽医版）（1）：12-15.